科学出版社"十四五"普通高等教育本科规划教材

国家精品课程配套教材

植 物 学

（第二版）

赵桂仿　主编

谨以此书，向西北大学成立120周年献礼！

科学出版社

北　京

内 容 简 介

本教材以植物进化顺序为主线，从低等到高等依次描述了藻类植物、菌类植物、苔藓植物、蕨类植物、裸子植物和被子植物的形态、结构及其分类，揭示了植物个体发育和系统发育过程中的基本规律。本教材体现了教材应有的基础性和系统性，全书共分 11 章，除第 1 章外，每章末附有总结和思考题，书后附主要参考文献，便于教师和学生参考。

本教材可作为综合性大学及中药学、农学和师范院校相关专业本科生的专业教材，也可以作为广大植物学工作者和植物学爱好者的参考书。

图书在版编目（CIP）数据

植物学 / 赵桂仿主编 . —2 版 . —北京：科学出版社，2022.3
科学出版社"十四五"普通高等教育本科规划教材　国家精品课程配套教材
ISBN 978-7-03-071622-4

I. ①植… Ⅱ. ①赵… Ⅲ. ①植物学 - 高等学校 - 教材 Ⅳ. ① Q94

中国版本图书馆 CIP 数据核字（2022）第 031838 号

责任编辑：丛　楠　马程迪 / 责任校对：严　娜
责任印制：赵　博 / 封面设计：迷底书装

科学出版社 出版
北京东黄城根北街 16 号
邮政编码：100717
http://www.sciencep.com

北京厚诚则铭印刷科技有限公司印刷
科学出版社发行　各地新华书店经销

*

2009 年 4 月第　一　版　开本：787×1092　1/16
2022 年 3 月第　二　版　印张：14 1/2
2025 年 1 月第十四次印刷　字数：344 000

定价：49.80 元
（如有印装质量问题，我社负责调换）

编委会名单

主　编　赵桂仿

参　编　（按姓氏汉语拼音排序）

蔡　霞　李智选　李忠虎　刘文哲

沈显生　王玛丽　赵　鹏

序

  植物学作为一门传统的基础学科，经历了400多年的发展历史，伴随着生命科学的发展形成了具有自身特点的学科框架。当今，植物学科仍为生命科学中最活跃的研究领域之一，并且在解决21世纪人类所面临的环境、能源和食品等问题中起着主导作用。因此，植物学的学科建设和人才培养仍是未来生命科学发展的首要任务。

  西北大学植物学科作为国家重点学科，在植物学的教学和科研方面取得了突出的成绩，为我国培养了大批的优秀植物学人才。编写该教材的老师均工作在教学第一线，具有丰富的教学经验，他们所完成的"植物学"课程已成为国家级精品课程。教材是一个国家教学和科研水平的重要体现。一部好的教材对提高教学质量具有极其重要的作用，因为它关系到培养人才的大问题。鉴于此，西北大学生命科学学院几代植物学专业教师在多年植物学教学实践和科研积累的基础上，引用现代植物学的研究成果，经过不断的努力和改革实践，编写了这本在教学思路、教学内容和教学方法等诸多方面反映自身优势、具有显著特色的教材。该教材内容清晰、条理分明，以植物的系统发育为主线，各章又以个体发育过程为线索，体现了教材应有的基础性和系统性。因此，该教材不但可以作为综合性大学及中药学、农学和师范院校相关专业本科生的专业教材，也可以作为广大植物学工作者和植物学爱好者的参考书。

洪德元

中国植物学会理事长

中国科学院院士

第二版前言

进入 21 世纪以来，随着我国综合国力的显著增强和国家对科学研究项目的持续投入及国内外日益频繁的学术交流和科学家持续不断的努力，我国植物科学研究展现出一片欣欣向荣的景象，取得了众多令世人瞩目的成绩。据《植物学报》2005～2019 年每年一期"中国植物科学若干领域的重要研究进展"报告统计，中国植物学家在国际综合性学术期刊（如 *Cell*、*Nature* 和 *Science* 等）以及植物科学主流期刊（如 *Molecular Plant*、*The Plant Cell*、*Plant Physiology* 和 *The Plant Journal* 等）发表的论文逐年增加，在国际植物学研究领域最前沿占据了一席之地。若干领域已从"追赶"状态跨越到"领跑"地位。生命科学的快速发展，催生了一些新理论和新方法的诞生，植物学的内容也得到了极大的丰富和长足的发展。因此，有必要对第一版《植物学》教材进行修订，只有不断地补充新的概念和理论，才能使教材的理论体系更加完善。

本教材知识框架编排形式新颖，以植物进化顺序为主线，从低等植物到高等植物依次编写，使学生明确植物界的进化趋势，内容精炼，系统性强，深受各院校师生的欢迎，国内众多院校使用本教材作为"植物学"课程教材或教学参考书。

此次重新修订，我们的原则是保持原书内容精炼的特色和基本框架，在个别章节补充了部分内容和最新的科学进展，如在藻类植物章节补充介绍了国内外学者关于在藻类植物中增加"华藻门"的研究报道，以及我国学者关于轮藻的研究进展；在被子植物分类系统章节中增加介绍了"被子植物 APG 分类法"，在植物的演化和系统发育章节增加介绍了"分子钟"概念等，并增加了参考文献，以便感兴趣的学生课后深入阅读。

本教材第一版自出版以来一直作为西北大学承担国家精品课程和后续国家级精品资源共享课的配套教材。在使用过程中，我们也发现了一些问题和不妥之处，为了做好修订工作，我们特意拜访了主要使用本教材的院校和老师，并得到了一些反馈意见。值得一提的是，中国科学技术大学生命科学学院选用本教材作为"植物学"课程的主要教材，沈显生教授进行了非常仔细的研读，给我们提出了很多宝贵的修订意见，并通过科学出版社联系到我们，甚至亲自到我校给予反馈意见，并乐于加入修订工作，使我们深受感动。西北大学教务处将本教材列为校级"高水平教材"建设项目，给予一定的经费支持，在此一并感谢。此外，本教材于 2021 年被评为科学出版社"十四五"普通高等教育本科规划教材，感谢科学出版社的编辑和其他工作人员为本教材第二版的出版做出的大量细致努力的工作。

编 者

2021 年 10 月

第一版前言

植物学是生物科学中一门传统的基础学科，近年来伴随着生命科学的迅速发展，植物学的内容得到了极大的丰富和长足的发展，从原来的观察描述逐步深入到植物生命活动本质问题的探讨。因此，有必要对传统的基本概念和理论进行修正，同时也要补充新的概念、理论和方法，使植物学的理论体系更加完善。

我国高校植物学课程经历了数十年的发展，期间经过多次教学改革，课程体系和教学内容均发生较大变化，如学时缩短、教材多样化。目前，各院校选用的现有教材在教学过程中均发现有一定程度的不足。有的教材系统陈旧，将植物学分成形态解剖和系统分类两大部分，内容过于庞杂，系统性不强，也很难在较短的时间内完成教学内容；有的教材如《植物生物学》，虽然是近几年教学改革后新出现的教材，所用系统接近国外的 *Biology of Plants*，但包括内容过多，涉及植物生理学、植物生态学、植物遗传学等学科知识，而目前各院校已分别开设了植物生理学、植物生态学和遗传学等后续课程，造成课程内容重复。

因此，我们根据目前植物学的课程体系，经过长时间的酝酿，并结合长期的教学实践编写了这本植物学教材。本教材力求引用现代植物学的研究成果，同时体现教材应有的基础性和系统性，引导学生了解植物学的发展现状，跟踪学科发展前沿，给学生展示一个系统的、动态的植物世界。

全书以植物进化顺序为主线，从低等植物到高等植物依次编写，突破了传统植物学教材的框架，使学生明确植物界的进化趋势，系统性强。编写过程中注重知识更新，摒弃过时的、错误的旧知识和旧观念，使教材具有科学性、先进性和信息性的特点。本教材的初稿于 2005 年 9 月完成，已在相关院校经过 3 年多试用，期间广泛听取教师和学生的意见和建议，做过多次修改、补充和完善。

参加本书编写的人员分工如下：绪论、第 3 章、第 4 章、第 5 章、第 6 章、第 10 章和第 11 章由赵桂仿和王玛丽编写，其中李智选参与编写了第 10 章的部分内容；第 8 章和第 9 章由刘文哲编写；第 2 章和第 7 章由蔡霞编写。本书的插图引自国内外已出版的植物（生物）学教材或其他教学参考书，经过编辑，全部由边宇洁重绘；西北大学胡正海先生、狄维忠先生对本书提出了许多中肯的修改意见，在此我们一并表示由衷的感谢和敬意。

由于时间仓促以及编者的水平所限，教材中难免出现疏漏，敬请广大教师、学生和读者在使用过程中提出宝贵意见和建议，以便不断补充、修订和完善。

编　者
2008 年 10 月于西北大学

目 录

1 绪 论

1.1 植 物 界

在我们生存的这个星球上存在着各种各样的生命形式，植物（plant）就是其中最重要的一大类。人类对植物和其他生物的认识和研究有一个漫长的历史，为了建立一个能反映自然演化过程和彼此间亲缘关系的分类系统，曾进行了长期不懈的努力，使其日臻完善。

人类观察自然，很早就注意到生物可区分为两大类群，即固着不动的植物和能行动的动物。200多年前，现代生物分类的奠基人，瑞典的博物学家林奈在《自然系统》（*Systema Naturae*）（1735）一书中明确地将生物分为植物和动物两大类，即植物界（kingdom plant）和动物界（kingdom animal）。他于1753年发表的巨著《植物种志》中将植物分成24纲，把动物分成6纲。这就是通常所说的生物分界的两界系统。这在当时的科学技术条件下是有重大科学意义的。至今，许多植物学和动物学教科书仍沿用两界系统。

19世纪后，由于显微镜的发现和广泛使用，人们发现有些生物兼有动物和植物两种属性，如裸藻、甲藻等，它们既含有叶绿素，能进行光合作用，同时又可运动和捕食。为了解决这些中间过渡类型生物的归类问题，1866年德国的著名生物学家海克尔（Haeckel）提出成立一个原生生物界（kingdom protista）。他把原核生物和原生生物，以及硅藻、黏菌和海绵等，分别从植物界和动物界中分出，共同归入原生生物界，建立了原生生物界、植物界和动物界的三界分类系统。

1959年，魏泰克（Whittaker）提出了四界分类系统，他将不含叶绿素的真核菌类从植物界中分出，建立真菌界（kingdom fungi），而且和植物界一起并列于原生生物界之上。10年后，魏泰克在他的四界分类系统的基础上，又提出了五界分类系统（图1.1）。他将四界分类系统中归于原生生物界中的细菌和蓝藻分出，建立原核细胞结构的原核生物界（kingdom monera），并放在原生生物界下。

魏泰克的五界分类系统影响较大，流传较广。但是不少学者对魏泰克的四界、五界分类系统中的原生生物界存有质疑和反对意见，认为其不能作为一个自然的分类群，因为它所归入的生物比较庞杂和混乱。魏泰克的四界、五界分类系统的优点是纵向显示了生物进化的三大阶段：原核生物、单细胞真核生物（原生生物）和多细胞真核生物（植物界、真菌界、动物界）；同时又从横向显示了生物演化的三大方向，即光合自养的植物、吸收方式的真菌和摄食方式的动物。

1978年魏泰克（Whittaker）和马古来斯（Margulis）根据分子生物学研究的资料，提出一个新的三原界（Urkingdom）学说。他们认为生物进化的早期，各类生物都是由一类共同的祖先沿三条进化路线发展，形成了三个原界（图1.2）：古细菌原界

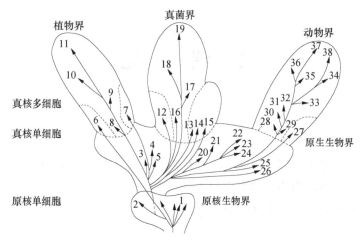

图 1.1　魏泰克五界分类系统

1. 细菌；2. 蓝藻；3. 裸藻；4. 金藻；5. 甲藻；6. 红藻；7. 褐藻；8. 绿藻；9. 轮藻；10. 苔藓植物；
11. 维管植物；12. 卵菌；13. 黏菌；14. 集胞黏菌；15. 网黏菌；16. 壶菌；17. 接合菌；18. 子囊菌；
19. 担子菌；20. 丝壶菌；21. 根肿菌；22. 孢子虫；23. 丝孢虫；24. 动鞭毛虫；25. 肉足虫；26. 纤毛虫；
27. 海绵动物；28. 中生动物；29. 腔肠动物；30. 扁形动物；31. 线形动物；32. 有触手类；33. 毛颚动物；
34. 棘皮动物；35. 环节动物；36. 软体动物；37. 节肢动物；38. 脊索动物

（Archaebacteria），包括产甲烷菌、极端嗜盐菌和嗜热嗜酸菌；真细菌原界（Eubacteria），包括蓝细菌和各种原核生物（除古细菌外）；真核生物原界（Eucaryotes），包括原生生物界、真菌界、动物界和植物界。同时，三原界系统还吸收了真核起源的"内共生学说"思想。三原界系统目前正引起人们的重视。

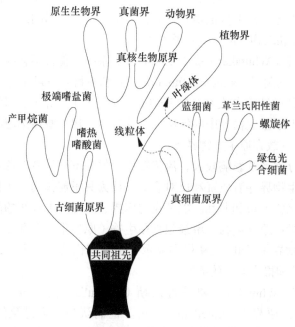

图 1.2　三原界系统

1.2 植物的命名及分类

根据分类学的记载，地球上生活着的生物约有 200 万种。但是，根据每年都有一大批新种被发现的这一事实，可以断言，生物种数绝不止于此。近年来在深海中，甚至 3000m 以下的深海热泉孔周围，都发现了以前没有记载的生物。这就说明，生物界种类还有待人类的继续发掘。有人估计，现存生物的实际种数在 200 万～450 万。鉴定和命名这些物种，并将它们分门别类地进行系统的整理，这是分类学的任务。

1.2.1 植物的命名

无论是对植物进行研究还是利用，首先必须给它们一个名称。但世界之广，语言之异，在不同的国家、不同的民族、不同的地区，同一物种往往有不同的名称，而不同的物种也可能有相同的名称。为了避免由于上述情况造成的"同物异名"或"异物同名"的混乱，现行的生物命名都是采用双名法（binomial system）。双名法是由瑞典植物学大师林奈（Carl Linnaeus）在总结前人经验的基础上所建立的。此命名法的优点，首先在于它统一了全世界所有植物的名称，即每一种植物只有一个在国际上通用的名称，便于科学交流；其次，双名法提供了一个大概的亲缘关系，在学名中包含属名，因此知道一个种名就容易查知该种在分类系统中所处的位置。

双名法是指用拉丁文给生物的种起名字，每一种生物的种名，都由两个拉丁词或拉丁化形式的词构成。第一个词为属名，用名词，若用其他文字或专有名词，必须使其拉丁化，即将词尾转化成在拉丁文法上的单数，第一格（主格）；书写时属名的第一个字母要大写。第二个词为种加词，大多用形容词，少数为名词的所有格或为同位名词；书写时为小写，如用 2 个或多个词组成的种加词，则必须连写或用连字符连接。此外，还要求在种加词之后写上命名人姓氏的缩写，如银杏的学名为 *Ginkgo biloba* L.，第一个词为属名，第二个词为种加词，L. 为 Linnaeus（林奈）缩写。命名人为中国学者的一般用汉语拼音缩写。

1.2.2 生物分类的阶层系统

植物分类的一项主要工作，就是将自然界中的生物按一定的分类等级（rank）进行排列，并以此表示每一种生物的系统地位和归属。生物分类的主要等级包括：界、门、纲、目、科、属、种（表 1.1）；在一个等级之下还可分别加入亚门、亚纲、亚目、亚科、亚属等；另外，在科以下有时还加入族、亚族，在属以下有时还加入组或系等分类等级。所有这些分类等级构成了植物分类的阶层系统（hierarchy）。

表 1.1 植物界的分类阶层

分类阶层	拉丁文	英文	拉丁文词尾	举例
界	regnum	kingdom		植物界（Regnum vegetable）
门	divisio	division	-phyta	裸子植物门（Gymnospermatophyta）

续表

分类阶层	拉丁文	英文	拉丁文词尾	举例
纲	classis	class	-opsida	银杏纲（Gingopsida）
目	ordo	order	-ales	银杏目（Gingoales）
科	familia	family	-aceae	银杏科（Gingoaceae）
属	genus	genus		银杏属（*Gingo*）
种	species	species		银杏（*Gingo biloba* L.）

在植物分类的阶层系统中，种是最基本的分类单位。现在一般对"种"的含义理解为：具有相同的形态学、生物学特征和有一定自然分布的种群。同一种内的许多个体具有相同的遗传性状，彼此间可以交配和产生后代。在一般条件下，不同种间的个体不能交配，或交配后也不能产生有生育能力的后代，即生殖隔离。种是自然界长期进化的产物，种可代代遗传，但又不是固定不变的，新种会不断地产生，已经形成的种仍在不断发展和变化也许还会绝灭。

1.2.3　植物界的基本类群

就整个植物界而言，人们通常将其分为16门，具体如下。

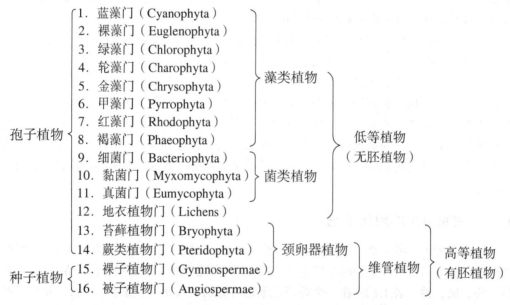

各门植物之间，亲缘关系有远近之分。因此，根据它们的共同点分成若干类群。从蓝藻门到褐藻门，这8门植物统称为藻类植物（algae），其共同特点为植物体结构简单，无根、茎、叶的分化，大多数为水生，具光合色素，属于自养植物。细菌门、黏菌门和真菌门合称为菌类植物，其形态特征与藻类相似，但不具光合色素，多数营寄生或腐生生活，属异养植物。地衣植物门是藻类和菌类的共生体，其形态特征与前两者相似。它们统称为低等植物（lower plants），又称为无胚植物（no embryo phyte）。低等植物各门，在进化上处于较低等的地位，它们的共同特征有：①植物体结构简单，无根、茎、叶的分

化；②内部构造无组织分化或具简单的组织分化；③合子发育离开母体，不形成胚。

苔藓植物门、蕨类植物门和裸子植物门的雌性生殖器官均为颈卵器（archegonium），因此这三类植物合称为颈卵器植物（archegoniatae）。蕨类植物门、裸子植物门和被子植物门的植物体均有维管组织，它们又合称为维管植物（vascular plants）。苔藓植物、蕨类植物、裸子植物和被子植物 4 类植物，植物体的结构比较复杂，多具有根、茎、叶的分化，内部结构分化到较高级的程度，合子发育不离开母体，形成胚，因此它们合称为高等植物（higher plants），又称为有胚植物（embryophyte）。

藻类植物、菌类植物、地衣植物、苔藓植物和蕨类植物，以孢子（spore）进行繁殖，统称为孢子植物（spore plants），因不开花结果，又称为隐花植物（cryptogamae）。与此相对，裸子植物和被子植物都是以种子进行繁殖，故称为种子植物（seed plants），因开花结果，又称为显花植物（phanerogamae）。

1.3 生物多样性

生物多样性（biological diversity）是一个十分广泛的概念。通俗地说，生物多样性就是地球上植物、动物、真菌、原核生物等所有生物及其与环境形成的生态复合体，以及与此相关的各种生态过程的总和。

生物多样性包括多个层次或水平，如基因、细胞、组织、器官、个体、种群、群落、生态系统和景观等。每一层次都具有丰富的变化，即都存在着多样性。其中研究较多、意义较大的主要有 4 个层次，即遗传多样性（genetic diversity）、物种多样性（species diversity）、生态系统多样性（ecological system diversity）和景观多样性（landscape diversity）。

遗传多样性也称为基因多样性，广义的概念是指地球上所有生物所携带的遗传信息的总和，狭义的概念是指种内个体之间或一个群体内不同个体的遗传变异的总和。

物种多样性是指一定地区内物种的多样化。就全球而言，已被定名的生物种类约为 140 万种（或 170 万种），但至今地球上的物种数尚未弄清。

生态系统多样性是指生物圈内环境、生物群落和生态过程的多样化，以及生态系统内的环境差异、生态过程变化的多样性。

景观多样性是指由不同类型的景观要素或生态系统构成的景观在空间结构、功能机制和时间动态方面的多样化或多样性。

上述 4 个层次的多样性有密不可分的内在联系，遗传多样性是物种多样性和生态系统多样性的基础，任何一个物种或种群都具有独特的基因库和遗传组织形式；物种多样性则显示了基因遗传的多样性，物种或种群又是构成生物群落和生态系统的基本单元；生态系统多样性离不开物种多样性，因此，生态系统多样性也离不开不同物种或种群所具有的遗传多样性。景观是一种大尺度的空间，是由一些相互作用的景观要素组成的具有高度空间异质性的区域。景观要素是组成景观的基本单元，相当于一个生态系统。

生物多样性是人类社会赖以生存和发展的基础，为我们提供了食物、纤维、木材、工业原料等物质资源，也为人类生存提供了合适的环境。它们维系自然界中的物质循环和生态平衡。因此，研究生物多样性具有极其重要的意义。目前，生物多样性保护已成为全球人类极为关注的重大问题，因为人类掠夺式的采伐和破坏，全球环境恶化，生物多样性正在以前所未有的速度减少。

1.4　植物在自然界中的作用

植物是生物圈中一个庞大的类群，有数十万种，广泛分布于陆地、河流、湖泊和海洋，在生物圈的生态系统、物质循环和能量流动中处于最关键的地位，在自然界中具有不可替代的作用。

首先，植物是自然界中的第一生产者，即初级生产者。有人曾将绿色植物比喻成一个巨大的能量转换站，这是因为地球上的植物每天通过光合作用将约 3×10^{21} J 的太阳能转化为化学能，作为植物本身和其他异养生物营养和活动的能量来源，即使我们今天所利用的煤炭和石油等，也是已经死去几千万年的植物通过光合作用而积累形成的。人类和各类生物生存主要直接或间接依靠绿色植物提供的各种食物和生存条件，据推算，地球上的植物为人类提供约 90% 的能量，80% 的蛋白质，食物中有 90% 产于陆生植物。

其次，以绿色植物为主体的生态系统功能及其效益是巨大的。人们将绿色植物比作一个自动的空气净化器，因为绿色植物通过光合作用，每年约释放出 5.35×10^{11} t 氧气，并清除掉空气中过多的二氧化碳，从而保证了大气中 O_2 和 CO_2 的平衡（现在大气中 O_2 占 21%，CO_2 占 0.03%）；通过合成与分解作用参与自然界中氮、磷和其他物质的循环和平衡。

最后，植物在调节气温、水土保持，以及在净化生物圈的大气和水质等方面均有极其重要的作用。

植物是地球上生命存在和发展的基础，它们不仅为地球上绝大多数生物的生长发育提供了所必需的物质和能量，而且为这些生物的产生和发展提供了一个适宜的环境。

1.5　植　物　学

植物学（botany）是一门内容十分广博的学科，研究对象是植物各类群的形态结构、分类和有关的生命活动、发育规律，以及植物和外界环境间多种多样的关系。

随着科学的发展，植物学的研究也愈来愈广泛，而每一局部的研究却愈来愈细致和深入，于是植物学就依据研究内容侧重的不同，产生出多个分支学科，如植物形态学（plant morphology）、植物细胞学（plant cytology）、植物分类学（plant taxonomy）、植物生理学（plant physiology）、植物解剖学（plant anatomy）、植物生态学（plant ecology）、植物胚胎学（plant embryology）及植物生殖生物学（plant reproduction biology）等。

除了上述按照研究内容而建立的分支学科外，植物学也可按照研究的具体植物而分为藻类植物学、真菌学、地衣学、苔藓植物学、蕨类植物学、种子植物学等。也可根据研究的对象和方法，分为经济植物学、药用植物学、古植物学、植物病理学、植物地理学、放射植物学等。

　　根据学科分组情况，植物学科又可分为系统与进化植物学（systematic and evolutionary botany）、结构植物学（structural botany）、代谢植物学（metabolism botany）、发育植物学（developmental botany）、植物遗传学（plant genetics）、资源植物学与植物化学、生态学与环境植物学等。

　　植物学是一门综合性的基础学科，包括植物学各分支学科的基本知识、基本内容、基本理论和基本方法。其内容是一个生物学工作者必须学习和掌握的，也是进一步学习植物学分支学科的必要基础。

2 植物细胞的特征及组织的形成

植物体由单个或多个细胞组成，其生命活动通过细胞的生命活动体现出来。单细胞植物，其植物体仅由一个细胞构成。例如，细菌、小球藻，一个细胞就能够进行各种生命活动。多细胞植物的个体，可由几个到亿万个细胞组成，如轮藻、海带、蘑菇等低等植物及所有的高等植物。多细胞植物个体中的所有细胞，在结构和功能上相互密切联系，分工协作，共同完成个体的各种生命活动。

2.1 植物细胞的特征

2.1.1 植物细胞的大小和形状

植物细胞形状多种多样，细胞的形状和大小，取决于细胞的遗传性、生理功能及对环境的适应，而且伴随着细胞的生长和分化，常常发生相应的改变。

不同种类的细胞，大小差别很大。种子植物的分生组织细胞，直径为 5～25μm；而分化成熟的细胞，直径为 15～65μm，这些细胞都要借助于显微镜才能看到。但也有少数大型的细胞肉眼可见，如成熟西瓜（*Citrullus lanatus*）果肉细胞的直径约 100μm；棉花种子的表皮毛可长达 75mm；而苎麻属（*Boehmeria*）植物的茎纤维细胞的长度可达 550mm。

在细胞内部由细胞核、细胞质及各种细胞器相互配合有序地进行着各种生物化学反应，完成各种生理功能。细胞与外界通过细胞表面进行物质的交换，如果细胞体积小，其相对表面积就较大，这样既有利于细胞内部的物质运输、信息传递，又有利于细胞和外界进行物质交换。

单细胞藻类植物和细菌等游离生活的细胞，常为球形或近于球形。多细胞植物体中，由于细胞间的相互挤压，往往形成不规则的多面形。由于形态和功能的统一性，高等植物体内许多细胞的形状非常特殊。例如，高等植物中执行输导功能的细胞呈长筒形；支持器官的细胞呈长纺锤形；吸收水分和养料的根毛细胞向外产生一条长管状突起，增大了和土壤的接触面；保护植物体的表皮细胞是扁平的，其侧面观呈长方形，表面观形状不规则，许多这样的细胞彼此嵌合形成表皮，不易被拉破（图 2.1）。

2.1.2 植物细胞的基本结构

植物体内的各类细胞虽然在形状、结构和功能方面各自不同，但它们的基本结构是一样的，都是由细胞壁（cell wall）和原生质体（protoplast）组成（图 2.2）。原生质体包括质膜（cell membrane）、细胞质（cytoplasm）、细胞核（nuclear）等结构。在光学显微镜下，细胞质透明、黏稠并且能流动，其中分散着许多细胞器（organella），如质体、线粒体（mitochondria）、液泡（vacuole）、高尔基体（Golgi body）、内质网、核糖体、微体等，在电子显微镜下，这些细胞器具有一定的形态和结构，并执行着一定的生理功能，

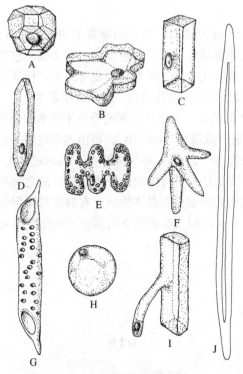

图 2.1　种子植物各种形状的细胞

A. 十四面体状的细胞；B. 扁平的表皮细胞；C. 长方形的木薄壁细胞；D. 纺锤形细胞；E. 波状的小麦叶肉细胞；F. 星状细胞；G. 管状的导管分子；H. 球形的果肉细胞；I. 根毛细胞；J. 细长的纤维

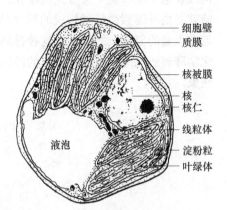

图 2.2　叶肉细胞的超微结构

细胞器之外是无定形结构的细胞质基质。此外，植物细胞中还常有一些贮藏物质或代谢产物，称为后含物（ergastic substance），如淀粉粒、单宁、橡胶、生物碱等。

　　在光学显微镜下可以观察到植物细胞的细胞壁、细胞质、细胞核、液泡等结构。细胞质中的质体易于观察；用一定的方法制备样品，还能在光学显微镜下观察到高尔基体、线粒体等细胞器；这些可在光学显微镜下观察到的细胞结构称为显微结构（microscopic structure）。电子显微镜分辨力大大提高，在电子显微镜下可观察到的细胞内的精细结构称为亚显微结构（submicroscopic structure）或超微结构（ultrastructure）。

　　与其他生物相比，细胞壁、质体和液泡是植物细胞所特有的结构，为此，重点叙述如下。

2.1.2.1　细胞壁

　　有细胞壁是植物细胞区别于动物细胞的最显著的特征，它的存在使植物细胞乃至植物体的生命活动与动物有许多不同。近年来，从分子水平上对细胞壁进行研究取得很大进展，它已成为植物细胞生物学的研究热点之一。

　　（1）细胞壁在细胞生命活动中的作用　　细胞壁不仅有机械支持的作用，而且还参与许多生命活动过程。例如，细胞壁参与细胞生长的调控、物质运输、细胞识别、植物的防御以及细胞分化等。

（2）细胞壁的化学组成　　细胞壁的成分因植物种类和细胞类型的不同而有区别，也随细胞的发育和分化而变化。高等植物和绿藻等细胞壁的主要成分是多糖，包括纤维素、半纤维素和果胶多糖，还有木质素等酚类化合物、脂类化合物（角质、栓质、蜡）、矿物质（草酸钙、碳酸钙、硅的氧化物）及蛋白质（结构蛋白、酶和凝集素等）。

1）纤维素。纤维素是细胞壁中最重要的成分，是由许多葡萄糖分子脱水缩合而形成的长链。首先，由数条平行排列的纤维素链形成微团（micella），再由多条微团平行排列构成在电子显微镜下可看到的细丝，直径为10～25nm，称为微纤丝（microfibril），细胞壁就是由纤维素微纤丝构成的网状结构（图2.3）。平行排列的纤维素分子链之间和链内均有大量的氢键，纤维素的这种排列方式使细胞壁具有晶体性质，有高度的稳定性和抗化学降解的能力。由于纤维素的晶体性质，在偏振光显微镜下可观察到细胞壁有双折射现象。

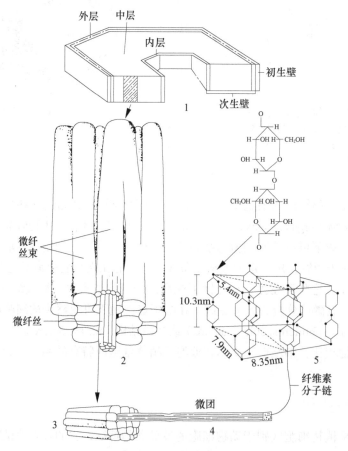

图 2.3　细胞壁的详细结构

1. 纤维细胞横切面，示大体的分层，一层初生壁和三层次生壁；2. 次生壁中的一小块，示纤维素的大纤丝和大纤丝之间的空间，其中充满了非纤维素物质；3. 大纤丝的一小部分，示电镜下见到的微纤丝（白色），微纤丝之间的空间则充满了非纤维素物质；4. 纤维素的链状分子，其中微纤丝的有些部分呈有规则的排列，这些部分即微团；
5. 微团的一部分，示纤维素分子链的部分排列成空间晶格

2）半纤维素。半纤维素是存在于纤维素分子间的一类基质多糖（matrix polysac-charide），它的种类很多，非常复杂，其成分与含量随植物种类和细胞类型的不同而不同。

木葡聚糖（xyloglucan）是细胞壁中一种主要的半纤维素成分。在某些组织中，木葡聚糖由交替排列的九糖和七糖单位组成。木葡聚糖分解后产生的九糖是一种信号物质，具有调节植物生长等多种功能，称为寡糖素。

胼胝质（callose）是β-1,3-葡聚糖的俗名，广泛存在于植物界。花粉管、筛板、柱头、胞间连丝、棉花纤维次生壁等处都有胼胝质。它是一些细胞壁中的正常成分，也常是某种伤害反应的产物，如植物被切伤后，筛孔即被胼胝质堵塞。花粉管中形成的胼胝质常常是不亲和反应的产物。

3）果胶多糖。果胶多糖是中层（middle lamella，又称胞间层）和双子叶植物初生壁的主要化学成分，在单子叶植物细胞壁中含量较少。它是一类重要的基质多糖，包括果胶（pectin）和原果胶（protopectin）。果胶又有果胶酸（pectic acid）和果胶酯酸（pectinic acid）两种。

除了作为基质多糖，在维持细胞壁结构中有重要作用外，果胶多糖降解形成的片段还可作为信号，调控基因表达，使细胞内合成某些物质，抵抗真菌和昆虫的危害。果胶多糖能保持10倍于本身重量的水分，使质外体中可利用水分大大增加，在调节水势方面有重要作用。

4）木质素。细胞壁中另一类重要物质是木质素（lignin），但不是在所有的细胞壁上都存在。木质素具有较高的刚性，它的存在增加了细胞壁的硬度。木质素是芳香族化合物的多聚物，是较亲水的。

5）细胞壁的其他化学成分。细胞壁内的蛋白质占细胞壁干重的5%～10%，主要是结构蛋白和酶蛋白。此外，细胞壁中还有角质、蜡质和栓质等。例如，植物地上器官的表皮细胞，常有角质被覆于外壁表面，称为角质化（cutinization）。角质化过程所形成的角质膜，能使外壁不透水，不透气，增强了抵抗能力。有些植物表皮细胞除角质化外，还分泌有蜡质，被覆于角质膜外，更增强了其抗性。例如，李的果皮，芥蓝和甘蔗茎的表皮细胞等。木栓化的细胞壁含有木栓质，称为栓质化（suberization），其不亲水性比角质化壁更强，而且是热的不良导体。老茎、老根外表都有这类木栓细胞。角质和栓质遇苏丹Ⅲ都呈红色反应。

（3）细胞壁的结构　　细胞壁是原生质体生命活动中所形成的多种壁物质附加在质膜的外方所构成的。在细胞发育过程中，原生质体尤其是其表面的生理活动易发生变化，所形成的壁物质在种类、数量、比例及物理组成上具有差异，而使细胞壁产生成层现象（lamellation），可以被逐级分为中层（middle lamella）、初生壁（primary wall）和次生壁（secondary wall）。

1）中层。中层又称胞间层（intercellular layer），位于细胞壁的最外层，是由相邻的两个细胞的原生质体向外分泌的果胶物质构成。于是，中层将相邻的两个细胞粘连在一起。中层在一些酶（果胶酶）或酸、碱的作用下会发生分解，而使相邻细胞彼此分离。西瓜、番茄等果实成熟时，部分果肉细胞彼此分离就是这个原因。

2）初生壁。初生壁是在细胞生长过程中、细胞停止生长之前所形成的壁层。它由相邻细胞原生质体分泌的壁物质在中层内面沉积而成。初生壁一般都很薄，厚度为1～3μm。分裂活动旺盛的细胞、进行光合作用的细胞和分泌细胞等都仅有初生壁。当细胞停止生长后，有些细胞的细胞壁就停留在初生壁的阶段而不再加厚。

构成初生壁的主要物质有纤维素、半纤维素、果胶物质及糖蛋白等。初生壁具有一定的可塑性。初生壁的厚度往往是不均匀的，常有一些凹陷区域，其内有许多胞间连丝通过，这个区域称为初生纹孔场（primary pit field）。

3）次生壁。次生壁是细胞体积停止增大后，细胞原生质体所分泌的壁物质附加在初生壁内表面的壁层。在植物体中，常常是那些在生理上分化成熟后原生质体消失的细胞，才在分化过程中产生次生壁。例如，各种纤维细胞、导管、管胞等。次生壁中纤维素含量较高，半纤维素较少，不含有糖蛋白。因此，次生壁比初生壁坚韧，延展性差。此外，次生壁中还常添加有木质素，大大增强了次生壁的硬度。

次生壁中纤维素微纤丝的排列方向有一定的规律性。它由三层组成，各层纤维素微纤丝以不同的取向规则地排列。

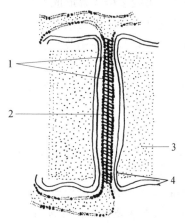

图 2.4　胞间连丝的超微结构
1. 链样管；2. 胞间连丝腔；
3. 细胞壁；4. 质膜

（4）胞间连丝与纹孔

1）胞间连丝。穿过细胞壁沟通相邻细胞的细胞质丝称为胞间连丝（plasmodesma），胞间连丝多分布在初生纹孔场上，细胞壁的其他部位也有少量的胞间连丝。经特殊的染色，在光学显微镜下能看到柿胚乳细胞的胞间连丝。在电子显微镜下，胞间连丝是直径约 40nm 的管状结构，相邻细胞间的质膜在胞间连丝中是连续的，内质网穿过胞间连丝与两细胞的内质网相通。胞间连丝沟通了相邻的细胞，一些物质和信息可以经过胞间连丝进行传递（图 2.4）。水分及小分子物质都可以从这里穿行。一些植物病毒也是通过胞间连丝而扩大感染的，病毒颗粒甚至能刺激胞间连丝，使其孔径加大，便于它们通过。

胞间连丝使植物体中的细胞连成一个整体，所以植物体可分成两个部分：通过胞间连丝结合在一起的原生质体，称共质体（symplast）；共质体以外的部分，称质外体（apoplast），包括细胞壁、细胞间隙和死细胞的细胞腔。

2）纹孔。次生壁形成时，往往在原有的初生纹孔场处不形成次生壁，这种只有中层和初生壁隔开，而无次生壁的较薄区域称为纹孔（pit）。纹孔也可在没有初生纹孔场的初生壁上出现；有些初生纹孔场可完全被次生壁覆盖。相邻细胞的纹孔常成对存在，叫作纹孔对（pit-pair）。

纹孔对中的中层和两边的初生壁，合称纹孔膜（pit membrane）。由次生壁包围的纹孔的腔，称为纹孔腔（pit cavity）。纹孔有两种类型：一种叫作单纹孔（simple pit），结构简单（图 2.5A），仅由纹孔膜和纹孔腔构成，胞间连丝从纹孔膜通过；另一种纹孔四周的加厚壁向中央隆起，形成纹孔的缘部，因此叫具缘纹孔（bordered pit）（图 2.5B）。纹孔是细胞壁较薄的区域，有利于细胞间的沟通和水分的运输，胞间连丝常常出现在纹孔内，有利于细胞间物质的交换。

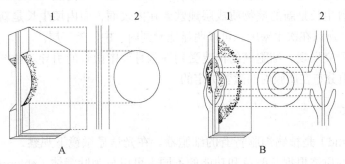

图 2.5 　纹孔
A. 单纹孔；B. 具缘纹孔
1. 侧面观；2. 表面观

（5）细胞壁的形成　　细胞分裂晚后期或早末期，两极的纺锤丝逐渐消失，极间微管的中间部分和区间微管在两个子核间密集形成桶状结构，称为成膜体（phragmoplast）（图 2.6）。成膜体形成的同时，高尔基体和内质网来源的小泡受成膜体微管的定向引导，由马达蛋白协助提供能量，运动、汇集到赤道面。小泡融合，小泡内所含的壁物质组成细胞板（cell plate），它从中间开始逐步向四周横向扩展。在细胞板形成处，成膜体消失，并随细胞板的延伸向四周扩展，而后逐渐消失。最后细胞板与母细胞壁相连，将细胞一分为二。细胞板与母细胞相连的位置正是原来微管早前期带的位置。细胞板发育为细胞壁的中层，随后在中层两侧及原来母细胞壁内侧都沉积一层原生质体分泌的物质，即形成初生壁。此时，高尔基体小泡的膜则在初生壁的两侧形成新的质膜。由于两个质膜来自共同的小泡，两小泡

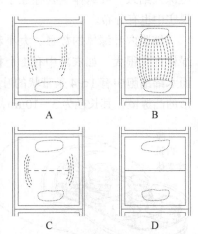

图 2.6 　高等植物细胞壁形成
A. 有丝分裂末期高尔基小泡云集于赤道板；B. 示成膜体；C. 小泡融合形成细胞板；D. 生成新的细胞壁和细胞膜

之间往往穿插有许多内质网小管，所以这些内质网小管形成胞间连丝，使相邻细胞的细胞质相互沟通。

纤维素合成酶分布在质膜上，纤维素前体物质由原生质体合成运到细胞表面后，在纤维素合成酶催化下聚合成微纤丝，因此，细胞壁上的纤维素微纤丝是在质膜表面合成的。

（6）细胞壁的生长　　细胞有丝分裂时，在两个子细胞间形成细胞板，此后发育形成细胞壁。细胞壁的生长包括两种情况，即表面积的增长和厚度的增加。

初生壁刚形成时，微纤丝较少，稀疏地分布在衬质中，近于横向排列，而垂直于细胞伸展的长轴。随着细胞的伸展伸长，在其内表面，进一步沉积较多的微纤丝。同时，

那些早期微纤丝的排列方向，因细胞壁的纵向伸展而有改变，形成一些具有不同排列方向和密度的网状层次，从而增加了细胞壁的表面积。

细胞形成次生壁的增厚生长，常以敷着（apposition）和内填（intussusception）两种方式进行。敷着生长是新的壁物质成层地敷着在内表面，而内填生长是新的壁物质插入原有的结构内。所以在次生壁中，可以明显地看到内、中、外三层。

近年来的研究发现，细胞壁的构建受到细胞骨架中微管的引导。微纤丝在细胞壁中沉积的方向是由分布在质膜内的微管决定的。

2.1.2.2　质体

质体（plastid）是植物细胞特有的细胞器。在光学显微镜下观察，一般可以看到质体。分化成熟的质体根据其颜色和功能的不同，可以分为叶绿体（chloroplast）、白色体（leukoplast）和有色体（chromoplast）。

（1）叶绿体　　叶绿体是植物进行光合作用的细胞器，因此对它的研究较其他质体更深入细致。叶绿体主要存在于叶肉细胞内，茎的皮层细胞、保卫细胞、花和未成熟的果实中也有分布。

细胞内叶绿体的数目、大小和形状因植物种类不同而有很大差别，特别是藻类的叶绿体变化很大，如衣藻中有 1 个杯状的叶绿体；丝藻细胞中仅有 1 个呈环状的叶绿体；而水绵细胞中有 1～4 条带状的叶绿体，螺旋环绕。高等植物的叶绿体，形似圆形或椭圆形的凸透镜，其长径为 3～10μm，数目较多，少者 20 个，多者可达几百个。

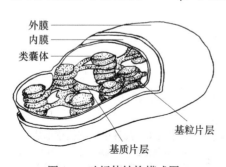

外膜
内膜
类囊体
基粒片层
基质片层

图 2.7　叶绿体结构模式图

叶绿体的内部结构复杂。用光学显微镜观察，仅能观察到其内部有基质（stroma matrix）和许多绿色的小颗粒。电子显微镜下可观察到叶绿体由外被、片层系统和基质组成（图 2.7）。叶绿体外被（chloroplast envelop）由双层膜组成，两层膜之间有 10～20nm 的膜间隙。外膜通透性强，内膜具有较强的选择透性，是细胞质和叶绿体基质之间的功能屏障。叶绿体内部有复杂的片层系统，其基本结构单位是类囊体（thylakoid），它是由膜围成的囊。类囊体沿叶绿体长轴平行排列，在一定的区域紧密地叠垛在一起，称为基粒（granum，复数 grana）。一个叶绿体可含有 40～60 个基粒，基粒的数量和大小随植物种类、细胞类型和光照条件不同而变化。组成基粒的类囊体叫作基粒类囊体，连接基粒的类囊体称为基质类囊体。基质中有各种颗粒，包括核糖体、DNA 纤丝、淀粉粒、质体小球（plstoglobuli）和植物铁蛋白（phytoferritin），以及光合作用所需要的酶。由于叶绿体含有 DNA 和核糖体，它可以合成某些蛋白质，在遗传上也有一定的自主性。

（2）白色体　　白色体是不含可见色素的无色质体。白色体近于球形，大小约为 2μm×5μm，它的结构简单，在基质中仅有少数不发达的片层。根据所储藏的物质不同可分为造粉质体（amyloplast）、蛋白质体（proteinoplast，造蛋白体）和造油体（elaioplast）。这些不同类型的质体都是由前质体或原质体（proplastid）发育而来。

造粉质体是贮存淀粉的质体，主要分布于贮藏组织中，如子叶、胚乳、块茎、块根和根冠等。一般为圆形或椭圆形，也有不规则形的。它是植物细胞内碳水化合物的临时"仓库"。蛋白质体在分生组织、表皮和根冠等细胞中可以见到，主要储藏蛋白质。造油体是贮存脂类物质的白色体，脂类物质在基质中呈小球状，造油体在某些植物种子的细胞内可见到。

（3）有色体　　有色体是缺乏叶绿素而含有类胡萝卜素（carotenoid）等色素的质体。它的存在使许多果实、花、根、枝条和叶片呈现红色、黄色和橙黄色。一般认为它可吸引昆虫，有利于传粉和果实的散布。不同植物有色体的形状、大小和结构有很大的差异，最简单的是球状有色体，如植物的花瓣以及柑橘、黄辣椒的果实中的有色体，此外，还有具同心圆排列的膜状有色体，如黄水仙的花瓣，还有管状有色体，如红辣椒果实等。

质体的分化与细胞分化同样是一个渐进的过程，因此，除上述几种质体外。还有许多中间过渡类型。

（4）质体的发生和相互转化　　叶绿体、白色体和有色体从原质体发育而来。原质体存在于合子和分生组织细胞中，体积小，一般呈球形，直径为0.4～1.0μm，外有双层膜包围，内部结构简单（图2.8）。基质中有少量类囊体、小泡和质体小球。在根的分生组织细胞中，有时可见到少量淀粉粒。基质中还有少量的DNA、RNA、核糖体和可溶性蛋白。当细胞分化时，原质体逐渐转变为其他类型的质体。

在直接光照下，幼叶中原质体的内膜向内凹入，形成片状或管状结构，逐步形成片层系统，逐渐发育为成熟的叶绿体。而被子植物的种子如果置于黑暗中发芽、生长，就形成黄化植物，叶中的质体缺乏叶绿素，成为黄化质体（etioplast）。它的片层系统由许多小管相互连接形成晶格状结构，称为原片层体（prolamellar body）。其基质内可有淀粉粒。如果将黄化植物暴露在光照下，黄化质体就转变为叶绿体，使叶子变绿（图2.8）。

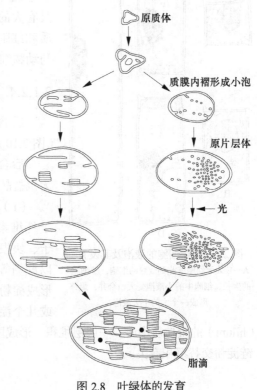

图2.8　叶绿体的发育

在某些情况下，一种质体可从另一种质体转化而来，并且质体的转化有时是可以逆转的。叶绿体可以形成有色体，有色体也可转变为叶绿体，如胡萝卜根经照光可由黄色转变为绿色。当组织脱分化而成为分生组织状态时，叶绿体和造粉质体都可转变为原质体。

细胞内质体的分化和转化与环境条件有关。同时，质体的发育受它所在细胞的控制，不同基因的表达决定着该细胞的质体类型。

2.1.2.3　液泡

植物液泡（vacuole）是一个积极参与新陈代谢的细胞器，有重要的生理功能，如调节细胞水势和膨压，参与细胞内物质的积累与移动，隔离有害物质而避免细胞受害以及防御作用。液泡由单层膜包被，其间充满的液体为细胞液，液泡中的细胞液是水，其中溶有多种无机盐、氨基酸、有机酸、糖类、生物碱、色素等成分。有些细胞的液泡中还含有多种色素，如花青素（anthocyan）等，可使花或植物茎叶等具有红或蓝紫等色。此外，液泡中还含有一些水解酶和晶体，如草酸钙结晶。

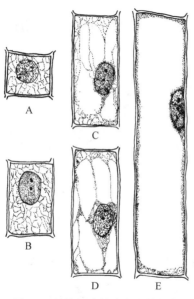

图 2.9　植物细胞的液泡及其发育
A～E表示幼期细胞到成熟的细胞，随细胞的生长，细胞中的小液泡变大，合并，最终形成一个大的中央液泡

植物中，幼嫩的细胞有多个分散的小液泡，在细胞的成长过程中，这些小液泡逐渐彼此融合而发展成数个或一个很大的中央液泡。因此，成熟的植物细胞具有大的中央液泡，占据细胞中央很大空间，将细胞质和细胞核挤到细胞的周边（图2.9）。这是植物细胞与动物细胞明显不同之处。

2.1.2.4　后含物

后含物指植物细胞中的贮藏物质和代谢产物（图2.10）。

后含物的种类很多，包括糖类、蛋白质、脂类、无机盐晶体、单宁、树脂、生物碱等。

（1）淀粉　淀粉（starch）是植物细胞内仅次于纤维素的最丰富的糖类。往往大量贮存于植物种子、块根和块茎的贮藏组织中。植物光合作用的产物以蔗糖等形式运入贮藏组织后在造粉体中合成淀粉，形成淀粉粒（starch grain）。一个造粉体内可形成一个或几个淀粉粒，淀粉沉积时，围绕一个或几个称为脐（hilum）的蛋白质中心，一层层堆积，形成围绕脐点的轮纹。轮纹的形成与直链淀粉和支链淀粉交替沉积有关。

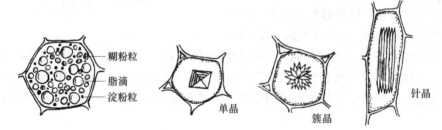

图 2.10　植物细胞的后含物

（2）蛋白质　　植物的贮藏蛋白主要存在于种子内，不表现出明显的生理活性。细胞中的贮藏蛋白呈颗粒状，称糊粉粒（aleurone grain）。

（3）脂肪与油　　脂肪与油是植物细胞中贮存的含能量较高的化合物。它们呈固体状态或油滴状散布于细胞质基质内，或于造油体中，大量存在于油料植物的种子或果实内，子叶、花粉等结构内也可见到。

（4）晶体　　一些植物细胞的液泡内可见到各种形状的晶体（crystal）。草酸钙结晶是常见的一类，有单晶、簇晶、针晶、砂晶等不同形态。此外，有些植物的细胞中有碳酸钙结晶，禾本科植物中还有二氧化硅结晶。一般认为晶体是新陈代谢产生的废物。

2.2　植物的细胞分化和组织的形成

2.2.1　细胞的生长与分化

2.2.1.1　细胞的生长

植物细胞在生长时，合成代谢非常旺盛，活跃地合成大量的新原生质，同时在细胞内也出现许多中间产物和一些废物，于是使细胞的体积不断地增大，重量也相应地增加。因此可以说，细胞生长表现为体积和重量的增加。

植物细胞的生长都有一定限度，这主要是受细胞本身遗传因子的控制。但在一定程度上，也受到外界环境中许多因素的影响。

2.2.1.2　细胞的分化

在植物个体发育过程中，细胞分化有着严格的程序和规律。细胞分化过程的实质是基因有选择地表达的结果，也就是说基因按一定程序选择性地活化或阻遏。细胞内某种特定基因的活化，合成特定的酶和蛋白质，使细胞之间出现了生理生化的差异，随之出现形态、结构的分化。这种在个体发育过程中，细胞在形态、结构和功能上的特化过程，称为细胞分化（cell differentiation）。

经过多年的研究，很多学者也已发现细胞分化受到很多因素的影响，如细胞的极性、细胞在植物体内的位置、激素和某些化学物质，以及光照、温度、水分等都可能在一定程度上影响植物体内的细胞分化。植物体由受精卵发育而成，最初受精卵分裂形成一团形态相同或相近的细胞，后来长成由多种形态、结构、功能不同的细胞组成的植物体。那么从简单的受精卵如何发育为具有高度复杂性的植物体，这是目前植物生物学研究领域中最具有吸引力的热点课题。近年来，由于分子生物学的兴起，人们开始从分子水平上去认识细胞发育与细胞分化，从而使植物发育生物学正在发展成为一门新兴的学科。

2.2.2　植物组织的概念及分类

单细胞植物在一个细胞中就完成了各种生理功能。多细胞植物，特别是种子植物由受精卵开始，不断进行细胞分裂、生长、发育、分化，从而产生了许多形态、结构、生理功能不同的细胞。这些细胞有机配合，紧密联系，形成各种器官，从而更有效地完成有机体的整个生理活动。这些形态、结构相似，在个体发育中来源相同，担负着一定生理功能的细胞组合，称为组织（tissue）。

种子植物体内各种组织在发育上具有相对的独立性，但各组织之间也存在着密切的相互关系，它们共同协调完成植物体的生理活动。按照其所执行的功能的不同，可以分为6种组织，即分生组织（meristem）、保护组织（protective tissue）、薄壁组织（parenchyma tissue）、机械组织（mechanical tissue）、输导组织（conducting tissue）和分泌组织（secretory tissue）。

2.2.2.1　分生组织

在植物胚胎发育的早期，所有胚细胞都进行分裂。但当胚进一步生长发育时，细胞分裂就逐渐局限于植物体的特定部分。这些具有细胞分裂能力的植物细胞群称为分生组织（meristem）。分生组织具有连续或周期性的分裂能力。高等植物体内的其他组织都是由分生组织经过分裂、生长和分化而形成的。

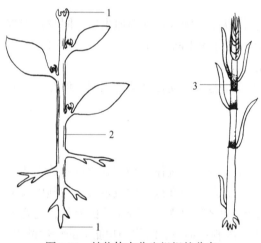

图 2.11　植物体中分生组织的分布
1. 顶端分生组织；2. 侧生分生组织；3. 居间分生组织

根据分生组织在植物体中的分布位置，可分为顶端分生组织（apical meristem）、侧生分生组织（lateral meristem）和居间分生组织（intercalary meristem）（图 2.11）。

（1）顶端分生组织　位于根、茎及各级分枝顶端的分生组织，称为顶端分生组织。它包括直接保留下来的胚性细胞及其衍生细胞。顶端分生组织与根、茎的伸长有关。茎的顶端分生组织还是形成叶和腋芽的部位，种子植物茎顶端分生组织到一定发育阶段又可分化形成花或花序。

顶端分生组织的细胞多为等径，一般排列紧密。细胞壁薄，体积较小，细胞核相对较大，细胞质浓厚，含有线粒体、高尔基体、核蛋白体等细胞器，液泡不明显。

（2）侧生分生组织　位于裸子植物和双子叶植物根和茎的侧面，与器官的长轴方向平行排列的分生组织，称为侧生分生组织。包括维管形成层和木栓形成层。

维管形成层由两种类型的细胞构成，其中，少数近于等径的细胞称为射线原始细胞，而多数为长的纺锤形细胞，有较为发达的液泡，细胞与器官长轴平行，称为纺锤状原始细胞。维管形成层的活动时间较长，分裂出来的细胞分化为次生韧皮部和较多的次生木质部。木栓形成层的分裂活动产生木栓层和栓内层，三者共同形成根、茎表面的周皮。侧生分生组织的分裂活动，使裸子植物和双子叶植物的根、茎得以增粗。单子叶植物中一般没有侧生分生组织，不会进行加粗生长。

（3）居间分生组织　在有些植物的发育过程中，在已分化的成熟组织间夹着一些未完全分化的分生组织，称为居间分生组织。实际上，居间分生组织是顶端分生组织衍生、遗留在某些器官局部区域的分生组织。在玉米、小麦等单子叶植物中，居间分生组织分布在节间的下部，它们旺盛的细胞分裂活动使植株快速生长、增高。韭菜和葱的叶子基部也有居间分生组织，割去叶子的上部后叶还能生长。花生的"入土结实"现象是花生花柄中的居间分生组织的分裂活动，使子房柄伸长，子房被推入土中的结果。

根据其细胞来源和分化的程度，分生组织又可分成三类：原分生组织（promeristem）、初生分生组织（primary meristem）和次生分生组织（secondary meristem）。

原分生组织是从胚胎中保留下来的，具有强烈、持久的分裂能力，位于根、茎顶端最前端的分生组织。

初生分生组织由原分生组织衍生的细胞构成，紧接于原分生组织，这些细胞一方面能继续分裂，另一方面在形态上已出现初步的分化，如细胞体积扩大，细胞质逐渐液泡化等，是从原分生组织向成熟组织过渡的组织。初生分生组织包括原表皮、原形成层和基本分生组织。原表皮位于最外方，将来分化为表皮；原形成层细胞纵向延长，细胞核和核仁明显，原生质浓厚，将来分化为维管组织；基本分生组织液泡化程度较高，将来分化为皮层和髓。

次生分生组织是由某些成熟组织细胞脱分化，重新恢复分裂能力形成的，包括维管形成层和木栓形成层，通常位于裸子植物和双子叶植物根和茎的侧面。

2.2.2.2　保护组织

覆盖于植物体表面，起保护作用的组织，称为保护组织（protective tissue）。保护组织能减小植物体内水分的蒸腾，防止病原微生物的侵入，还能控制植物与外界的气体交换。包括表皮（epidermis）和周皮（periderm）两类。

（1）表皮　　表皮由初生分生组织的原表皮分化而来，通常是由一层具有生活力的细胞组成，但有时也可由多层细胞组成。例如，在干旱地区生长的植物，叶表皮就常是多层的，这就有利于防止水分的过度蒸发。表皮可包含表皮细胞、气孔器的保卫细胞（图 2.12）和副卫细胞、表皮毛等。

表皮细胞大多扁平，形状不规则，彼此紧密镶嵌。表皮细胞细胞质少，液泡大，液泡甚至占据细胞的中央部分，而核却被挤到

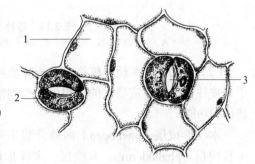

图 2.12　植物叶表皮与气孔器
1. 表皮细胞；2. 保卫细胞；3. 气孔

一边。一般没有叶绿体，有时含有白色体、有色体、花青素、单宁、晶体等。表皮细胞与外界相邻的一面，在细胞壁外表常覆盖着一层角质膜，角质膜是由疏水物质组成，水分很难透过。角质膜也能有效地防止微生物的侵入。角质膜表面光滑或形成乳突、皱褶、颗粒等纹理，有些植物在角质膜外还沉积蜡质，形成各种形式的蜡被。多种纹饰的角质膜和蜡被对植物鉴定有重要价值。

气孔器是调节水分蒸腾和气体交换的结构，由一对特化的保卫细胞和它们之间的孔隙、气孔下室及与保卫细胞相连的副卫细胞（有或无）共同组成（图 2.12）。保卫细胞常

呈肾形，含叶绿体，靠近孔隙一侧的细胞壁较厚，与表皮或副卫细胞毗邻的细胞壁较薄，这种结构特征与气孔的开闭有密切关系。

　　毛状体为表皮上的附属物，形态多种多样（图2.13），包括腺毛和非腺毛，由表皮细胞分化而来，具保护、分泌、吸收等功能。根表皮与茎、叶的表皮不同，细胞壁角质膜薄，某些表皮细胞特化形成根毛，因此根表皮主要起吸收和分泌作用。

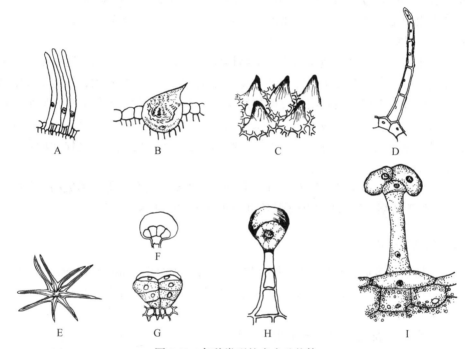

图2.13　各种类型的表皮毛状体
A. 单细胞毛；B. 钩状毛；C. 乳头状毛；D. 多细胞毛；E. 星状毛；F～I. 腺毛

　　（2）周皮　　在裸子植物、双子叶植物的根、茎等器官中，在加粗生长开始后，由于表皮往往不能适应器官的增粗生长而剥落，从内侧再产生次生保护组织——周皮，行使保护功能。

　　木栓形成层（phellogen）向外分裂出来的细胞组成木栓层（phellem），向内分裂产生栓内层（phelloderm）。木栓层、木栓形成层和栓内层共同构成周皮。木栓层由多层细胞构成，细胞扁平，没有细胞间隙，细胞壁高度栓质化，原生质体解体，细胞内充满气体，具有控制水分散失、保温、防止病虫侵害、抵御逆境的作用。栓内层通常是一层细胞，细胞壁较薄，细胞中常含叶绿体。在茎形成周皮时，往往在气孔所在部位的木栓形成层产生的细胞不形成正常的木栓层，而是形成排列疏松的球形细胞，称为补充细胞（complementary cells）（图2.14）。它们将外面的表皮和木栓层胀破，裂成唇形突起，在表面上呈现圆形、椭圆形或线形的斑点，能让水分、气体内外交流，这种结构称为皮孔（lenticels）（图2.14）。

　　在树木生长中，周皮的内侧，往往还可产生新的木栓形成层，由新的木栓形成层再形成新的周皮保护层。每次当新周皮形成后，其外方组织相继死亡，并逐渐累积增厚。

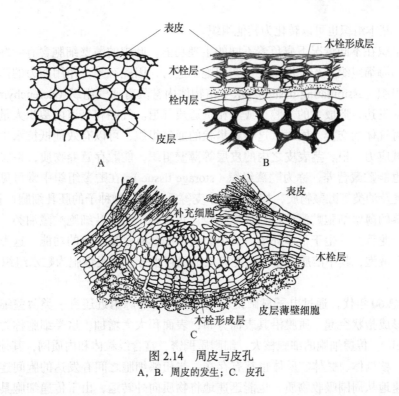

图 2.14　周皮与皮孔
A，B. 周皮的发生；C. 皮孔

在老的树干上，周皮及其外方的毁坏组织，以及韧皮部，也就是形成层以外的所有部分，常被称为树皮（bark）。

2.2.2.3　薄壁组织

薄壁组织（parenchyma tissue）的细胞壁通常较薄，一般只有初生壁而无次生壁。薄壁组织在植物体内分布最广，在根、茎、叶、花、果实及种子中都含有大量的这种组织（图 2.15），故又称为基本组织（ground tissue）。

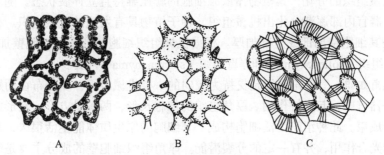

图 2.15　几种薄壁组织
A. 叶肉的同化组织；B. 通气组织；C. 柿胚乳——一种特殊的贮藏组织

薄壁组织细胞液泡较大，而细胞质较少，但含有质体、线粒体、内质网、高尔基体等细胞器。细胞排列松散，有较宽大的细胞间隙。薄壁组织分化程度较浅，有潜在的分生能力，在一定的条件作用下，可以经过脱分化，激发分生的潜能，进而转变为分生组织。同时，基本组织也可以转化为其他组织。

薄壁组织在不同情况下肩负着不同的生理功能。叶中的薄壁细胞含有叶绿体，构成栅状组织和海绵组织，光合作用在这些细胞中进行，因此有光合作用能力的薄壁组织又称为同化组织（assimilating tissue）。水生植物体内常具有通气组织（aerenchyma），其细胞间隙非常发达，形成大的气腔，或互相贯通成气道。气腔和气道内蓄积大量空气，有利于呼吸时气体的交换。同时，这种蜂巢状的通气组织，可以有效地抵抗水生环境中所受到的机械应力。根、茎表皮之内的皮层等薄壁组织，能贮存营养物质，果实和种子的薄壁细胞也能贮藏营养，称为贮藏组织（storage tissue）。在贮藏组织中常可见淀粉、蛋白质、糖类及油类等贮藏物质，如水稻、小麦等禾本科植物种子的胚乳细胞，甘薯块根、马铃薯块茎的薄壁细胞贮藏淀粉粒或糊粉粒；花生种子的子叶细胞贮藏油类。有些植物如仙人掌、龙舌兰等生于干旱环境，其中有些细胞具有贮藏水分的功能，这类细胞往往有发达的大液泡，其中溶质含量高，能有效地保存水分，这类细胞为贮水组织（aqueous tissue）。

20世纪60年代，通过电子显微镜研究，发现小叶脉附近还有一类薄壁细胞，其细胞壁向内形成指状突起，质膜沿其表面分布，表面积大大增加，这类细胞称为传递细胞（transfer cell）。传递细胞的细胞核大、细胞质稠密，富含线粒体和内质网，其他细胞器如高尔基体、核糖体、微体、质体也都有存在，与相邻细胞之间有发达的胞间连丝，这种细胞能迅速地从周围吸收物质，也能迅速地将物质向外转运，由于传递细胞具有丰富的细胞器，以及"壁-膜器"的特化结构，因此是保证短途装卸溶质的特别有效形式。

传递细胞在植物体的许多部位出现，如某些植物的花药绒毡层、珠被绒毡层、胚囊中的助细胞、反足细胞、胚乳的内层细胞、子叶的表皮、禾本科植物颖果糊粉层的某些特化细胞等处，都有传递细胞的发生。

2.2.2.4 机械组织

机械组织为植物体内的支持组织。植物器官的幼嫩部分，机械组织很不发达，甚至完全没有机械组织的分化，其植物体依靠细胞的膨压维持直立伸展状态。随着器官的生长、成熟，器官内部逐渐分化出机械组织。种子植物具有发达的机械组织。机械组织的共同特点是其细胞壁局部或全部加厚。根据机械组织细胞的形态及细胞壁加厚的方式，可分为厚角组织（collenchyma）和厚壁组织（sclerenchyma）两类。

（1）厚角组织　　厚角组织是支持力较弱的一类机械组织，多分布在幼嫩植物的幼茎或叶柄等器官中，起支持作用。厚角组织的细胞长形，两端呈方形、斜形或尖形，彼此重叠连接成束。此种组织由活细胞构成，其细胞的原生质体能生活很久，常含有叶绿体，可进行光合作用，并有一定的分裂潜能。厚角组织细胞壁的成分主要是纤维素，还含有较多的果胶质，也具有其他成分，但不木质化。其初生细胞壁呈不均匀增厚，增厚常发生于细胞的角隅部分，所以有一定的坚韧性，并具有可塑性和延伸性，既可以支持器官直立，又适应于器官的迅速生长，所以普遍存在于正在生长或经常摆动的器官之中。植物的幼茎、花梗、叶柄和大的叶脉中，其表皮的内侧均可有厚角组织的分布（图2.16）。

（2）厚壁组织   厚壁组织是植物体的主要支持组织。其显著的结构特征是细胞的次生壁均匀加厚，而且常常木质化。有时细胞壁可占据细胞的大部分体积，细胞内腔可以变得较小以至几乎看不见。发育成熟的厚壁组织细胞一般都已丧失生活的原生质体。

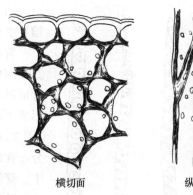

横切面   纵切面

图 2.16   厚角组织

厚壁组织有两类。一类是纤维（fiber），细胞细长，两端尖锐，其细胞壁强烈地增厚，常木质化而坚硬，含水量低，壁上有少数小纹孔，细胞腔小。纤维常相互以尖端重叠而连接成束，形成器官内的坚强支柱。

纤维分为韧皮纤维（phloem fiber）和木纤维（xylem fiber）两种。韧皮纤维存在于韧皮部，细胞壁不木质化或只轻度木质化，故有韧性，如黄麻纤维、亚麻纤维等（图 2.17A 和 B）。韧皮纤维细胞的长度因植物种类而不同，通常为 1～2mm，而有些植物的纤维也较长，如黄麻的可达 8～40mm，大麻 10～100mm，苎麻 5～350mm，最长的可达 550mm。纤维的工艺价值取决于细胞的长度与细胞壁含纤维素的量，亚麻纤维细胞长，胞壁含纤维素较纯，是优质的纺织原料，黄麻的纤维细胞短，胞壁木化程度高，故仅适宜于做麻绳或织麻袋等。木纤维存在于木质部中，细胞壁木质化而坚硬。

另一类是石细胞（stone cell）。石细胞的形状不规则，多为等径，但也有长骨形、星状和毛状等（图 2.17C～F）。次生壁强烈增厚并木质化，出现同心状层次。壁上有分枝的纹孔道。细胞腔极小，通常原生质体已消失，成为仅具坚硬细胞壁的死细胞，故具有坚强的支持作用。石细胞往往成群分布，有时也可单个存在。石细胞分布很广，在植物茎的皮层、韧皮部、髓内，以及某些植物的果皮、种皮，甚至叶中都可见到。梨果肉中的白色硬颗粒就是成团的石细胞。

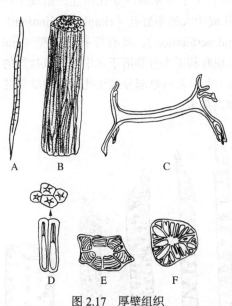

图 2.17   厚壁组织

A. 纤维细胞；B. 纤维束；C～F. 各种类型的石细胞

2.2.2.5   输导组织

维管植物从水生到陆生的演化过程中，逐渐形成了特化的输导组织，贯穿于植物体的各器官之中，发达的输导组织使植物对陆生生活有了更强的适应能力。根据它们运输的主要物质不同，可将输导组织分为两大类，即运输水分、无机盐的管胞（tracheid）和导管（vessel element），以及运输溶解状态的同化产物的筛胞（sieve cell）和筛管（sieve tube）。

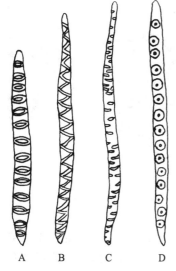

图2.18　管胞及次生加厚方式
A. 环纹；B. 螺纹；C. 梯纹；D. 孔纹

（1）管胞　　管胞是绝大部分蕨类植物和裸子植物输导水分和无机盐的结构。

管胞是两端斜尖，直径较小，不具穿孔的管状细胞。其细胞壁在细胞发育中形成厚的木质化的次生壁，在发育成熟时原生质体解体消失。由于次生壁加厚不均匀，形成了环纹、螺纹、梯纹、网纹、孔纹等五类加厚式样（图2.18）。环纹、螺纹管胞的加厚面小，支持力低，多分布在幼嫩器官中，其他几种管胞多出现在较老的器官中。管胞以其偏斜的两端相互重叠而连接，主要通过侧壁上的纹孔来进行物质沟通。所以它们除运输水分与无机盐的功能外，还有一定的支持作用。虽然它们的机械支持功能较强，但输导能力却弱于导管。

（2）导管（vessel element）　　导管在被子植物中普遍存在。成熟的导管分子与管胞不同的是，导管在发育过程中伴随着细胞壁的次生加厚与原生质体的解体，导管两端的细胞初生壁被溶解，形成了穿孔。多个导管分子以末端的穿孔相连，组成了一条长的管道，称为导管。有的植物导管分子的穿孔成为大的单穿孔（simple perforation），有的则成为由数个穿孔组成的复穿孔（compound perforation）。具有穿孔的端壁（end wall）则称为穿孔板（perforation plate）。穿孔的出现有利于水分和溶于水中的无机盐类的纵向运输。此外，导管也可以通过侧壁（side wall）上的未增厚部分或纹孔，而与毗邻的其他细胞进行横向的输导。导管比管胞的输导效率高得多。

导管也有环纹、螺纹、梯纹、网纹和孔纹5种次生壁加厚类型（图2.19）。环纹和螺纹导管直径较小，输导效率较低；梯纹导管的木质化增厚的次生壁呈横条状隆起；网纹和孔纹导管除了纹孔或网眼未加厚外，其余部分皆木质化加厚。后3种类型的导管直径较大，输导效率较高。

（3）筛胞　　筛胞是绝大多数蕨类植物和裸子植物的输导分子。成熟的筛胞通常细长、两端尖斜，具有生活的原生质体，但没有细胞核。细胞壁为初生壁，侧壁和先端部分有不很特化的筛域，筛孔狭小，通过的原生质丝也很细小。筛胞在组织中互相重叠而生，物质运输通过筛胞之间相互重叠末端的筛孔进行。

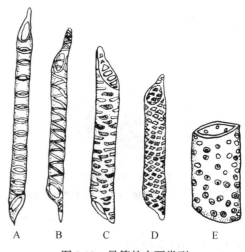

图2.19　导管的主要类型
A. 环纹；B. 螺纹；C. 梯纹；D. 网纹；E. 孔纹

（4）筛管　　筛管（图2.20）是被子植物中运输有机物的结构。它是由一些管状活细胞纵向连接而成的，组成该筛管的每一细胞称筛管分子（sieve element）。成熟的筛管分子中，细胞核退化，细胞质仍然保留。筛管的细胞壁由纤维素和果胶质构成，在侧面的细胞壁上有许多特化的初生纹孔场，叫作筛域（sieve area），其中分布有成群的小孔，这种小孔称为筛孔（sieve pore），筛孔中的胞间连丝比较粗，称为联络索（connecting strand）。而其末端的细胞壁分布着一至多个筛域，这部分细胞壁则称为筛板（sieve plate）。联络索沟通了相邻的筛管分子，能有效地输送有机物。在被子植物的筛管中，还有一种特殊的蛋白，称 P 蛋白，有人认为 P 蛋白是一种收缩蛋白，与有机物的运输有关。

（5）伴胞 伴胞（companion cell）是和筛管并列的一种细胞，细胞核大，细胞质浓厚。伴胞和筛管由分生组织的同一个母细胞分裂发育而成。二者间存在发达的胞间连丝，在功能上也密切相关，共同完成有机物的运输（图 2.20）。

维管组织（vascular tissue）是维管植物特有的组织。维管组织分为韧皮部（phloem）和木质部（xylem）两部分。

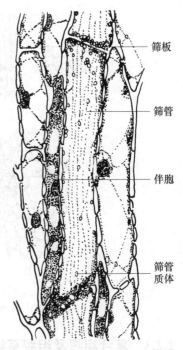

图 2.20　烟草茎韧皮部中的筛管与伴胞纵切面

筛板

筛管

伴胞

筛管质体

韧皮部由筛胞或筛管、伴胞、韧皮纤维与韧皮薄壁细胞共同构成，其功能是运输有机物质，如糖类、氨基酸及其他含氮化合物等。韧皮部的运输可以是双向的。叶光合作用合成的有机分子通过韧皮部而运输到根和茎中保存，或运到生长中的分生组织供生长之用。根中储藏的物质经消化后，也通过韧皮部而向上运输到茎、叶、果实等部分。

木质部由管胞或导管、木纤维和木薄壁细胞共同构成，能运输水与溶解在水中的无机盐。根所吸收的水分通过茎运输到叶，是单向的运输。

由于木质部和韧皮部的主要组成分子都是管状结构，因此，通常将木质部和韧皮部，或者将其中之一称为维管组织。

2.2.2.6　分泌组织

植物体中有一些细胞或一些特化的结构有分泌功能。这些细胞分泌的物质十分复杂，如挥发油、树脂、乳汁、蜜汁、单宁、黏液、盐类等。在有些植物新陈代谢过程中，这些产物或是通过某种机制排到体外、细胞外，或是积累在细胞内。凡能产生分泌物质的有关细胞或特化的细胞组合，总称为分泌组织。分泌组织也多种多样，其来源、形态和分布不尽相同（图 2.21）。例如，花中可形成蜜腺、蜜槽；有些植物（天竺葵）叶表面往往有腺毛；松树的茎、叶等器官中有树脂道，能分泌松脂；橘子果皮上可见到透明的小点就是分泌腔，能分泌芳香油；玉兰等花瓣有香气是因为其中有油细胞，也能分泌芳香油。

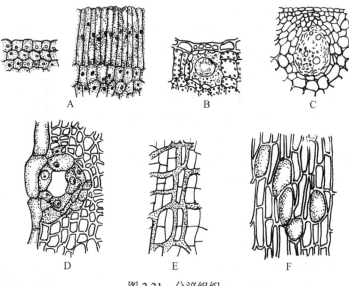

图 2.21　分泌组织
A. 蜜腺；B. 油囊；C. 分泌囊；D. 树脂道；E. 乳汁管；F. 油细胞

2.2.3　复合组织及组织系统的概念

在植物系统发育过程中，较低等的植物仅有简单组织（simple tissue）。较高等的植物除有简单组织外，还出现了复合组织（complex tissue）。复合组织由植物体内多种组织按一定的方式和规律结合而构成。分生组织、薄壁组织、厚角组织和厚壁组织为简单组织，表皮、周皮为复合组织。木质部和韧皮部的组成分子包含输导组织、薄壁组织和机械组织等组织，所以它们也被认为是一种复合组织。

植物体是一个有机的整体，各个器官除了具有功能上的相互联系外，同时在它们的内部结构上也具有连续性和统一性。在一个植物的整体上，或一个器官上，形态和功能各异的组织集合体，称为组织系统（tissue system）。维管植物的所有成熟组织可分为三个组织系统，即基本组织系统（ground tissue system）、皮组织系统（dermal system）和维管组织系统（vascular system）。基本组织系统包括具有同化、贮藏、通气和吸收功能的薄壁组织及具有机械作用的厚角组织和厚壁组织；皮组织系统包括初生保护结构的表皮和次生保护结构的周皮；维管组织系统由贯穿植物体各部分的维管组织构成，包括初生木质部和初生韧皮部及次生木质部和次生韧皮部。

本 章 总 结

1. 细胞是植物体形态结构和生命活动的基本单位。植物细胞的基本结构包括原生质体和细胞壁两大部分。原生质体又由质膜、细胞核、细胞质以及液泡、质体、线粒体、高尔基体、核糖体、内质网、微管与微丝等细胞器组成。植物细胞区别于动物细胞的主要特征是具有细胞壁、质体和液泡。

2. 植物细胞的原生质体由细胞壁包被。细胞壁由中层、初生壁、次生壁三部分组成。在细胞壁上还存在着纹孔和胞间连丝等附属结构，使相邻细胞间能够进行物质的交流和信息的传递。从而使植物成为一个统一的有机体。

3. 质体和液泡是植物细胞特有的细胞器。分化成熟的质体可根据其颜色和功能的不同，分为叶绿体、白色体和有色体。它们都从原质体发育而来，并且可以发生相互转化。植物液泡是一个积极参与新陈代谢的细胞器，它有重要的生理功能，液泡由单层膜包被，其间充满了称为细胞液的液体，其中溶有多种无机盐、氨基酸、有机酸、糖类、生物碱、色素等成分。

4. 一些来源相同的细胞群所组成的结构和功能单位，称为组织。组织是在植物个体发育中，通过细胞的生长、分化而形成的。各种组织在植物体内紧密结合、相互协调，从而保证各项生理活动正常进行。植物组织可以分为分生组织、保护组织、薄壁组织、机械组织、输导组织和分泌组织。

思考与探索

1. 在显微镜下观察，一种植物果实果肉细胞中有大量红色的细胞器，而另一种植物果实果肉细胞的大液泡中呈现均匀的红色，分析这两种植物果实的颜色可能与哪类色素有关？

2. 植物细胞区别于动物细胞的显著特征有哪些？

3. 在显微镜下观察，厚角组织和厚壁组织如何区分？

4. 植物细胞有哪些结构保证了多细胞植物体中细胞之间进行有效的物质和信息传递？

5. 细胞分化在个体发育和系统发育上有什么意义？

6. 从输导组织的结构和组成来分析，为什么说被子植物比裸子植物更高级？

7. 在活的植物体内也包含很多死细胞，你能指出哪些组成分子是死细胞吗？

8. 植物细胞的初生壁和次生壁有什么区别？在各种细胞中它们是否都存在？

9. 植物有哪几类组织系统？它们在植物体中各起什么作用？有何分布规律？

10. 从外观上如何区别具有表皮的枝条和具有周皮的枝条？

11. 植物分生组织有哪几种类型？它们在植物体上分布位置如何？

12. 被子植物木质部和韧皮部的主要功能是什么？它们的基本组成有什么异同点？

3 藻类植物

藻类植物（algae）是一群没有根、茎、叶分化的，能进行光合作用的低等自养植物。藻类植物的形态结构差异很大，从体形上看，小的只有几微米，必须在显微镜下才能看到，而大的体长可达 60～100m。

现存的藻类植物大约 3 万种，主要生活在海水或淡水中，少数生活在潮湿的土壤、墙壁、岩石或树干上，还有少数附生在动物体上。根据藻体的形态、细胞的结构、所含色素的种类、贮藏物质的类别及生殖方式和生活史类型等，可以把藻类植物分成许多不同的类群。

3.1 蓝藻门（Cyanophyta）

3.1.1 形态与构造

蓝藻（blue-green algae）也称蓝细菌（cyanobacteria），属于原核生物。蓝藻细胞壁的主要化学成分是黏肽（peptidoglycan），在细胞壁的外面有由果胶酸（pectic acid）和黏多糖（mucopolysaccharide）构成的胶质鞘（gelatinous sheath）包围，有些种类的胶质鞘容易水化，有的胶质鞘比较坚固，易形成层理。胶质鞘中还常常含有红、紫、棕等非光合作用的色素。

蓝藻细胞里的原生质体分化为中心质（centroplasm）和周质（periplasm）两部分。中心质又叫中央体（central body），位于细胞中央，其中含有 DNA，蓝藻细胞中无组蛋白，不形成染色体，DNA 以纤丝状存在，无核膜和核仁的结构，但有核的功能，故称原核植物（图 3.1）。

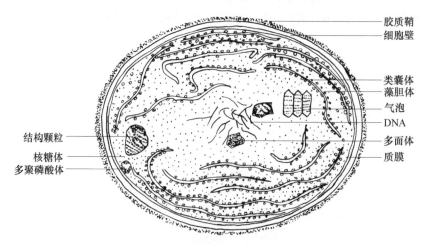

图 3.1 蓝藻细胞亚显微结构示意图

周质又称色素质（chromatoplasm），在中心质的四周，蓝藻细胞没有分化出载色体等细胞器（organelle），在电子显微镜下观察，周质中有许多扁平的膜状光合片层（photosynthetic lamellae），即类囊体（thylakoid），这些片层不集聚成束，而是单条有规律地排列，它们是光合作用的场所。光合色素存在于类囊体的表面，蓝藻的光合色素有三类：叶绿素 a、藻胆素（phycobilin）及一些黄色色素。藻胆素为一类水溶性的光合辅助色素，它是藻蓝素（phycocyanobilin）、藻红素（phycoerythrobilin）和别藻蓝素（allophycocyanin）的总称。由于藻胆素紧密地与蛋白质结合在一起，所以又总称为藻胆蛋白（phycobiliprotein）或藻胆体（phycobilisome），在电镜下，呈小颗粒状分布于类囊体表面。蓝藻光合作用的产物为蓝藻淀粉（cyanophycean starch）和蓝藻颗粒体（cyanophycin），这些营养物质分散在周质中；周质中还有一些气泡（gas vacuole），充满气体，具有调节蓝藻细胞浮沉的作用，在显微镜下观察呈黑色、红色或紫色。

蓝藻植物体有单细胞、群体或丝状体（filament）的，有些蓝藻在每条丝状体中只有一条藻丝，而有些种类有多条藻丝；有些蓝藻的藻丝上还常含有一种特殊细胞，称异形胞（heterocyst），异形胞是由营养细胞形成的，但一般比营养细胞大，在形成异形胞时，细胞内的贮藏颗粒溶解，光合作用片层破碎，形成新的膜，同时于细胞壁外边分泌出新的细胞壁物质，所以在光学显微镜下观察，细胞内是空的。

3.1.2　繁殖

蓝藻以细胞直接分裂的方法进行繁殖。单细胞类型是细胞分裂后，子细胞立即分离，形成单细胞；群体类型是细胞反复分裂后，子细胞不分离，形成多细胞的大群体，然后群体破裂，形成多个小群体；丝状体类型是以形成藻殖段（homogonium）的方法进行营养繁殖，藻殖段是由于丝状体中某些细胞死亡，或形成异形胞，或在两个营养细胞间形成双凹分离盘（separation disc），或是由于外界的机械作用将丝状体分成许多小段，每一小段称为一个藻殖段，以后每个藻殖段发育成一个丝状体。

蓝藻除了进行营养繁殖外，还可以产生孢子，进行无性生殖。例如，在有些丝状体类型中可以通过产生厚壁孢子（akinete）、外生孢子（exospore）或内生孢子（endospore）进行无性生殖，厚壁孢子是由普通营养细胞的体积增大、营养物质的积蓄和细胞壁的增厚形成的，此种孢子可长期休眠，以渡过不良环境，待环境适宜时，孢子萌发，分裂形成新的丝状体。形成外生孢子时，细胞内原生质发生横分裂，形成大小不等的两块原生质，上端一块较小，形成孢子，基部一块仍具有分裂能力，继续分裂形成孢子。内生孢子极少见，由母细胞增大，原生质进行多次分裂，形成许多具有薄壁的子细胞，母细胞破裂后孢子放出。蓝藻的繁殖方式如图 3.2 所示。

3.1.3　分布与生境

蓝藻分布很广，淡水中、海水中、潮湿地面、树皮、岩面和墙壁上都有生长，主要生活在水中，特别是在营养丰富的水体中，夏季大量繁殖，集聚水面，形成水华（water bloom）。此外，还有一些蓝藻与其他生物共生，如有的与真菌共生形成地衣，有的与蕨类植物满江红（*Azolla*）共生，还有的与裸子植物苏铁（*Cycas*）共生。

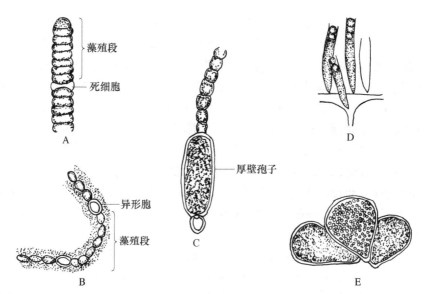

图 3.2   蓝藻的繁殖方式

A，B. 形成藻殖段；C. 产生厚壁孢子；D. 产生外生孢子；E. 产生内生孢子

3.1.4   蓝藻门的分类及代表植物

蓝藻门现存 1500～2000 种，分为色球藻纲（Chroococcophyceae）、段殖体纲（Hormo-gonephyceae）和真枝藻纲（Stigonematophyceae）三纲。它们的祖先出现于距今 35 亿～33 亿年前，是已知地球上出现最早、最原始的光合自养生物。

（1）色球藻属（*Chroococcus*）（图 3.3）   属于色球藻纲。植物体为单细胞或群体。单细胞时，细胞为球形，外被固体胶质鞘。群体是由两代或多代的子细胞在一起形成的。每个细胞都有个体胶鞘，同时还有群体胶鞘包围着。细胞呈半球形或四分体形，在细胞相接触处平直。胶质鞘透明无色，浮游生活于湖泊、池塘、水沟，有时也生活在潮湿地上、树干上或滴水的岩石上。

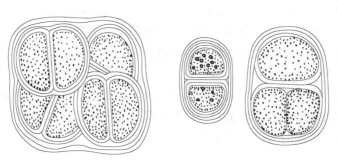

图 3.3   色球藻属

（2）颤藻属（*Oscillatoria*）（图 3.4A 和 B）   属于段殖体纲。植物体是由一列细胞组成的丝状体，常丛生，并形成团块。细胞短圆柱状，长大于宽，无胶质鞘，或有一层不明显的胶质鞘。丝状体能前后运动或左右摆动，故称颤藻。以藻殖段进行繁殖，生于湿地或浅水中。

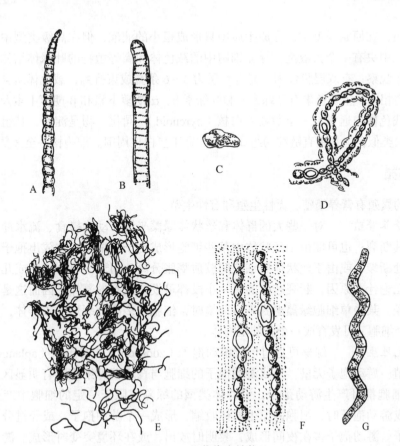

图 3.4　蓝藻代表植物

A, B. 颤藻。C, D. 地木耳：C. 外形；D. 部分胶被中的藻丝。

E, F. 发菜：E. 外形；F. 部分胶被中的藻丝。G. 钝顶螺旋藻

（3）念珠藻属（*Nostoc*）　　属于段殖体纲。植物体是由一列细胞组成不分枝的丝状体。丝状体常常是无规则地集合在一个公共的胶质鞘中，形成肉眼能看到或看不到的球形体、片状体或不规则的团块，细胞圆形，排成一行如念珠状。丝状体有个体胶鞘或无，异形胞壁厚，以藻殖段进行繁殖。丝状体上有时有厚壁孢子。本属的地木耳（*N. commune* Vauch.）（图 3.4C 和 D）、发菜（*N. flagelliforme* Born. et Flah.）（图 3.4E 和 F）可供食用。

蓝藻中的钝顶螺旋藻（*Spirulina platensia* Geitler）（图 3.4G），也是著名的食用藻类。

3.2　绿藻门（Chlorophyta）

3.2.1　形态与构造

绿藻门植物体的形态多种多样，有单细胞、群体、丝状体或叶状体，少数单细胞和群体类型的营养细胞前端有鞭毛，终生能运动，但绝大多数绿藻的营养体不能运动，只有繁殖时形成的游动孢子和配子有鞭毛，能运动。

绿藻细胞壁分两层，内层主要成分为纤维素，外层是果胶质，常常黏液化。细胞里

充满原生质，在原始类型中，在原生质中只形成很小的液泡，但在高级类型中，像高等植物一样，中央有一个大液泡。绿藻细胞中的载色体和高等植物的叶绿体结构类似，电子显微镜下观察，有双层膜包围，光合片层为3～6条叠成束排列，载色体所含的色素也和高等植物相同，主要色素有叶绿素 a 和叶绿素 b、α-胡萝卜素和 β-胡萝卜素及一些叶黄素类；在载色体内通常有一至数枚蛋白核（pyrenoid），同化产物是淀粉，其组成与高等植物的淀粉类似，也是由直链淀粉组成，多贮存于蛋白核周围。细胞核一至多数。

3.2.2　繁殖

绿藻的繁殖有营养繁殖、无性生殖和有性生殖。

（1）营养繁殖　对一些大的群体和丝状体绿藻来说，动物摄食、流水冲击等机械作用常使其断裂；也可能由于丝状体中某些细胞形成孢子或配子，在放出孢子或配子后从空细胞处断裂；或由于丝状体中细胞间胶质膨胀分离，而形成单个细胞或几个细胞的短丝状。无论什么原因，断裂产生的每一小段都可发育成新的藻体，因而这是营养繁殖的一种途径。某些单细胞绿藻遇到不良环境时，细胞可多次分裂形成胶群体，待环境好转时，每个细胞又可发育成一个新的植物体。

（2）无性生殖　绿藻可通过形成游动孢子（zoospore）或静孢子（aplanospore）进行无性生殖。游动孢子无壁，形成游动孢子的细胞与普通营养细胞没有明显区别，有些绿藻全体细胞都可产生游动孢子，但群体类型的绿藻仅限于一定的细胞中产生游动孢子。在形成游动孢子时，细胞内原生质体收缩，形成一个游动孢子，或经过分裂形成多个游动孢子。游动孢子多在夜间形成，黎明时放出，或在环境突变时形成。游动孢子放出后，游动一个时期，缩回或脱掉鞭毛，分泌一层壁，成为一个营养细胞，继而发育为新的植物体。有些绿藻以静孢子进行无性生殖，静孢子无鞭毛，不能运动，有细胞壁。在环境条件不良时，细胞原生质体分泌厚壁，围绕在原生质体的周围，并与原有的细胞壁愈合，同时细胞内积累大量的营养物质，形成厚壁孢子，环境适宜时，发育成新的个体。

（3）有性生殖　有性生殖的生殖细胞叫作配子（gamete），两个生殖细胞结合形成合子（zygote），合子可直接萌发形成新个体，或是经过减数分裂先形成孢子，再由孢子进一步发育成新个体。如果是形状、结构、大小和运动能力完全相同的两个配子结合，称为同配生殖（isogamy）；如果两个配子的形状和结构相同，但大小和运动能力不同，此两种配子的结合称为异配生殖（anisogamy），其中，大而运动能力迟缓的为雌配子（female gamete），小而运动能力强的为雄配子（male gamete）；如果两个配子在形状、大小、结构和运动能力等方面都不相同，其中，大的配子无鞭毛不能运动，称为卵（egg），小而有鞭毛能运动的为精子（sperm），精卵结合称为卵式生殖（oogamy）；如果是两个没有鞭毛能变形的配子结合，称为接合生殖（conjugation）。

3.2.3　分布与生境

绿藻分布在淡水和海水中，海产种类约占10%，90%的种类分布于淡水或潮湿土表、岩面或花盆壁等处，少数种类可生于高山积雪上。还有少数种类与真菌共生形成地衣体。

3.2.4 绿藻门的分类及代表植物

绿藻是藻类植物中种类最多的一个类群，现存 5000～
8000 种，分为绿藻纲（Chlorophyceae）和接合藻纲（Conju-
gatophyceae）两纲。常见主要代表种类如下。

（1）衣藻属（*Chlamydomonas*）　属于绿藻纲。衣藻
是常见的单细胞绿藻，生活于含有机质的淡水沟和池塘中。
植物体呈卵形、椭圆形或圆形，体前端有两条顶生鞭毛，
是衣藻在水中的运动器官。细胞壁分两层，内层主要成分
为纤维素，外层是果胶质。载色体形状如厚底杯形，在基
部有一个明显的蛋白核。细胞中央有一个细胞核，在鞭毛
基部有两个伸缩泡（contractile vacuole），一般认为是排泄
器官。眼点（stigma）橙红色，位于体前端一侧，是衣藻的
感光器官（图3.5）。

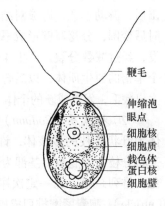

图 3.5　衣藻细胞的形态和结构

衣藻经常在夜间进行无性生殖，生殖时藻体通常静止，鞭毛收缩或脱落变成游动孢
子囊，细胞核先分裂，形成 4 个子核，有些种则分裂 3～4 次，形成 8～16 个子核；随后
细胞质纵裂，形成 2 个、4 个、8 个或 16 个子原生质体，每个子原生质体分泌一层细胞壁，
并生出两条鞭毛，子细胞由于母细胞壁胶化破裂而放出，长成新的植物体。在某些环境
下，如在潮湿的土壤上，原生质体可再三分裂，产生数十、数百至数千个没有鞭毛的子
细胞，埋在胶化的母细胞中，形成一个不定群体（palmella）。当环境适宜时，每个子细
胞生出两条鞭毛，从胶质中放出（图3.6）。

衣藻进行无性生殖多代后，再进行有性生殖。多数种的有性生殖为同配，生殖时，

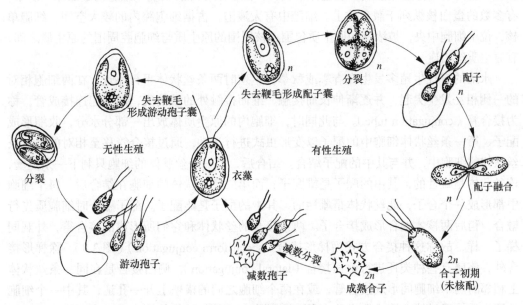

图 3.6　衣藻的生活史

细胞内的原生质体经过分裂，形成具 2 条鞭毛的（＋）、（－）配子（16 个、32 个或 64 个）；配子在形态上与游动孢子无大差别，只是比游动孢子小。成熟的配子从母细胞中放出后，游动不久，即成对结合，形成双倍、具 4 条鞭毛、能游动的合子，合子游动数小时后变圆，分泌厚壁形成厚壁合子，壁上有时有刺突。合子经过休眠，在环境适宜时萌发，经过减数分裂，产生 4 个单倍的原生质体，并继续分裂多次，产生 8 个、16 个、32 个单倍的原生质体；以后合子壁胶化破裂，单倍核的原生质体被放出，并在几分钟之内生出鞭毛，发育成新的个体（图 3.6）。

（2）松藻属（*Codium*）　属于绿藻纲。全部海产，固着生活于海边岩石上。植物体为管状分枝的多核体，许多管状分枝互相交织，形成有一定形状的大型藻体，外观叉状分枝，似鹿角，基部为垫状固着器。丝状体有一定分化，中央部分的丝状体细，无色，排列疏松，无一定次序，称作髓部；向四周发出侧生膨大的棒状短枝，叫作胞囊（utricle），胞囊紧密排列成皮层；髓部丝状体的壁上，常发生内向生长的环状加厚层，有时可使管腔阻塞，其作用是增加支持力，这种加厚层在髓部丝状上各处都有，而胞囊基部较多。载色体数多，小盘状，多分布在胞囊远轴端，无蛋白核。细胞核极多而小。

松藻属植物体是二倍体。进行有性生殖时，在同一藻体或不同藻体上生出雄配子囊（male gametangium）和雌配子囊（female gametangium），配子囊发生于胞囊的侧面，配子囊内的细胞核一部分退化，一部分增大；每个增大的核经过减数分裂，形成 4 个子核，每个子核连同周围的原生质一起，发育成具双鞭毛的配子。雌配子大，含多个载色体；雄配子小于雌配子数倍，只含有 1～2 个载色体。雌、雄配子结合成合子，合子立即萌发，长成新的二倍体植物（图 3.7）。

（3）水绵属（*Spirogyra*）　属于接合藻纲。生于淡水中。水绵植物体是由一列细胞构成的不分枝的丝状体，细胞圆柱形。细胞壁分两层，内层由纤维素构成，外层为果胶质。壁内有一薄层原生质，载色体带状，一至多条，螺旋状绕于细胞周围的原生质中，有多数的蛋白核纵列于载色体上。细胞中有大液泡，占据细胞腔内的较大空间。细胞单核，位于细胞中央，被浓厚的原生质包围；核周围的原生质与细胞腔周围的原生质之间，有原生质丝相连。

水绵的有性生殖多发生在春季或秋季，生殖时两条丝状体平行靠近，在两细胞相对的一侧相互发生突起，并逐渐伸长而接触，继而接触处的壁消失，两突起连接成管，称为接合管（conjugation tube）。与此同时，细胞内的原生质体放出一部分水分，收缩形成配子，第一条丝状体细胞中的配子以变形虫式进行运动，通过接合管移至相对的第二条丝状体的细胞中，并与其中的配子结合。结合后，第一条丝状体的细胞只剩下一条空壁，该丝状体是雄性的，其中的配子是雄配子；而第二条丝状体的细胞在结合后，每个细胞中都形成一个合子，此丝状体是雌性的，其中的配子是雌配子。配子融合时细胞质先行融合，稍后两核才融合形成接合子。两条接合的丝状体和它们所形成的接合管，外观同梯子一样，故称这种接合方式为梯形接合（scalariform conjugation）（图 3.8）。除梯形接合外，该属有些种类还进行侧面接合（lateral conjugation），侧面接合是在同一条丝状体上相邻的两个细胞间形成接合管，或在两个细胞之间的横壁上开一孔道，其中一个细胞的原生质体通过接合管或孔道移入另一个细胞中，并与其中的原生质融合形成合子；侧

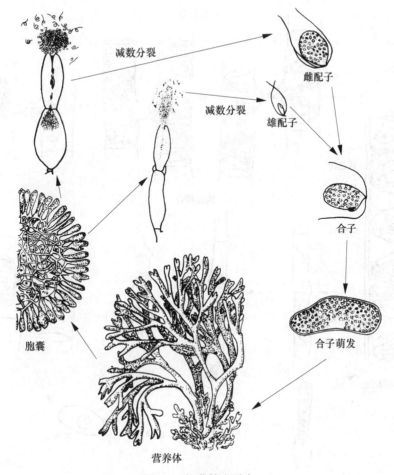

减数分裂

雌配子

减数分裂

雄配子

合子

合子萌发

胞囊

营养体

图 3.7　松藻的生活史

面接合后，丝状体上空的细胞和具合子的细胞交替存在于同一条丝状体上，这种水绵可以认为是雌雄同体的。梯形接合与侧面接合比较，侧面接合较为原始，合子成熟时分泌厚壁，并随着死亡的母体沉于水底，待母体细胞破裂后放出体外。合子耐旱性很强，水涸不死，待环境适宜时萌发，一般是在合子形成后数周或数月，甚至一年以后萌发。萌发时，核先减数分裂，形成 4 个单倍核，其中 3 个消失，只有 1 个核萌发，形成萌发管，由此长成新的植物体（图 3.8）。

　　水绵属植物全部是淡水产，是常见的淡水绿藻，在小河、池塘、沟渠或水田等处均可见到，繁盛时大片生于水底或成大块漂浮水面，用手触及有黏滑的感觉。

　　（4）石莼属（*Ulva*）　属于绿藻纲，多生于高、中潮间带的岩石上。石莼属多数为食用海藻。石莼植物体是大型的多细胞片状体，呈椭圆形、披针形或带状，由两层细胞构成。植物体下部有无色的假根丝，假根丝生在两层细胞之间，并向下生长伸出植物体外，互相紧密交织，构成假薄壁组织状的固着器，固着于岩石上。藻体细胞表面观为多角形，切面观为长形或方形，排列不规则但紧密，细胞间隙富有胶质。细胞单核，位于片状体细胞的内侧。载色体片状，位于片状体细胞的外侧，有一枚蛋白核。

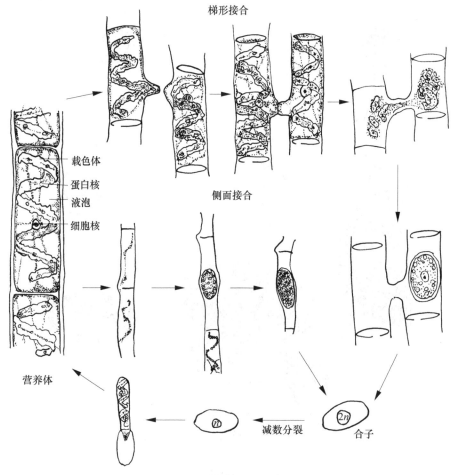

图 3.8　水绵的生活史

　　石莼有两种植物体，即孢子体（sporophyte）和配子体（gametophyte），两种植物体都由两层细胞组成。成熟的孢子体，除基部外，全部细胞均可形成孢子囊。在孢子囊中，孢子母细胞经过减数分裂，形成单倍的、具4根鞭毛的游动孢子；孢子成熟后脱离母体，游动一段时间后，附着在岩石上，2～3d后萌发成配子体，此期为无性生殖。成熟的配子体产生许多同型配子，配子的产生过程与孢子相似，但产生配子时，配子体不经过减数分裂，配子具两根鞭毛。配子结合是异宗同配，配子结合形成合子，合子2～3d后即萌发成孢子体，此期为有性生殖。在石莼的生活史中，就核相来说，从游动孢子开始，经配子体到配子结合前，细胞中的染色体是单倍的，称配子体世代（gametophyte generation）或有性世代（sexual generation）；从结合的合子起，经过孢子体到孢子母细胞止，细胞中的染色体是双倍的，称孢子体世代（sporophyte generation）或无性世代（asexual generation）。在生活史中，二倍体的孢子体世代与单倍体的配子体世代互相更替的现象，称为世代交替（alternation of generations）。如果是形态构造基本相同的两种植物体互相交替，则称为同形世代交替（isomorphic alternation of generations）（图3.9）。

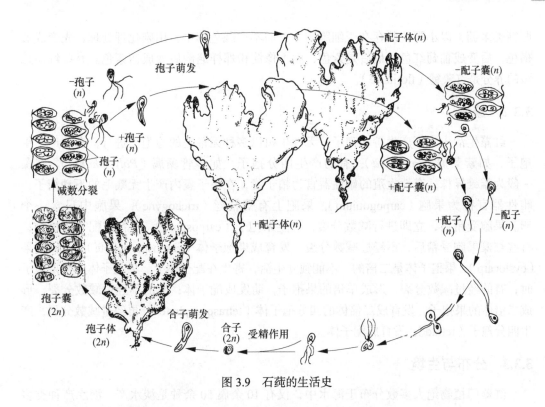

图 3.9　石莼的生活史

3.3　红藻门（Rhodophyta）

3.3.1　形态与构造

红藻（red algae）的植物体多数是多细胞，少数为单细胞，红藻的藻体均不具鞭毛。藻体一般较小，高约 10cm，少数种类可超过 1m。藻体有简单的丝状体，也有形成假薄壁组织的叶状体或枝状体。在形成假薄壁组织的种类中，有单轴和多轴两种类型，单轴型的藻体中央有一条轴丝，向各个方向分枝，侧枝互相密贴，形成"皮层"；多轴型的藻体中央有多条中轴丝组成髓，由髓向各个方向发出侧枝，密贴成"皮层"。

红藻的生长，多数种类是有一个半球形的顶端细胞纵分裂的结果；少数种类为居间生长，很少见的是弥散式生长，如紫菜，任何部位的细胞都可以分裂生长。

细胞壁分两层，内层为纤维素质，外层为果胶质。细胞内的原生质具有高度的黏滞性，并且牢固地黏附在细胞壁上。多数红藻的细胞只有一个核，少数红藻幼时单核，老时多核。细胞中央有液泡。载色体一至多数，颗粒状，载色体中含有叶绿素 a 和叶绿素 d、β-胡萝卜素、叶黄素类及溶于水的藻胆素，一般是藻胆素中的藻红素占优势，故藻体多呈红色。藻红素对同化作用有特殊的意义，因为光线在透过水的时候，长波光线如红、橙、黄光很容易被海水吸收，在几米深处就可被吸收掉，只有短波光线如绿、蓝光才能透入海水深处，藻红素能吸收绿、蓝和黄光，因而红藻能在深水中生活，有的种类可生活在水下 100m 处。

红藻细胞中贮藏一种非水溶性糖类，称红藻淀粉（floridean starch），红藻淀粉是一种肝糖类多糖，以小颗粒状存在于细胞质中，而不在载色体中，用碘化钾处理，先变成黄褐色，后变成葡萄红色，最后是紫色，而不像淀粉那样遇碘后变成蓝紫色。有些红藻贮藏的养分是红藻糖（floridose）。

3.3.2　繁殖

红藻生活史中不产生游动孢子，无性生殖以多种无鞭毛的静孢子进行，有的产生单孢子，如紫菜属（*Porphyra*）；有的产生四分孢子，如多管藻属（*Polysiphonia*）。红藻一般为雌雄异株，有性生殖的雄性器官为精子囊，在精子囊内产生无鞭毛的不动精子；雌性器官称为果胞（carpogonium），果胞上有受精丝（trichogyne），果胞中只含一个卵。果胞受精后，立即进行减数分裂，产生果孢子（carpospore），发育成配子体植物；有些红藻果胞受精后，不经过减数分裂，发育成果孢子体（carposporophyte），又称囊果（cystocarp），果孢子体是二倍的，不能独立生活，寄生在配子体上。果孢子体产生果孢子时，有的经过减数分裂，形成单倍的果孢子，萌发成配子体；有的不经过减数分裂，形成二倍体的果孢子，发育成二倍体的四分孢子体（tetrasporophyte），再经过减数分裂，产生四分孢子（tetrad），发育成配子体。

3.3.3　分布与生境

红藻门植物绝大多数分布于海水中，仅有 10 余属 50 余种是淡水产。淡水产种类多分布于急流、瀑布和寒冷空气流通的山地水中。海产种类由海滨一直到深海 100m 都有分布。海产种类的分布受到海水水温的限制，并且绝大多数是固着生活。

3.3.4　红藻门的分类及代表植物

红藻门约有 558 属 3740 种。红藻纲分为两个亚纲，即紫菜亚纲（Bangioideae）和真红藻亚纲（Florideae）。两纲的主要区别是：前者植物体单细胞为不分枝或分枝的丝状体，或为坚实的圆柱状，1～2 层细胞厚的叶状体；多数种类细胞内具有一个轴生的星状载色体，相邻细胞间没有胞间连丝。后者植物体为分枝的丝状体，其分枝各自分离，或相互疏松地交错排列，或紧密地排列形成假薄壁组织体；多数种类细胞内具有多个周生、盘状或片状的载色体，相邻细胞间有胞间连丝。

紫菜属（*Porphyra*）是常见的红藻，约有 25 种，我国海岸常见的有 8 种。紫菜的植物体是叶状体，形态变化很大，有卵形、竹叶形、不规则圆形等，边缘略有皱褶。一般高 20～30cm，宽 10～18cm，基部楔形或圆形，以固着器固着于海滩岩石上；藻体薄，紫红色、紫色或紫蓝色，单层细胞或两层细胞，外有胶层。细胞单核，一枚星芒状载色体，中轴位，有蛋白核。藻体生长为弥散式。

以甘紫菜（*P. tenera*）为例来了解紫菜属植物的生活史（图 3.10）。

甘紫菜是雌雄同株植物，水温在 15℃左右时，产生性器官。藻体的任何一个营养细胞都可转变成精子囊，其原生质体分裂形成 64 个精子。果胞是由一个普通营养细胞稍加变态形成的，一端微隆起，伸出藻体胶质的表面，即受精丝，果胞内有一个卵。精子放出后随水流漂到受精丝上，进入果胞与卵结合，形成二倍的合子。合子经过有丝分

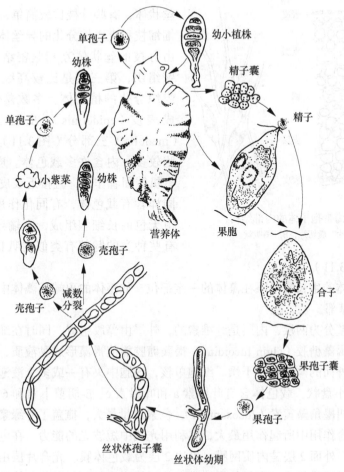

图 3.10　甘紫菜生活史

裂，分裂形成 8 个二倍体的果孢子；果孢子成熟后，落到文蛤、牡蛎或其他软体动物的壳上，萌发进入壳内，长成单列分枝的丝状体，即壳斑藻（conchocelis）；壳斑藻经过减数分裂产生壳孢子（conchospore），由壳孢子萌发为夏季小紫菜，其直径约 3mm，当水温在 15℃左右时，壳孢子也可直接发育成大型紫菜。夏季因水中温度高，不能发育成大型紫菜，小紫菜产生单孢子，发育为小紫菜；晚秋水温在 15℃左右时，单孢子萌发为大型紫菜。因此，在北方，大型紫菜的生长期为每年的 11 月至次年的 5 月。

　　甘紫菜的生活史中具有两种植物体，一为叶状体的配子体（n），一为丝状体的孢子体（壳斑藻）（$2n$），具有世代交替，为配子体发达的异形世代交替。

3.4　褐藻门（Phaeophyta）

3.4.1　形态与构造

　　褐藻（brown algae）植物体是多细胞的，基本上可分为三大类：第一类是分枝的

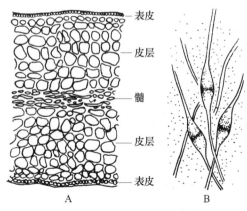

图 3.11　海带孢子体的内部结构
A. "带片"横切片；B. 喇叭丝

丝状体，有些分枝比较简单，有些则形成有匍匐枝和直立枝分化的异丝体型；第二类是由分枝的丝状体互相紧密结合，形成假薄壁组织；第三类是比较高级的类型，是有组织分化的植物体。多数藻体的内部分化成表皮（epidermis）、皮层（cortex）和髓（medulla）三部分（图 3.11）。表皮层的细胞较多，内含许多载色体。皮层细胞较大，有机械固着作用，且接近表皮层的几层细胞同样含有载色体，有同化作用。髓在中央，由无色的长细胞组成，有输导和贮藏作用，有些种类的髓部有类似喇叭状的筛管构造，

称喇叭丝（图 3.11）。

褐藻植物体的生长常局限在藻体的一定部位，如藻体的顶端或藻体中间，也有的是在特殊的藻丝基部。

褐藻细胞壁分为两层，内层是纤维素的，外层由藻胶组成，同时在细胞壁内还含有一种糖类，叫褐藻糖胶（algin fucoidin），褐藻糖胶能使褐藻形成黏液质，退潮时，黏液质可使暴露在外面的藻体免于干燥。细胞单核，细胞中央有一或多个液泡，载色体一至多数，粒状或小盘状，载色体含有叶绿素 a 和叶绿素 c、β-胡萝卜素和 6 种叶黄素，叶黄素中有一种叫墨角藻黄素（fucoxanthin），色素含量最大，掩盖了叶绿素，使藻体呈褐色，而且在光合作用中所起作用最大，有利用光线中短波光的能力。在电镜下，载色体有 4 层膜包围，外面 2 层是内质网膜，里边 2 层为载色体膜。光合片层由 3 条类囊体叠成。内质网膜与核膜相连，它是外层核膜向外延伸形成的，包裹载色体和蛋白核。褐藻的蛋白核不埋在载色体里边，而是在载色体的一侧形成突起，与载色体的基质紧密相连，称此为单柄型（single-stalked type）（图 3.12），蛋白核外包有贮藏的多糖。有些褐藻没有

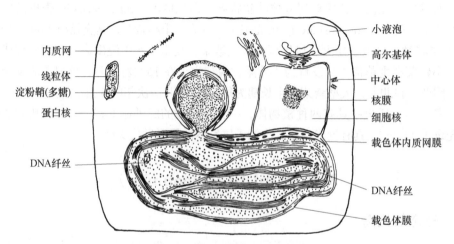

图 3.12　褐藻细胞构造模式图

蛋白核，一些学者认为没有蛋白核的种类在系统发育方面是比较进化的。

细胞光合作用积累的贮藏食物是一种溶解状态的糖类，这种糖类在藻体内含量相当大，占干重的 5%～35%，主要是褐藻淀粉（laminarin）和甘露醇（mannitol）。褐藻细胞中具特有的小液泡呈酸性反应，它大量存在于分生组织、同化组织和生殖细胞中。许多褐藻细胞中还含有大量碘，如在海带属的藻体中，碘占鲜重的 0.3%，而每升海水中仅含碘 0.0002%，因此，它是提取碘的工业原料。

3.4.2　繁殖

褐藻的营养繁殖是以断裂的方式进行，即藻体纵裂成几个部分，每个部分发育成一个新的植物体；或者由母体上断裂成的断片，脱离母体发育成植物体；还可以形成一种叫作繁殖枝（propagule）的特殊分枝，脱离母体发育成植物体。

无性生殖是通过游动孢子或静孢子进行的，褐藻多数种类都可以形成游动孢子或静孢子，但不同种类形成的方式不同。孢子囊有单室的和多室的两种，单室孢子囊（unilocular sporangium）是一个细胞增大形成的，细胞核经减数分裂，形成 128 个具侧生双鞭毛的游动孢子；多室孢子囊（plurilocular sporangium）由一个细胞经过多次分裂，形成一个细长的多细胞组织，每个小立方形细胞发育成一个具侧生双鞭毛的游动孢子，此种孢子囊发生在二倍体的藻体上，形成孢子时不经过减数分裂，因此此种游动孢子是二倍的，发育成一个二倍体的植物。

有性生殖是在配子体上形成一个多室的配子囊，配子囊的形成过程和多室孢子囊相同，配子结合有同配、异配或卵式生殖。

在褐藻的生活史中，多数种类具有世代交替，且在进行异形世代交替的种类中，多数是孢子体大、配子体小，如海带属（*Laminaria*）；少数是孢子体小、配子体大，如萱藻属（*Scytosiphon*）。

3.4.3　分布与生境

褐藻是固着生活的底栖藻类。绝大多数分布于海水中，仅几个稀见种生活在淡水中。褐藻属于冷水藻类，寒带海中分布最多，但马尾藻属（*Sargassum*）为暖型藻类。褐藻可以从潮间线一直分布到低潮线下约 30m 处，以低潮带和潮下带为主，是构成海底森林的主要类群。褐藻的分布与海水盐的浓度、温度，以及海潮起落时暴露在空气中的时间长短都有很密切的关系，因此在寒带、亚寒带、温带、热带分布的种类各有不同。在我国，黄海、渤海海水较混浊，褐藻分布于低潮线；南海海水澄清，褐藻分布较深。

3.4.4　褐藻门的分类及代表植物

褐藻门大约有 250 属 1500 种。根据它们的世代交替的有无和类型，一般分为 3 纲，即等世代纲（Isogeneratae）、不等世代纲（Heterogeneratae）和无孢子纲（Cyclosporae）。但是进一步的研究表明，有很多例外的情况，在特殊的生境中或在恶劣的条件下，褐藻的生活史变化较大，因此现代的分类不分纲，而是以"生长方式、细胞结构和载色体"等的不同分为 13 目。

褐藻的经济价值较大，经济海藻多。现以海带（*Laminaria japonica* Aresch.）为代表，介绍其形态、结构、生殖和生活史。

海带原产于俄罗斯远东地区、日本和朝鲜北部沿海，后由日本传到大连海滨，并逐渐在辽东和山东半岛的肥沃海区生长，是我国常见的藻类植物，含有丰富的营养，是人们喜爱的食品。海带还有药用价值，是制取褐藻酸盐、碘和甘露醇等的重要原料。

海带的孢子体分成固着器（holdfast）、柄（stipe）和带片（blade）三部分。固着器呈分枝的根状；柄不分枝，圆柱形或略侧扁，内部组织分化为表皮、皮层和髓三层；带片生长于柄的顶端，不分裂，没有中脉，幼时常凸凹不平，内部构造和柄相似，也分为三层。

海带生活史（图 3.13）中有明显的世代交替。孢子体成熟时，在带片的两面产生单室的游动孢子囊，游动孢子囊丛生呈棒状，中间夹着长的细胞，叫隔丝（paraphysis，或叫侧丝），隔丝尖端有透明的胶质冠（gelatinous corona）。带片上生长游动孢子囊的区域

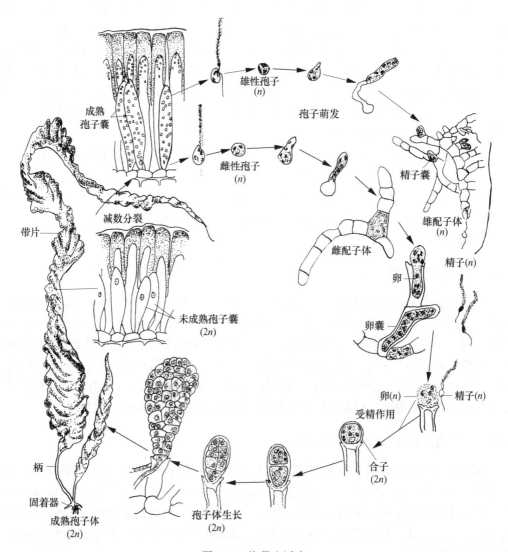

图 3.13　海带生活史

为深褐色，孢子母细胞经过减数分裂及多次有丝分裂，产生很多单倍侧生双鞭毛的同型游动孢子；游动孢子梨形，两条侧生鞭毛不等长；同型的游动孢子在生理上是不同的，孢子落地后立即萌发为雌、雄配子体。雄配子体是由十几个至几十个细胞组成的分枝的丝状体，其上的精子囊由一个细胞形成，产生一枚侧生双鞭毛的精子，构造与游动孢子相似；雌配子体是由少数较大的细胞组成，分枝也很少，在 2～4 个细胞时，枝端即产生单细胞的卵囊，内有一枚卵，成熟时卵排出，附着于卵囊顶端。卵在母体外受精，形成二倍的合子；合子不离开母体，几日后即萌发为新的海带。海带的孢子体和配子体之间差别很大，孢子体大而有组织地分化，配子体只由十几个细胞组成，这样的生活史称为异形世代交替（heteromorphic alternation of generation）。

海带在自然情况下生长期是 2 年，在人工筏式条件下养殖是 1 年，第一年秋天采苗，第二年 3～4 月，生长速度达到最高峰，藻体长达 2～3m，秋季水温下降至 21℃以下时，带片产生大量的孢子囊群，于 10～11 月散放大量孢子，此后如不收割，藻体即死亡。藻体只能生活 13～14 个月。

其他著名褐藻还有裙带菜（*Undaria pinnatifida*）、巨藻（*Macrocystis pyrifera*）、马尾藻属和鹿角菜（*Pelvetia siliquosa*）等（图 3.14）。

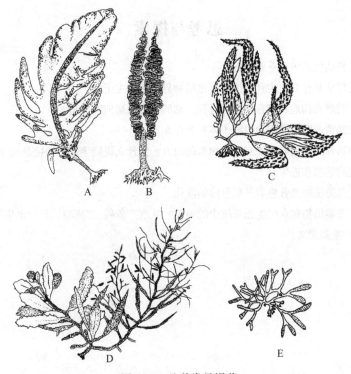

图 3.14　几种常见褐藻
A，B. 裙带菜；C. 巨藻—一部分藻体；D. 马尾藻属；E. 鹿角菜

近年来，关于藻类植物报道了许多新的研究进展，如李树美等（2004）在对隐域植被研究时发现，轮藻含有多细胞组成的精子囊和卵囊，这种生殖器官的结构复杂性，甚至超过了苔藓植物，因此他们认为轮藻不应属于藻类植物。2020 年 6 月 22 日，国际著名

期刊 *Nature Ecology & Evolution* 在线发表了我国深圳华大生命科学研究院科学家与德国、丹麦、比利时等国科学家合作研究发现了一个新的藻类门类——华藻门，揭示了绿色植物起源和演化的关键节点，并解释了早期绿色植物进化的分子机制。为此，藻类植物增加了一个新的门类。

本 章 总 结

1. 藻类植物是一群低等的光合自养生物，它们没有根茎叶的分化；生殖器官为单细胞，少数为多细胞；合子不发育成胚。

2. 藻类植物的光合色素比高等植物丰富，有叶绿素类、胡萝卜素类、叶黄素类和藻胆素，不同的藻类各有差异；载色体的形态也呈多样化。

3. 藻类植物的繁殖方式有营养繁殖、无性生殖和有性生殖；有性生殖有同配生殖、异配生殖、卵式生殖以及接合生殖。

藻类植物的生活史类型丰富，有的无核相交替，有的具有核相交替，根据减数分裂发生的时期不同可分为合子减数分裂、配子减数分裂和孢子减数分裂三种类型。

思考与探索

1. 蓝藻和哪些植物亲缘关系密切？

2. 绿藻门的特征是什么？为什么说绿藻是植物界进化的主干？

3. 简述水绵的形态构造和接合生殖的过程，它的生活史属何种类型？

4. 能否称衣藻营养时期的细胞为配子体？为什么？

5. 绿藻门植物和陆生高等植物有哪些相似的地方？为什么说陆生高等植物是从绿藻进化来的？

6. 综述藻类的起源和进化。

7. 举例说明藻类植物光合色素及载色体的演化。

8. 怎样认识藻类植物在水生生态系统中的地位？从水产养殖、"赤潮"和"水华"的发生和防治来分析研究藻类的重要意义。

4 菌类植物和地衣植物

菌类植物（fungi）不是一个具有自然亲缘关系的类群，它们没有根、茎、叶分化，没有叶绿素，均具有细胞壁（黏菌的营养体虽无细胞壁，但产生的孢子具纤维素的细胞壁）；生殖结构由单细胞构成；合子或受精卵均不形成胚。由此表明它们和真核藻类的进化水平相近。两界系统中把它们和藻类、地衣一起归入低等植物的大类中。但是它们在营养方式上和绿色植物完全不同，故在四界、五界分类系统中将它们从植物界中分出，单列为真菌界（kingdom fungi）。本教材按照两界系统编写。

现有的菌类植物在 10 万种以上。菌类不是一个纯一的类群，而是为着方便而设的。它们可分为细菌门、黏菌门和真菌门。这三门植物的形态、结构、繁殖和生活史差别很大，彼此并无亲缘关系。

4.1 细菌门（Bacteriophyta）

细菌为微小的单细胞植物，在高倍显微镜或电子显微镜下才能够观察清楚。有细胞壁而无细胞核结构，属于原核生物。是植物界中最低等和最简单的类群，也是植物发展史上最早出现的类群。

4.1.1 细菌的形态和构造

细菌的细胞结构有细胞壁、细胞膜、细胞质、核质和内含物。细菌的细胞壁不含纤维素，而主要由含胞壁酸的肽聚糖（peptidoglycan）组成。多数细菌的细胞壁向外分泌一层黏性的薄膜，称为荚膜。它是一层透明的胶状多糖类物质，有保护作用。

细菌形态上可分为三种基本类型（图 4.1）：①球菌（coccus）。细胞为球形或半球

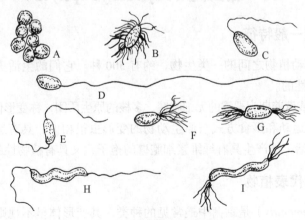

图 4.1 常见的三型细菌
A. 球菌；B～G. 杆菌；H, I. 螺旋菌

形，直径为 0.5～2μm，没有鞭毛，不能运动。②杆菌（bacillus）。细胞呈杆棒状，长1.5～10μm，宽 0.5～1μm，通常具鞭毛，能游动。③螺旋菌（spirillum）。细胞长而弯曲，略略弯曲的称为弧菌（vibrio），通常具鞭毛，能游动。

细菌的营养方式多数为异养，有的是从活的动植物体内吸收有机物，称寄生细菌；有的是从动植物遗体或其他有机物取得有机物，称腐生细菌。但也有少数细菌是自养的，如光合细菌（photosynthetic bacteria）和化能自养细菌（chemoautotrophic bacteria）。光合细菌体内含细菌叶绿素，其分子结构不同于蓝藻和真核细胞的叶绿素，吸收波长在660～870nm 的近红外区，能够通过光合作用直接利用光能合成有机物；而化能自养细菌则是通过氧化无机物（NH_3、H_2S 等）而获得能量。

4.1.2　细菌的繁殖

细菌的繁殖方式以细胞分裂方式进行，无有性生殖。繁殖时，细胞壁的中部向内凹入，在凹入处生长出新细胞壁，把细胞分成两个，所以细菌也被称为"裂殖菌"（schizomycete）。

细菌的裂殖速度极快，在适宜的条件下，20～30min 就能分裂一次，并可继续分裂若干次。细菌分裂时，需要充分的营养和一定的温度等条件，因此细菌的分裂常常受外界条件的限制。在不利的条件下，某些细菌发生失水浓缩，形成 1 个圆形或椭圆形的内生孢子，称为芽孢（endospore）。芽孢的壁厚，渗透性很弱，含水少，能抵抗不良的环境，芽孢可存活十几年，当遇到适宜的环境，可再产生新的菌体。由于一个细胞仅形成一个芽孢，因此它并无繁殖功能，而是渡过不良环境的一种适应结构。

细菌分布广，几乎分布在地球的各个角落。其中有些细菌能导致严重的疾病，如霍乱、破伤风、猩红热、伤寒、鼠疫、结核等。尽管如此，细菌在自然界的生态系统中仍具有不可替代的作用，它是物质循环中不可缺少的一员，同时细菌在农业（如生物固氮）和工业（如细菌发酵）生产中也具有十分重要的作用。

4.2　黏菌门（Myxomycophyta）

4.2.1　黏菌门的一般特征

黏菌门是介于动植物之间的一类生物，约有 500 种。它们的生活史中一段是动物性的，另一段是植物性的。

黏菌在生长期或营养期为裸露的无细胞壁、多核的原生质团，称变形体（plasmodium），其营养体的构造、运动和摄食方式与原生动物的变形虫很相似，具有运动性的特点。但在繁殖时营固着生活，能产生具有纤维素细胞壁的孢子，又具有植物性的特点。

4.2.2　黏菌门的代表植物

发网菌属（*Stemonitis*）是黏菌中最常见的种类，其变形体呈不规则网状，直径数厘米，能借助体形的改变在阴湿处的腐木上或枯叶上缓慢爬行，并能吞食固体食物。在繁殖时，变形虫爬到干燥光亮的地方，形成很多发状突起（图 4.2），每个突起发育成一个具柄的孢子囊（子实体）；孢子囊通常为长筒形，外有包被（peridium），孢子囊柄伸入囊内的部分称囊轴（columella），囊内有孢丝（capillitium）交织成网；原生质团中的许多核同时进行减数分裂，进而原生质团割裂成许多块单核的小原生质，每块小原生质分泌出细胞壁，形成一个孢子，藏在孢丝的网眼中，成熟时，包被破裂，借助于包网的弹力把孢子弹出；孢子在适合的环境中即可萌发为具两条不等长鞭毛的游动细胞，游动细胞的鞭毛可以收缩，使游动细胞变成一个变形体状细胞，称变形菌胞（myxamoeba）；由游动细胞或变形菌胞两两配合，形成合子，合子核不经过休眠即进行多次有丝分裂，形成多数二倍体核，构成一个多核的变形体。

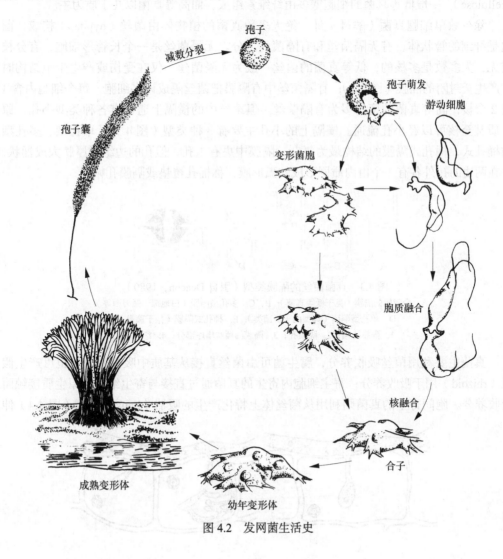

图 4.2　发网菌生活史

4.3 真菌门（Eumycophyta）

4.3.1 真菌的一般特征

4.3.1.1 营养体

真菌（fungi）属真核异养生物，真菌的细胞内不含叶绿素，也没有质体，营寄生或腐生生活。真菌贮存的养分主要是肝糖（liver starch），还有少量的蛋白质、脂肪及微量的维生素。真菌多数种类有明显的细胞壁，其主要成分为几丁质（chitin）和纤维素（cellulose），一般低等真菌的细胞壁多由纤维素组成，而高等真菌以几丁质为主。

除少数单细胞真菌（酵母）外，绝大多数真菌的植物体由菌丝（hyphae）构成，菌丝是纤细的管状体，有无隔菌丝和有隔菌丝之分。无隔菌丝是一个长管形细胞，有分枝或无，大多数是多核的，低等真菌的菌丝一般为无隔菌丝，仅在受伤或产生生殖结构时才产生全封闭的隔膜（图 4.3）；有隔菌丝中有隔膜把菌丝隔成许多细胞，每个细胞内含 1 或 2 个核，高等真菌的菌丝多为有隔菌丝。但菌丝中的横隔上通常有各种类型小孔，原生质甚至核可以经小孔流通。横隔上的小孔主要有 3 种类型（图 4.3）：单孔型、多孔型和桶孔式，桶孔式隔膜的结构最为复杂，隔膜中央有 1 孔，但孔的边缘增厚膨大成桶状，并在两边的孔外各有 1 个由内质网形成的弧形膜，称桶孔覆垫或隔膜孔帽。

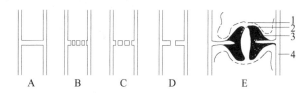

图 4.3 真菌菌丝的隔膜类型（引自 Deacon，1980）

A. 全封闭的隔膜（见于低等真菌）；B，C. 多孔型隔膜（白地霉、镰刀菌等）；
D. 单孔型隔膜（典型的子囊菌类）；E. 桶孔式隔膜（担子菌类）
1. 隔膜孔帽；2. 隔膜孔；3. 隔膜的桶状增厚部分；4. 细胞壁

真菌主要利用菌丝吸收养分，腐生菌可由菌丝直接从基质中吸收养分，也可产生假根（rhizoid）用于吸收养分；寄主细胞内寄生的真菌通过直接与寄生细胞的原生质接触而吸收养分。胞间寄生的真菌则利用从菌丝体上特化产生的吸器（haustorium）（图 4.4）伸

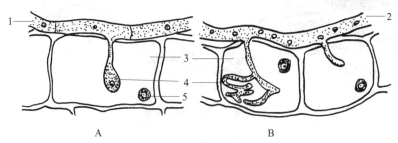

图 4.4 寄生真菌的吸器

A. 球形吸器；B. 枝状吸器
1，2. 寄生菌丝；3. 寄主细胞；4. 吸器；5. 寄主细胞的细胞核

入寄主细胞内吸取养料。吸取养料的过程是首先借助于多种水解酶（均是胞外酶），把大分子物质分解为可溶性的小分子物质，然后借助于较高的渗透压吸收。寄生真菌的渗透压一般比寄主高2~5倍，腐生菌的渗透压更高。

　　真菌在繁殖或环境条件不良时，菌丝常相互密结，形成两种组织：拟薄壁组织（pseudoparenchyma）和疏丝组织（prosenchyma），再构成菌丝组织体。常变态为三种形态（图4.5）：①子座（stroma），容纳子实体的褥座，是从营养阶段到繁殖阶段的过渡形式；②菌核（sclerotium），由菌丝密结成颜色深、质地坚硬的核状体；③根状菌索（rhizomorph），菌丝体密结呈绳索状，外形似根。子实体（sporophore）也是一种菌丝组织体，为含有或产生孢子的组织结构。能形成子实体的真菌，人们称为大型真菌。

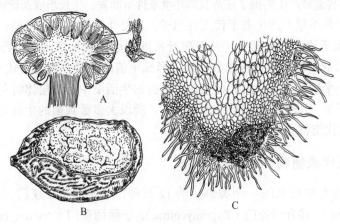

图 4.5　菌丝组织体
A. 麦角菌的子座；B. 茯苓的菌核；C. 根状菌索尖端纵切

4.3.1.2　真菌的繁殖

　　真菌的繁殖方式多种多样，并涉及很多不同类型的孢子（图4.6）。少数单细胞真菌如裂殖酵母菌属（*Schizosaccharomyces*）主要通过细胞分裂产生子细胞，而大部分真菌可以通过产生芽生孢子、厚壁孢子或节孢子等进行营养繁殖。芽生孢子（blastospore）是从一个细胞出芽形成的，芽生孢子脱离母体后即长成一个新个体；厚壁孢子（chlamydospore）是由菌丝中个别细胞膨大形成的休眠孢子，其原生质浓缩，细胞壁加厚，渡过不良环境后，再萌发为菌丝体；节孢子（arthrospore）是由菌丝细胞断裂形成的。

　　真菌无性生殖也极为发达，并在无性生殖过程中也形成多种不同类型的孢子，包括

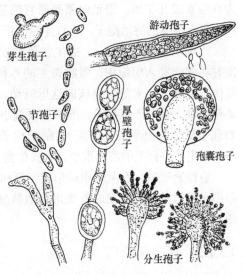

游动孢子

芽生孢子

节孢子

厚壁孢子

孢囊孢子

分生孢子

图 4.6　真菌营养繁殖和无性生殖的各种孢子

游动孢子、孢囊孢子和分生孢子等。游动孢子（zoospore）是水生真菌产生的借水传播的孢子，无壁，具鞭毛，能游动，在游动孢子囊（zoosporangium）中形成；孢囊孢子（sporangiospore）是在孢子囊（sporangium）内形成的不动孢子，借气流传播；分生孢子（conidium）是由分生孢子囊梗的顶端或侧面产生的一种不动孢子，借气流或动物传播。

真菌的有性生殖方式也极其多样化，有些真菌可产生单细胞的配子，以同配或异配的方式进行有性生殖；另一些真菌通过两性配子囊的结合形成"合子"，这种类型的合子习惯上称为接合孢子（zygospore）或卵孢子（oospore）。子囊菌有性配合后，形成子囊，在子囊内产生子囊孢子。担子菌有性生殖后，在担子上形成担孢子。担孢子和子囊孢子是有性结合后产生的孢子，和无性生殖的孢子完全不同。

真菌通过各种途径产生的孢子在适宜的环境条件下萌发，生长形成菌丝体（mycelium），菌丝体在一个生长季里可产生若干代无性孢子，这是生活史的无性阶段；真菌在生长的后期，常形成配子囊，产生配子，一般先行质配，形成双核细胞，再行核配，形成合子；通常合子形成后很快即进行减数分裂，形成单倍的孢子，再萌发成单倍的菌丝体，这样就完成了一个生活周期。由此可见，在真菌的生活史中，二倍体时期只是很短暂的合子阶段，合子是一个细胞而不是一个营养体，所以大多数真菌的生活史中，只有核相交替，而没有世代交替。

4.3.2　分类及代表植物

真菌是生物界中很大的一个类群，约 12 万种，通常分为 5 亚门，即鞭毛菌亚门（Mastigomycotina）、接合菌亚门（Zygomycotina）、子囊菌亚门（Ascomycotina）、担子菌亚门（Basidiomycotina）和半知菌亚门（Peuteromycotina）。

4.3.2.1　鞭毛菌亚门

少数低等种类营养体为单细胞，大多数为无隔多核、分枝的丝状体，细胞壁的成分为纤维素或几丁质。繁殖时繁殖器官的基部产生隔膜，形成孢子囊或配子囊。无性生殖产生具有鞭毛的游动孢子；有性生殖时产生卵孢子或休眠孢子。

水霉属（*Saprolegnia*）寄生在鱼类或其他水生动物的尸体上，孢子通过鱼的伤口萌发并将菌丝穿入组织中，吸收寄主的养料，使其致死。菌丝体呈白色，无性繁殖时，菌丝体顶端膨大，多数细胞核向这里流动，然后膨大基部产生横隔，形成一个长筒形的游动孢子囊，囊中产生孢子。孢子从顶端小孔处游出，然后在旧孢子囊基部再生出第二个，如此重复称层出形成（现象）。游动孢子梨形，顶生 2 条鞭毛，称初生孢子，后变为肾形；侧生 2 条鞭毛的游动孢子，称次生孢子，这种现象为双游现象（diplanetism）。

有性繁殖时，在菌丝顶端形成精囊和卵囊，精子和卵细胞结合形成二倍体的卵孢子，卵孢子经过休眠，萌发时首先进行减数分裂，然后形成新的菌丝体。水霉属的生活史见图 4.7。

4.3.2.2　接合菌亚门

营养体为无隔多核、分枝的菌丝组成的菌丝体，细胞壁的成分为几丁质和壳聚糖。

有的种类产生厚壁孢子和节孢子进行营养繁殖；无性生殖产生孢囊孢子；有性生殖产生接合孢子。

黑根霉属（*Rhizopus*）也称面包霉，是一种常见的腐生菌，常生长在馒头、面包、水果、蔬菜或腐败的食物上。其菌丝体由无隔菌丝组成，多核，分枝多；黑根霉的菌丝在基质表面匍匐生长，以假根伸入基质吸收养料；与假根相对处，向上产生若干直立的菌丝，随着发育的进行，直立菌丝的顶端膨大形成孢子囊，孢子囊的中央有一个半球形的囊轴（columella）；囊轴和囊壁之间产生许多孢囊孢子，孢囊孢子成熟时呈黑色，孢子囊破裂后，孢子散出并萌发成新的菌丝体。

黑根霉有性生殖为异宗配合，两个不同宗的菌丝在外形上很难分辨，因此常用"＋""－"加以区分；进行有性生殖时，"＋""－"菌丝各产生一短枝，短枝顶端膨大形成配子囊；当"＋""－"配子囊相互接触时，接触处的壁融解消失，"＋""－"两个配子囊的原生质混合，细胞核成对地融合，形成一个具多个二倍体核的接合孢子。接合孢子成熟时黑色，具疣状突起，休眠后，在适宜的条件下萌发产生一个孢子囊梗，其顶端形成一接合孢子囊，其内的二倍体核经减数分裂产生多个单倍的"＋""－"孢子；接合孢子囊壁破裂后，孢子散出，分别萌发成新的菌丝体（图 4.8）。

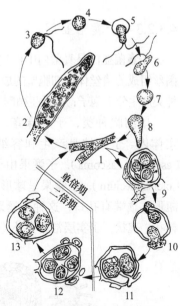

图 4.7　水霉属的形态和生活史
1. 菌丝；2. 孢子囊；3. 初生孢子；
4. 静孢子；5. 萌发；6. 次生孢子；
7. 静孢子；8. 萌发；9. 卵囊和精囊；
10. 受精管穿入卵囊；11. 质配；
12. 核配；13. 合子

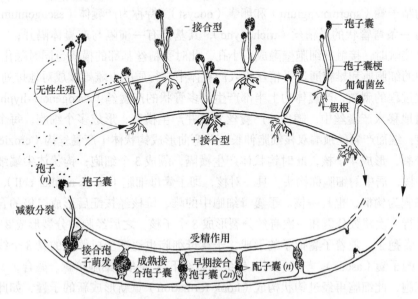

图 4.8　黑根霉生活史

根霉属用途很广，它含有大量的淀粉酶，能分解淀粉为葡萄糖，这种糖化作用是酿酒的第一步，酿酒的第二步是酵母菌的发酵作用，把葡萄糖发酵为酒。

4.3.2.3　子囊菌亚门

子囊菌亚门是真菌门中种类最多的亚门。本亚门除酵母菌为单细胞外，绝大部分为有隔菌丝组成的菌丝体；细胞壁的成分为几丁质。繁殖时，单细胞种类以出芽进行繁殖，多细胞种类产生分生孢子；有性生殖时形成子囊，合子在子囊内进行减数分裂，形成子囊孢子。

单细胞种类，子囊裸露，不形成子实体；多细胞种类形成子实体，子囊包于子实体内。子实体是产生和容纳有性孢子的组织结构，子囊菌的子实体又称为子囊果（ascocarp，ascoma），子囊果由子实层和包被两部分构成。子囊果有 3 种类型：①闭囊壳（cleistothecium），子囊果呈球形，无孔口，完全闭合；②子囊壳（perithecium），子囊果呈瓶形，顶端有孔口，这种子囊果常埋于子座中；③子囊盘（apothecium），子囊果呈盘状、杯状、碗状，子实层常露在外（图 4.9）。子囊果的形状为子囊菌亚门的重要分类依据。

图 4.9　子囊果的主要类型（切面观）

A，B. 闭囊壳，球形，无开口：A. 外形；B. 纵切面。C，D. 子囊壳，瓶状，仅顶端有 1 小孔口，多埋生于子座中：C. 外形；D. 纵切面。E，F. 子囊盘，盘状、杯状、子实层完全外露：E. 外形；F. 纵切面

火丝菌属（*Pyronema*）的菌丝为有隔菌丝，多分枝，菌丝体白色，棉絮状。无性生殖以分枝菌丝顶端产生分生孢子来完成。有性生殖时，一些菌丝的顶端细胞膨大，形成具多核的精子囊（spermatangium）和卵囊（oocyst），特称为产囊体（ascogonium），产囊体顶端有一条弯管状的受精丝（trichogyne），其基部有一横隔与产囊体隔开；当精子囊与受精丝接触时，接触处细胞壁融成一小孔，此时受精丝基部的横隔也同时融化，于是，精子囊中的细胞质和雄核通过受精丝流入产囊体中进行质配，雌雄核成对地排列；此后，经过有性过程的刺激，产囊体的上半部产生许多管状的产囊丝（ascogenous-hypha），雌、雄核成对地移入产囊丝中；随后，产囊丝分枝并产生横壁，形成多个细胞，每个细胞中具一对核；继而产囊丝顶端双核细胞伸长，并弯曲形成钩状体［产囊丝钩（crozier）］，双核同时分裂，形成 4 个核，此时钩状体产生横隔，隔成 3 个细胞；钩状体尖端细胞称钩尖，具一核，居中的细胞称钩头，具一对核，即子囊母细胞（ascus mother cell），钩状体基部的细胞为钩柄，也具一核。子囊母细胞中的雌、雄核经核配后形成二倍的合子，合子随即进行一次减数分裂和一次有丝分裂形成 8 个子核，之后经胞质分裂形成 8 个细胞，即 8 个子囊孢子。随着子囊孢子的形成，子囊母细胞也逐渐变成棒状的具 8 个线形排列子囊孢子的子囊（ascus）；与此同时，钩尖细胞经下弯与钩柄细胞接触、融合，又形成一个双核细胞，此细胞再经过钩状构成（hook formation）重新形成新的子囊，如此反复进行形成多数子囊。在子囊形成的同时，不育的产囊丝和一些营养菌丝在子囊之间形成侧丝［隔丝（paraphysis）］，子囊果内的子囊和侧丝排列成子实层（hymenium），另有大量的营养菌丝立刻从产囊体的下方生出，除一部分参与形成侧丝外，大部分形成子囊果的

包被，包被和子实层共同组成火丝菌土红色的盘状子实体，即子囊盘。火丝菌生活史见图 4.10。

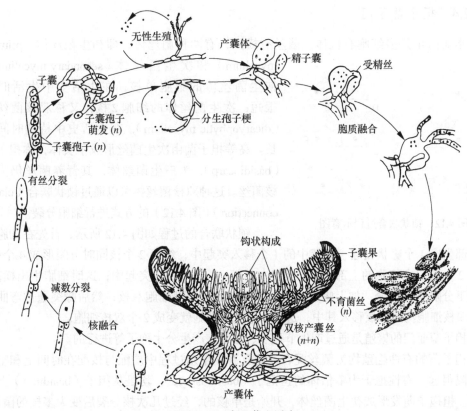

图 4.10　火丝菌生活史

子囊菌亚门的种类多，分布广。有许多有益的种类（图 4.11），如能将糖类在无氧条件下分解为二氧化碳和乙醇的酵母菌（*Saccharomyces*）；20 世纪医学上发现的盘尼西林，主要是从黄青霉（*Penicillium chrysogenum* Thom.）和点青霉（*P. notatum* Westl.）中提取；羊肚菌［*Morchella esculenta*（L.）Pers.］是滋味鲜美名贵的食用菌；冬虫夏草［*Cordyceps sinensis*（Berk.）Sacc.］是滋补强身的名贵中药；麦角菌［*Claviceps purpurea*（Fr.）Tul.］的麦角（菌核）为妇科常用药，用于治疗产后出血和促进子宫复原等，但有剧毒，人畜误食后，严重者可致死。也有许多子囊菌是植物、人类和家畜的致病菌，如引起经济作物白粉病的白粉菌科

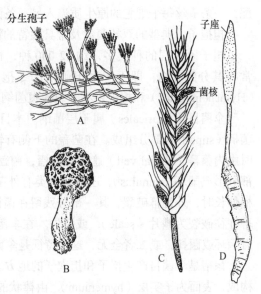

图 4.11　常见子囊菌
A. 青霉；B. 羊肚菌；C. 麦角菌；D. 冬虫夏草

（Erysiphaceae）的种类，黄曲霉（*Aspergillus flavus* Link）的产毒株产生黄曲霉素为强致癌物。

4.3.2.4 担子菌亚门

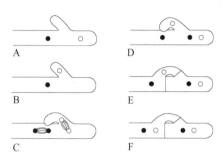

图 4.12 锁状联合过程示意图

本亚门全是多细胞有机体，菌丝有横隔，有两种菌丝体，即初生菌丝体（primary mycelium）和次生菌丝体（secondary mycelium）。初生菌丝体的细胞单核，在生活史中生活时间很短；次生菌丝体的细胞2核，又称双核菌丝体（dicaryophytic mycelium），在生活史中持续时间很长。高等担子菌由次生菌丝形成子实体，称担子果（basidiocarp），为三生菌丝体，其营养菌丝仍为双核菌丝。这种双核菌丝体可以通过锁状联合（clamp connection）（图4.12）的方式进行细胞分裂。

锁状联合的过程如图4.12所示，首先在细胞的近中部生出1个喙状突起，两核中的1个移入突起中；继而2个核同时分裂形成4个核，其中2个核留在细胞的上部，1个核留在下部，1个核留在突起中；这时细胞生出横隔，将上下分隔为两部分，加上喙突共形成3个细胞，上部细胞双核；然后喙突通过弯曲与下部单核细胞沟通，核移入其中，这样一个双核细胞就变成2个双核细胞。

担子菌亚门的繁殖是通过产生节孢子、芽殖、产生分生孢子等进行的。

担子菌的有性生殖均为菌丝配合，而且有性生殖过程中质配与核配在时间上和空间上间隔很远。有性孢子为单倍体的担孢子（basidiospore），均是从担子（basidium）上产生的。担孢子萌发形成初生菌丝体，开始是单核的，经过几次核分裂后变为多核的菌丝，不久便产生分隔，把一条菌丝分隔为数个单核细胞。两条初生菌丝生长不久，即进行质配，一条菌丝每个细胞的原生质流入另一条菌丝的每个细胞中，形成双核菌丝体。

担孢子、典型的双核菌丝及常具独特的锁状联合，是担子菌亚门的3个明显特征。

担子菌亚门的种类多，约12 000种，根据是否产生担子果和担子果是否开裂，通常将其分为3纲，即不产生担子果的冬孢菌纲（Teliomycetes）、担子果开裂的层菌纲（Hymenomycetes）和担子果不开裂的腹菌纲（Gasteromycetes），其代表植物如4.13所示。

伞菌目（Agaricales）属于层菌纲。本目担子果多为肉质，伞状，由菌盖（pileus）和菌柄（stipe）两部分组成。在菌盖的下侧有辐射状排列的薄片状菌褶（gill）。担子果幼嫩时由内菌幕（partial veil）遮盖着菌褶，菌盖充分展开时，内菌幕破裂，在菌柄上残留的部分形成菌环（annulus）。还有些种类有外菌幕（universal veil），包裹整个担子果，当菌柄伸长时，外菌幕破裂，其一部分残留在菌柄的基部称菌托（volva），在菌盖上面的外菌幕往往破裂为鳞片（scale），或消失。在伞菌中，有些种类具有菌环和菌托，有些种类只有菌环或菌托，或二者全无，这些特征是伞菌目分类的重要依据。

菌褶是伞菌目产生担子和担孢子的地方。从横断面上看，菌褶（图4.14）由三层组织构成，表面为子实层（hymenium），由棒状的担子（basidium）和不育的侧丝（paraphysis）或囊状体相间排列形成；子实层下面为子实层基（subhymenium），由等径细胞构成；最

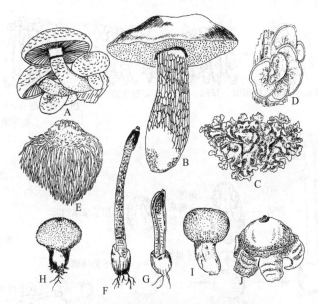

图 4.13　层菌纲和腹菌纲常见代表种类

A. 香菇；B. 美味牛肝菌；C. 银耳；D. 木耳；E. 猴头；F. 红鬼笔；
G. 五棱散尾鬼笔；H. 网纹马勃；I. 头状秃马勃；J. 尖顶地星

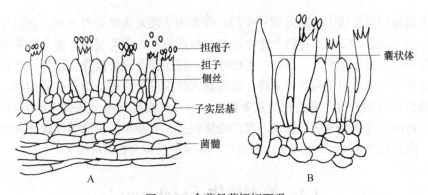

图 4.14　伞菌目菌褶切面观

A. 蘑菇属（无囊状体）；B. 红菇属（有囊状体）

里面是由长管形细胞构成的菌髓（trama），其细胞的长轴与子实层平行。子实层中的担子为单细胞，双核，繁殖时先行核配，形成双相的合子核；再经过减数分裂，形成 4 个单相核。与此同时，担子的顶端产生 4 个突起，称担子小柄，每一核分别流入一个小柄中，并发育形成一个担孢子。

蘑菇（*Agaricus campestris* L. ex Fr.）是伞菌目的代表种，也是一种常见的滋味鲜美的食用菌。人们通常食用的部分是蘑菇的子实体，即担子果。担子果伞状，肉质，上部为菌盖，纯白色或近白色，下部为菌柄，短而粗，中实，与菌盖同色；菌环白色，膜质，附于菌柄上部，老熟的担子果菌环脱落。菌褶基部与菌柄离生，中部宽，初期白色，最后变为黑褐色。担孢子紫黑色，2 个为雌性，2 个为雄性。伞菌目的生活史如图 4.15 所示。

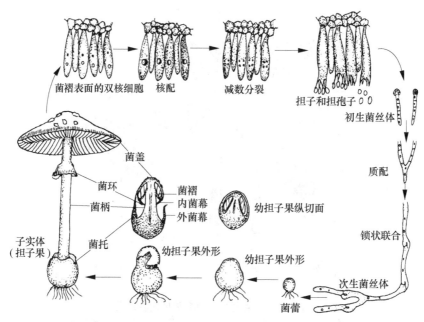

菌褶表面的双核细胞　核配　减数分裂　担子和担孢子

初生菌丝体

菌盖

菌环

菌柄

菌褶
内菌幕
外菌幕

子实体
（担子果）　菌托

幼担子果纵切面

质配

锁状联合

幼担子果外形　　幼担子果外形

菌蕾

次生菌丝体

图 4.15　伞菌类生活史

担子菌亚门是真菌中最高等的一个门。许多担子菌对人类是有益的，它们与植物共生形成菌根（mycorrhiza），有利于作物的栽培和造林；许多大型担子菌是营养丰富的食用菌，如香菇、猴头、灵芝、竹荪、平菇等，它们除有食用价值外，还具有滋补和药用价值。许多可食用的担子菌含有多糖，能提高人体抑制肿瘤的能力及排异作用，因此目前担子菌已成为筛选抗肿瘤药物的重要资源。另外，有害的担子菌如黑粉菌和锈菌等，能引起作物的黑穗病和锈病，造成严重的经济损失；有些担子菌能引起森林和园林植物的病害，许多大型的腐生菌能引致木材腐烂，常常造成较大的经济损失。

4.4　地衣植物（Lichenes）

地衣是多年生植物，是由 1 种藻类和 1 种真菌共同组合而成的共生体，少数由 1 种真菌和 2 种藻类共生。共生的真菌绝大多数属于子囊菌亚门的盘菌类和核菌类，少数是担子菌亚门的几个属。地衣中的藻类是蓝藻和绿藻中的种类，约 20 属。

地衣体中的藻类和真菌是一种互惠共生关系。真菌包围着藻类细胞，并决定地衣体的形态，它们从外界环境吸收水分和无机盐，供给藻类；藻类进行光合作用，制造的养料除供自身生长发育外，也为共生的真菌提供营养。若将二者分开培养，藻类可独立生长发育，而真菌则死亡，由此表明真菌在营养上对藻类的依赖性。

真菌和藻类的共生关系是长期演化的产物，一旦形成了地衣体，它既不同于一般的真菌，也不同于通常的藻类，是一类特殊的生物。有些学者认为地衣体中真菌控制藻类，并决定地衣体的形态，因而主张地衣是一类特化的真菌；甚至有的主张地衣就是真菌的一个类群。现在大多数学者主张地衣为独立的一个门。

地衣的形态和生长状态可分为3种类型（图4.16）：壳状地衣、叶状地衣、枝状地衣。

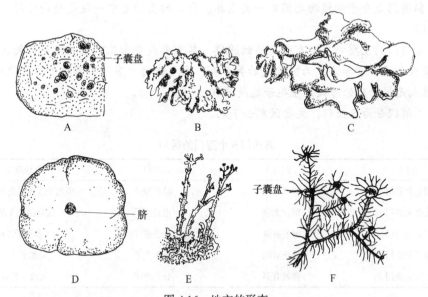

图 4.16 地衣的形态
A. 壳状地衣（茶衣属）。B～D. 叶状地衣；B. 梅衣属；C. 地卷属；
D. 皮果衣属（腹面观）。E, F. 枝状地衣；E. 石蕊属；F. 松萝属

（1）壳状地衣（crustose） 地衣体与基质紧密相连，有的甚至生出假根伸入基质中难以剥离。壳状地衣约占地衣的80%，如茶渍属（*Lecanora*）。

（2）叶状地衣（foliose） 地衣体扁平，各种形状，通常下部生出假根附着于基质上，但易与基质分离，如梅衣属（*Parmelia*）。

（3）枝状地衣（fruticose） 地衣体呈枝状，直立或下垂，多数具分枝，仅基部附着于基质上，也易剥落，如松萝属（*Usnea*）。

地衣的营养繁殖是最普通的繁殖方式，主要是地衣体的断裂，1个地衣体分裂为数个裂片，每个裂片均可发育为新个体。此外，粉芽、珊瑚芽和碎裂片等，都是用于繁殖的构造。有性生殖为地衣体中子囊菌和担子菌进行的，产生子囊孢子或担孢子。

大部分地衣是喜光性植物，要求新鲜空气，因此在人烟稠密，特别是工业城市附近，见不到地衣。地衣一般生长很慢，数年内才长几厘米。地衣能忍受长期干旱，干旱时休眠，雨后恢复生长，因此可以生在峭壁、岩石、树皮上或沙漠地上；地衣耐寒性很强，因此在高山带、冻土带和南、北极，地衣常形成一望无际的地衣群落。

地衣是自然界中的"先锋植物"或"开拓者"，它们可加速岩石风化和土壤的形成，并为苔藓和其他植物的生存打下基础。

本 章 总 结

1. 菌类植物不是一个具有自然亲缘关系的类群，它们没有根、茎、叶的分化，没有

叶绿素，但均具有细胞壁（黏菌除外），生殖结构由单细胞构成，合子或受精卵均不形成胚。根据两界系统分为 3 门。

2. 黏菌门是介于动植物之间的一类生物，它们的生活史中一段是动物性的，另一段是植物性的。

3. 真菌门的主要特征：有明显的细胞壁，其主要成分为几丁质；绝大多数真菌的植物体由菌丝构成；营养方式为吸收式的异养型，主要借助于多种水解酶（均是胞外酶）；通过有性或无性繁殖的方式产生孢子延续种族。

4. 真菌门分为 5 亚门，主要区别如下表。

真菌门 5 个亚门的区别

亚门	菌丝	无性孢子	有性孢子
鞭毛菌亚门	菌丝无隔	游动孢子	卵孢子或休眠孢子（$2n$）
接合菌亚门	菌丝无隔	孢囊孢子	接合孢子（$2n$）
子囊菌亚门	菌丝有隔	分生孢子或芽孢子	子囊孢子（n）
担子菌亚门	菌丝有隔	分生孢子	担孢子（n）
半知菌亚门	菌丝有隔	分生孢子	无或未发现

思考与探索

1. 简述细菌的特征及其在自然界中分布广泛的原因。

2. 概述细菌对自然界的作用及经济意义。

3. 简述黏菌的一般特征及其与其他生物的关系。

4. 黏菌和真菌在两界系统中为何列为植物？它们和植物有何原则性区别？为何把它们划为独立的一界——真菌界？

5. 担子菌的初生菌丝和次生菌丝有何原则性区别？概述由初生菌丝形成次生菌丝的过程。根据安兹沃斯的系统，把担子菌亚门分为几个纲？各纲的主要区别是什么？

6. 概述真菌的起源及真菌门中各亚门的亲缘关系。

7. 概述真菌的经济意义。

8. 地衣的通性及其在自然界中的作用是什么？

9. 概述地衣的构造和繁殖方法。

10. 简述地衣的分类纲要，每纲或每目举出几个代表属名，并能识别代表属的标本。

11. 概述地衣的经济意义。

5 苔藓植物

5.1 苔藓植物的一般特征

5.1.1 苔藓植物配子体的形态与结构

苔藓植物是高等植物中比较原始的类群，是由水生生活方式向陆生生活方式的过渡类群之一。苔藓植物一般体形较小，大者不过几十厘米，我们通常见到的苔藓植物的营养体是它们的配子体，苔藓植物的孢子体不能独立生活，而是寄生或半寄生在配子体上。苔藓植物与其他高等陆生植物相比，一个很重要的区别在于没有维管系统的分化，所以苔藓植物也没有真正的根、茎、叶的分化。

苔藓植物的配子体没有真正的根，仅有假根，由单细胞或单列细胞组成，起固着、吸收的作用。苔藓植物的配子体内部构造简单，无中柱，不具维管束，只在较高级的种类中，有皮部和中轴的分化，形成类似输导组织的细胞群。其配子体有两种形态，一类是无茎、叶分化的叶状体；另一类为有类似茎、叶分化的茎叶体，配子体的叶不具叶脉，有些种类在主脉的位置上有 1 或 2 条纵向伸长的厚壁细胞，称中肋，主要起支持作用。

5.1.2 苔藓植物的有性生殖

苔藓植物的有性生殖器官是由多个细胞构成的，组成生殖器官的细胞在结构和功能上已出现分化，其生殖细胞都有一层由不育细胞组成的保护层，这是苔藓植物与藻菌植物的一个重要区别，也是苔藓植物对陆生环境的适应。苔藓植物的雄性生殖器官称为精子器（antheridium），一般为棒形、卵形或球形，外有一层不育细胞组成的壁，其内为多个能育的精原细胞，每个精原细胞可产生 1 或 2 个长形弯曲的精子，精子顶端具 2 条鞭毛。雌性生殖器官称为颈卵器（archegonium），形似长颈烧瓶，上部细狭的部分称颈部（neck），下部膨大的部分称为腹部（venter），这两部分都有由单层细胞构成的壁保护着，颈部之内有一串颈沟细胞（neck canal cells），腹部有一卵细胞，在卵细胞与颈沟细胞之间还有一腹沟细胞（ventral canal cell）（图 5.1）。

5.1.3 苔藓植物胚的发育及孢子体的形态

苔藓植物的受精过程必须借助于水才能完成。当卵发育成熟时，颈沟细胞和腹沟细胞都解体消失，成熟的精子借助于水游到颈卵器附近，然后通过颈部进入腹部与卵结合。精、卵结合形成合子，合子不经休眠而直接分裂发育成胚（embryo）。胚是孢子体的早期阶段，也是孢子体的雏形，它在颈卵器内进一步发育成成熟的孢子体。

苔藓植物的孢子体可分为孢蒴（capsule）、蒴柄（seta）和基足（foot）三部分。孢蒴结构复杂，是产生孢子的器官，生于蒴柄顶端，幼嫩时绿色，成熟后多为褐色或红棕色。

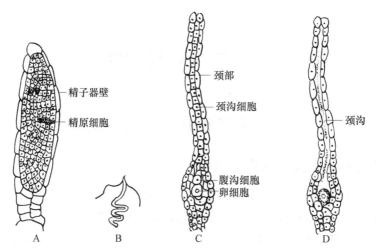

图 5.1　苔藓植物钱苔属（*Riccia*）的有性生殖器官

A. 精子器；B. 精子；C. 颈卵器；D. 颈卵器（颈沟细胞、腹沟细胞解体后）

蒴柄最下端为基足，基足伸入配子体组织中吸收养料，供孢子体生长，基足周围细胞的胞壁多曲折，扩大了表面积，便于配子体和孢子体间营养物质的运输。

孢蒴内的造孢组织（sporogenous tissue）发育成孢子母细胞，孢子母细胞经减数分裂形成孢子。孢子成熟后，从孢蒴中散出，在适宜的环境中萌发形成具分枝的丝状体，称为原丝体（protonema），从原丝体上再生出配子体，即苔藓植物的营养体。由此可见，苔藓植物生活史中具有明显的世代交替，并以配子体世代占优势。

苔藓植物有颈卵器和胚的出现，是高度适应的性状，因此将苔藓植物、蕨类植物和种子植物，合称为有胚植物（embryophyta），并列于高等植物范畴之内。

5.1.4　苔藓植物的分类

苔藓植物广布全球，共约 23 000 种，我国 2800 种。根据苔藓植物营养体的形态结构、生殖器官的形态和发育以及生态适应性等特征，苔藓植物门分为 2 纲：苔纲（Hepaticae）和藓纲（Bryopsida）。

苔藓植物的吸水性很强，在自然界的水土保持上有重要作用，还可以用作花木保水保湿的包装材料。由于苔藓植物的叶片多为一层细胞，对环境污染敏感，可作为大气污染的监测植物。苔藓植物在湖泊演替为陆地和陆地沼泽化等方面均有重要作用。

5.2　苔纲（Hepaticae）

5.2.1　苔纲植物的基本特征

苔类（liverwort）多生于阴湿的土地、岩石和树干上，偶或附生于树叶上；少数种类漂浮于水面，或完全沉生于水中。

苔纲植物的营养体（配子体）形态很不一致，或为叶状体，或为有类似茎、叶分化的拟茎叶体，但植物体多为背腹式，并常具假根。孢子体的构造比藓类（moss）简单，有孢蒴、蒴柄，孢蒴无蒴齿（peristomal teeth），除角苔属（*Anthoceros*）外常无蒴轴（columella），孢蒴内除孢子外还具有弹丝（elater）。孢子萌发时，原丝体阶段不发达，常产生芽体，再发育为配子体。

苔纲通常分为 3 目：地钱目（Marchantiales），叶状体，背腹式明显，腹面有鳞片；蒴壁单层，常不规则开裂，雌雄异株。叶苔目（Jungermanniales），种类最多，多数拟茎叶体，腹面常无鳞片，蒴壁多层细胞，4 瓣裂，雌雄异株。角苔目（Anthocerotales），叶状体，细胞无分化；孢子体细长呈针状。在配子体和孢子体的构造上，与其他两目有迥然不同的地方，如在细胞内有 1 个大型叶绿体，并在叶绿体上有 1 个蛋白核，精子器、颈卵器均埋于配子体中，孢子体基部成熟较晚，能在一定时期保持分生能力，孢蒴中央有蒴轴，孢蒴壁上有气孔等。因此，有人主张角苔类植物应另成一纲——角苔纲（Anthocerotae）。

5.2.2　苔纲植物的代表植物

地钱（*Marchantia polymorpha* L.）植物体为绿色、扁平、叉状分枝的叶状体，平铺于地面，有背腹之分。叶状体的背面可见许多多角形网格，每个网格的中央有一个白色小点。叶状体的腹面有许多单细胞假根和由多个细胞组成的紫褐色鳞片，用于吸收养料、保持水分和固着。从地钱配子体的横切面上（图 5.2）可以看出其叶状体已有明显的组织分化，最上层为表皮，表皮下有一层气室（air chamber），气室之间有由单层细胞构成的气室壁隔开，每个气室有一气孔与外界相通，从叶状体背面所看到的网格实际就是气室的界限，而网格中央的白色小点就是气孔（air-pore）。气孔是由多细胞围成的烟囱状构造，无闭合能力；气室间可见排列疏松、富含叶绿体的同化组织，气室下为薄壁细胞构成的贮藏组织。最下层为表皮，其上长出假根和鳞片。

地钱通常以形成胞芽（gemmae）的方式进行营养繁殖，胞芽形如凸透镜，通过一细柄生于叶状体背面的胞芽杯（gemmae cup）中（图 5.3）。胞芽两侧具缺口，其中各有一个生长点，成熟后从柄处脱落离开母体，发育成新的植物体。

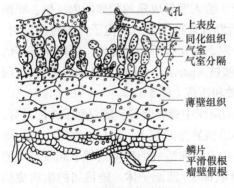

图 5.2　地钱配子体的横切面

气孔
上表皮
同化组织
气室
气室分隔
薄壁组织
鳞片
平滑假根
瘤壁假根

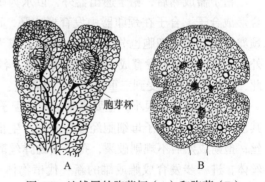

图 5.3　地钱属的胞芽杯（A）和胞芽（B）

胞芽杯

A

B

地钱为雌雄异株植物，有性生殖时，在雄配子体中肋上生出雄生殖托（antheridiophore），雌配子体中肋上生出雌生殖托（archegoniophore）。雄生殖托盾状，具有长柄，上面具许多精子器腔，每腔内具一精子器，精子器卵圆形，下有一短柄与雄生殖托组织相连。成熟的精子器中具多数精子，精子细长，顶端生有两条等长的鞭毛。雌生殖托伞形，边缘具8～10条下垂的芒线（ray），两芒线之间生有一列倒悬的颈卵器，每行颈卵器的两侧各有一片薄膜将它们遮住，称为蒴苞（involucre）（图5.4）。

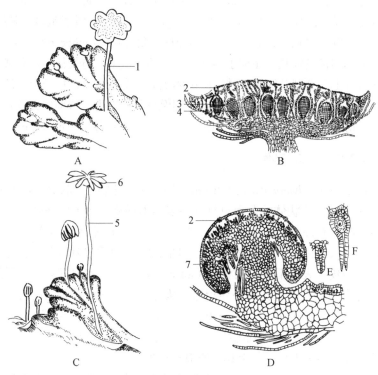

图5.4　地钱的雌生殖托和雄生殖托

A. 雄株和雌生殖托外形；B. 雄生殖托纵切面观；C. 雌株和雌生殖托外形；D. 雌生殖托纵切面观；E，F. 颈卵器放大
1. 雄生殖托；2. 气孔；3. 精子器腔；4. 精子器；5. 雌生殖托；6. 指状芒线；7. 颈卵器

　　精子器成熟后，精子逸出器外，以水为媒介，游入发育成熟的颈卵器内，精、卵结合形成合子。合子在颈卵器中发育形成胚，而后发育成孢子体；在孢子体发育的同时，颈卵器腹部的壁细胞也分裂，膨大加厚，成为一罩，包住孢子体。此外，颈卵器基部的外围也有一圈细胞发育成一筒笼罩颈卵器，名为假被（pseudoperianth，又称假蒴苞）。因此，受精卵的发育受到三重保护：颈卵器壁、假被和蒴苞（图5.5）。

　　地钱的孢子体很小，主要靠基足伸入配子体的组织中吸收营养。随着孢子体的发育，其顶端孢蒴内的孢子母细胞经减数分裂产生很多单倍异性的孢子，不育细胞则分化为弹丝；孢蒴成熟后不规则破裂，孢子借助弹丝散布出来，在适宜的环境条件下萌发形成原丝体，进一步发育成雌或雄的新一代植物体（叶状体），即配子体。地钱属的生活史如图5.5所示。

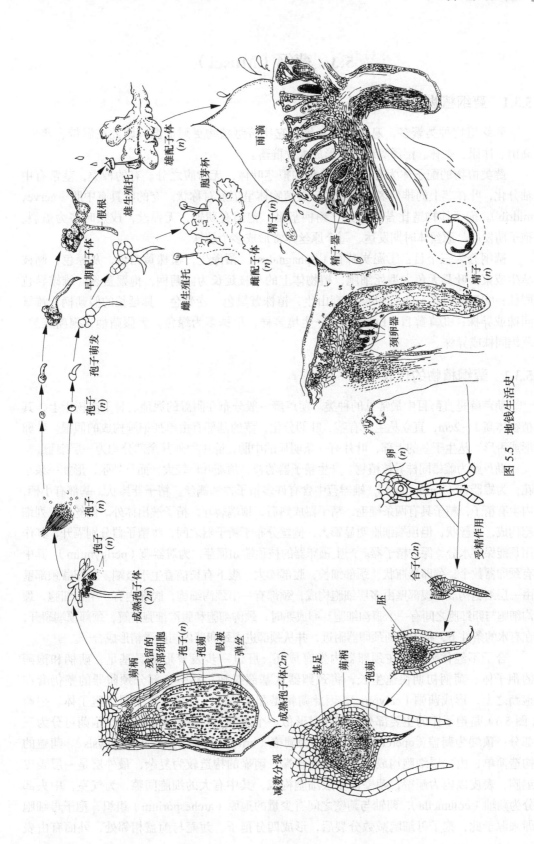

图 5.5　地钱生活史

5.3　藓纲（Musci）

5.3.1　藓纲植物的基本特征

藓纲植物种类繁多，遍布世界各地，它比苔纲植物更耐低温，因此在温带、寒带、高山、冰原、森林、沼泽等地常能形成大片群落。

藓类植物的配子体为有茎、叶分化的拟茎叶体，无背腹之分。有的种类，茎常有中轴分化，叶在茎上的排列多为螺旋式，故植物体呈辐射对称状。有的叶具有中肋（nerve，midrib）。孢子体构造比苔类复杂，蒴柄坚挺，孢蒴有蒴轴，无弹丝，成熟时多为盖裂。孢子萌发后，原丝体时期发达，每个原丝体常形成多个植株。

藓纲分为三个目：①泥炭藓目（Sphagnales），沼泽生，植株黄白色、灰绿色，侧枝丛生成束，叶具无色大型死细胞，植物体上的小枝延长为假蒴柄，孢蒴盖裂，雌雄异苞同株；②黑藓目（Andreaeales），高山生，植株紫黑色、赤紫色，具延长的假蒴柄，雌雄同株或异株；③真藓目（Eubryales），生境多样，植株多为绿色，无假蒴柄，孢蒴盖裂，雌雄同株或异株。

5.3.2　藓纲植物的代表植物

葫芦藓是真藓目中最常见的种类。葫芦藓一般分布在阴湿的泥地、林下或树干上，其植物体高 1～2cm，直立丛生，有茎、叶的分化，茎的基部有由单列细胞构成的假根。叶卵形或舌形，丛生于茎的上部，叶片有一条明显的中肋，除中肋外其余部分均为一层细胞。

葫芦藓为雌雄同株异枝植物。产生精子器的枝，顶端叶形较大，而且外张，形如一朵小花，为雄器苞（perigonium），雄器苞中含有许多精子器和侧丝。精子器棒状，基部有小柄，内生有精子，精子具有两条鞭毛，精子器成熟后，顶端裂开，精子逸出体外。侧丝由一列细胞构成，呈丝状，但顶端细胞明显膨大，侧丝分布于精子器之间，将精子器分别隔开，其作用是能保存水分，保护精子器。产生颈卵器的枝顶端如顶芽，为雌器苞（perigynium），其中有颈卵器数个，颈卵器瓶状，颈部细长，腹部膨大，腹下有长柄着生于枝端。颈卵器颈部壁由一层细胞构成，腹部壁由多层细胞构成；颈部有一串颈沟细胞，腹部内有一个卵细胞，颈沟细胞与卵细胞之间有一个腹沟细胞。卵成熟时，颈沟细胞和腹沟细胞溶解，颈部顶端裂开，在有水的条件下，精子游到颈卵器附近，并从颈部进入颈卵器内与卵受精形成合子。

合子不经休眠，即在颈卵器内发育成胚，胚进一步发育形成具基足、蒴柄和孢蒴的孢子体。蒴柄初期快速生长，将颈卵器从基部撑破，其中一部分颈卵器的壁仍套在孢蒴之上，形成蒴帽（calyptra），因此蒴帽是配子体的一部分，而不属于孢子体。孢蒴（图 5.6）是孢子体的主要部分，成熟时形似一个基部不对称的歪斜葫芦，孢蒴可分为三部分：顶端为蒴盖（operculum），中部为蒴壶（urn），下部为蒴台（apophysis）。蒴盖的构造简单，由一层细胞构成，覆于孢蒴顶端。蒴壶的构造较为复杂，最外层是一层表皮细胞，表皮以内为蒴壁，蒴壁由多层细胞构成，其中有大的细胞间隙，为气室，中央部分为蒴轴（columella），蒴轴与蒴壁之间有少量的孢原（archesporium）组织，孢子母细胞即来源于此，孢子母细胞减数分裂后，形成四分孢子。蒴壶与蒴盖相邻处，外面有由表

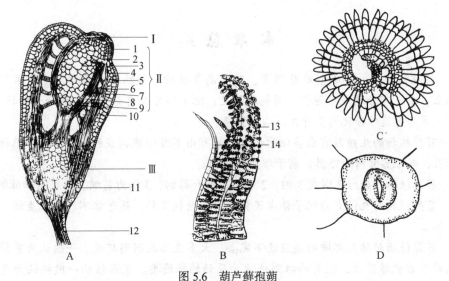

图 5.6　葫芦藓孢蒴

A. 未成熟孢蒴纵切；B. 蒴齿放大；C. 剥离的环带放大；D. 1 个气孔放大

Ⅰ. 蒴盖；Ⅱ. 蒴壶；Ⅲ. 蒴台

1. 蒴齿；2. 环带；3. 蒴轴；4. 表皮；5. 蒴壁；6. 同化丝；7. 外孢囊；8. 孢原组织；
9. 内孢囊；10. 气室；11. 气孔；12. 蒴柄；13. 外蒴齿；14. 内蒴齿

皮细胞加厚形成的环带（annulus），内侧生有蒴齿（peristomal teeth），蒴齿共 32 枚，分内外两轮；蒴盖脱落后，蒴齿露在外面，能进行干湿性伸缩运动，孢子借蒴齿的运动弹出蒴外。蒴台在孢蒴的最下部，蒴台的表面有许多气孔，表皮内有 2～3 层薄壁细胞和一些排列疏松而含叶绿体的薄壁细胞，能进行光合作用。

　　孢子成熟后从孢蒴内散出，在适宜的条件下萌发为单列细胞的原丝体，原丝体向下生假根，向上生芽，芽发育成有似茎、叶分化的配子体。从葫芦藓的生活史看，它和地钱一样，孢子体也寄生在配子体上，不能独立生活，所不同的是孢子体在构造上比地钱复杂（图 5.7）。

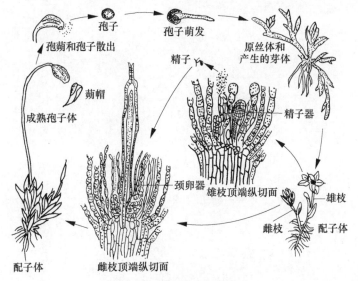

图 5.7　葫芦藓的生活史

本 章 总 结

1. 苔藓植物是一群小型的非维管、陆生高等植物。植物体有两种，孢子体寄生在配子体上，由三部分构成：孢蒴、蒴柄和基足；配子体光合自养，除一部分为叶状体外，外形上大多为有茎叶分化的茎叶体，均具假根。

2. 苔藓植物的生殖器官由多细胞构成，且有由不育细胞构成的保护壁层。雄性器官叫精子器，雌性器官叫颈卵器，属于颈卵器植物。

3. 苔藓植物门分为 2 纲或 3 纲，2 纲为苔纲和藓纲，3 纲为苔纲、角苔纲和藓纲。

4. 苔藓植物的生活史为配子体占优势的异形世代交替。孢子体不能独立生活，寄生于配子体上。

5. 苔藓植物对陆生环境的适应还不完善，大多生活在阴湿环境。一般认为苔藓植物可能来源于古代绿藻类，也有的推测来源于原始的裸蕨类。苔藓植物一般被认为是植物界进化的一个旁支。

思考与探索

1. 根据苔藓植物有哪些特征而将其列入高等植物范畴？
2. 苔藓植物多生长在哪些地区？有何共同特点？
3. 如何区别苔类植物和藓类植物？
4. 藓类植物分哪些目？根据各目的代表植物看，它们之间有哪些主要异同点？
5. 苔藓植物在生态系统、水土保持、花木产业上有何重要价值？
6. 试述苔藓植物的起源和两纲之间的演化关系。

6 蕨类植物

6.1 中柱类型

中柱（stele）是维管植物初生结构中的复合组织。维管组织主要由木质部和韧皮部组成，木质部中含有运输水分和无机盐的管胞或导管分子，韧皮部中含有运输有机养料的筛胞或筛管。维管系统的各种组成分子在茎中聚集在一起，并按不同的方式排列，从而形成了各种不同类型的中柱，包括原生中柱（protostele）、管状中柱（siphonostele）、网状中柱（dictyostele）和具节中柱（cladosiphonic stele）等。所有这些类型的中柱只在蕨类植物茎中出现，它们进一步发展可演化为种子植物的真中柱（eustele）和星散中柱（atactostele）（图6.1）。

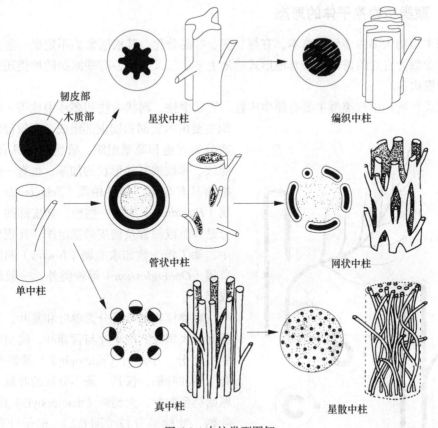

图 6.1 中柱类型图解

原生中柱为原始类型，仅由木质部和韧皮部组成，无髓和叶隙，它又分为单中柱（monostele）、星状中柱（actinostele）、编织中柱（plectostele）和多体中柱（polystele）等多种不同的类型。

管状中柱的特点是具髓和叶隙，维管系统围在髓的外面形成圆筒状。根据韧皮部的位置或维管系统的数目可分为外韧管状中柱（ectophloic siphonostele）、双韧管状中柱（amphiphloic siphonostele）和多环管状中柱（polycyclic siphonostele）。

网状中柱是由管状中柱演化而来的。由于茎的节间缩短，管状中柱中的许多叶隙相互重叠，从横切面上观察，在髓部的外方有一圈大小不同而彼此分开的维管束。还有些植物中出现多环网状中柱（polycyclic dictyostele）。

6.2 蕨类植物的形态与结构

蕨类植物（fern）是一群进化水平最高的孢子植物，同时也是陆生植物中最早分化出维管系统的植物类群。蕨类植物具有明显的世代交替现象，有性生殖器官为精子器和颈卵器，孢子体和配子体都能独立生活，但是绝大多数的孢子体远比配子体发达。因此，就进化水平看，蕨类植物是介于苔藓植物和种子植物之间的一个大类群。

6.2.1 蕨类植物孢子体的形态

蕨类植物大多为多年生草本，有根、茎、叶的分化。其根通常为不定根；茎多为根状茎，少数为直立的树干状或其他形式的地上茎，二叉分枝，有些原始的种类还兼具气生茎和根状茎。

蕨类植物的中柱类型主要有原生中柱、管状中柱、网状中柱和多环中柱等。维管组织主要由木质部和韧皮部组成，木质部的主要成分为管胞和薄壁组织，管胞壁上具有环纹、螺纹、梯纹或其他形状的加厚，也有一些蕨类植物具有导管，如卷柏属（*Selaginella*）和蕨属（*Pteridium*）中的一些种。韧皮部的主要成分是筛胞或筛管及韧皮薄壁组织。在现代蕨类中，除了极少数如水韭属（*Isoetes*）和瓶尔小草属（*Ophioglossum*）等种类外，一般没有形成层。

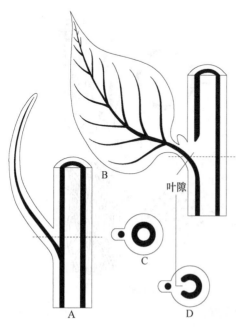

图 6.2　小型叶和大型叶
A. 小型叶；B. 大型叶；C. A 中沿虚线部分横切面；D. B 中沿虚线部分横切面

蕨类植物的叶可分为单叶和复叶，并有小型叶与大型叶、孢子叶与营养叶、同型叶与异型叶之分。小型叶（microphyll）的特征是没有叶隙和叶柄，仅具一条不分枝的叶脉，这是原始类型的叶；大型叶（macrophyll）具叶隙、叶柄，叶脉多分枝（图 6.2）。孢子叶是指能产生孢子囊和孢子的叶，又称能育叶（fertile leaf）；仅能进行光合作用不能产生孢子囊和孢子的叶称为营养叶，又称不育叶（sterile leaf）。

同一植株上的叶如果没有明显分化，都兼有营养和生殖的功能，这样的叶称为同型叶（isophylly）；反之，如果同一植株上的营养叶和孢子叶具有明显的形态差异，则称为异型叶（heterophylly）。

在具小型叶的蕨类植物中，孢子囊通常单生于孢子叶的近轴面叶腋或叶子基部，且孢子叶通常集生在枝的顶端，形成球状或穗状的孢子叶球（strobilus）或孢子叶穗（sporophyll spike）（图6.3）；较进化的真蕨类植物不形成孢子叶球，其孢子囊通常生在孢子叶的背面、边缘或集生在一个特化的孢子叶上，并常常是多数孢子囊聚集成群，形成不同形状的孢子囊群或孢子囊堆（sorus）（图6.3），大多数真蕨类植物的每个囊群还有一种保护结构，即囊群盖（indusium）。孢子形成时是经过减数分裂的，孢子的染色体是单倍体，孢子萌发形成配子体。

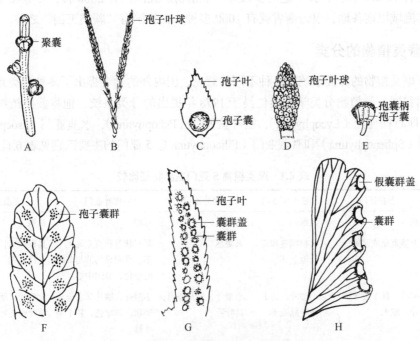

图 6.3　蕨类植物的孢子囊
A. 3个孢子囊形成聚囊；B~E. 孢子叶球（穗）；F. 孢子囊群无盖；G，H. 孢子囊群有盖

多数蕨类植物孢子囊中产生的孢子形态大小相同，称为同型孢子（isospory），而卷柏属植物和少数水生蕨类的孢子有大、小之分，称为异型孢子（heterospory）。孢子在形态上都可分为两类：一类是赤道面观为肾形，单裂缝，两侧对称，称为两面型孢子；另一类是赤道面观为圆形或钝三角形，三裂缝，辐射对称，称为四面型孢子，如图6.4所示。

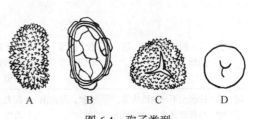

图 6.4　孢子类型
A，B. 两面型孢子；C. 四面型孢子；
D. 球形四面型孢子

6.2.2　蕨类植物配子体的形态

蕨类植物的配子体，又称原叶体（prothallus）。小型，结构简单，生活期较短；原始类型的配子体生于地下，呈辐射对称的圆柱体或块状，没有叶绿素，通过与真菌共生得到养料；大多数蕨类植物的配子体生于阴湿的地表，为具背腹性的绿色叶状体，能独立生活。配子体的腹面生有精子器和颈卵器，精子器产生具多条或两条鞭毛的精子，在有水的条件下，精子游至颈卵器内与卵结合形成合子，完成受精作用。合子不经休眠，继续分裂发育成胚，以后发育成孢子体。

蕨类植物分布广泛，除了海洋和沙漠外，平原、森林、草地、岩缝、溪沟、沼泽、高山和水域中都有它们的踪迹，热带和亚热带地区为其分布中心。现在在地球上生存的蕨类植物有 12 000 多种，其中绝大多数为草本植物。我国约有 2600 种，多分布于西南地区和长江流域以南各地，仅云南省就有 1000 多种，在我国有"蕨类王国"之称。

6.2.3　蕨类植物的分类

关于蕨类植物的分类系统有各种不同的意见，国内外的学者提出了多种分类系统。本教材采用我国蕨类植物分类学家秦仁昌于 1978 年提出的分类系统，他将蕨类植物门分为 5 亚门，即石松亚门（Lycophytina）、松叶蕨亚门（Psilophytina）、水韭亚门（Isoephytina）、楔叶亚门（Sphenophytina）和真蕨亚门（Filicophytina）。5 亚门的主要区别见表 6.1。

表 6.1　蕨类植物 5 亚门主要特征比较

部位		石松亚门	松叶蕨亚门	水韭亚门	楔叶亚门	真蕨亚门
孢子体	根	真根	假根	真根	真根	真根
	茎	地上茎直立或匍匐	具根状茎和直立地上茎	具块茎	具根状茎和直立地上茎，具明显的节与节间的分化，节间中空	具根状茎，极少具直立地上茎
	叶	小型叶，具 1 条叶脉，具叶舌或无	小型叶，具 1 条叶脉或无	小型叶，细长条形，具叶舌	小型叶，鳞片状联合成鞘状，非绿色，具 1 条叶脉	大型叶，幼时拳卷，单叶或复叶
	孢子囊	孢子囊壁厚，单生于孢子叶叶腋基部，在枝端形成孢子叶球	孢子囊壁厚，2 或 3 个形成聚囊	孢子囊壁厚，生于孢子叶基部的凹穴中	孢子囊壁厚，5~10 个生于盾状孢囊柄下面，在枝端形成孢子叶球	孢子囊壁薄，极少孢子囊壁厚，孢子囊聚集成囊群，生于孢子叶背面或背缘，具囊群盖或无
	孢子	孢子同型或异型，四面型	孢子同型，球形四面型	孢子异型，大孢子四面型，小孢子两面型	孢子同型，球形四面型，具弹丝	孢子同型，少数水生蕨类孢子异型，四面型或两面型
配子体	形态	柱状、不规则块状等，与真菌共生，少数具叶绿素或在孢子壁内发育	柱状，与真菌共生	在大、小孢子壁内发育	垫状，绿色自养	心脏形，绿色自养
	精子	纺锤形或长卵形，具 2 条鞭毛	螺旋形，具多条纤毛	螺旋形，具多条纤毛	螺旋形，具多条纤毛	螺旋形，具多条纤毛

6.3 石松亚门（Lycophytina）

石松亚门植物的孢子体小型，根为不定根，茎直立或匍匐，二叉分枝，通常具原生中柱，木质部为外始式。小型叶，鳞片状，仅1条叶脉，无叶隙存在，为延生起源，螺旋状或呈4行排列，有的具叶舌。孢子囊单生于叶腋或近叶腋处，孢子叶通常集生于分枝的顶端，形成孢子叶球。孢子同型或异型。配子体小，生于地下与真菌共生，或在孢子囊中发育，两性或单性。

石松亚门植物的起源是比较古老的，几乎和裸蕨植物同时出现。在石炭纪时最为繁茂，既有草本的种类，也有高大的乔木，到二叠纪时，绝大多数石松植物相继绝灭，现在遗留下来的只是少数草本类型。现代生存的石松亚门植物，有石松目（Lycopodiales）和卷柏目（Selaginellales）。现以卷柏属为代表来了解该亚门的特征。

卷柏属（*Selaginella*）植物体分根、茎、叶三部分，茎匍匐或直立，匍匐生长的种类多数具根托（rhizophore），其表面光滑无叶，先端生有不定根，故通常认为它是一种无叶的枝。从横切面看，茎由表皮、皮层和中柱三部分组成，表皮细胞较小，排列紧密；皮层和中柱之间有大的间隙，两者由呈辐射状排列的长形横桥细胞（cross-bridge cell）相连（图6.5）；中柱类型复杂，可有简单的原生中柱到多环式管状中柱，有些种类的茎内还具多体中柱，维管组织的木质部具梯纹管胞，有些具梯纹导管。叶为鳞片状小型叶，具一条叶脉，通常在茎上排列成4行，在每一叶的近叶腋处生有一小的片状结构，称为叶舌（ligule），这是卷柏属的重要特征之一。

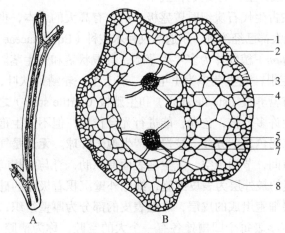

图 6.5 卷柏属茎的结构

A. 透明的一段茎；B. 茎的横切面

1. 表皮；2. 皮层；3. 大间隙；4. 横桥细胞；5. 中柱鞘；6. 后生木质部；7. 原生木质部；8. 韧皮部

卷柏属的孢子囊单生于孢子叶的叶腋内，孢子囊有大、小之分。大多数种类的大小孢子叶集生于枝的顶端形成孢子叶球或孢子叶穗，大小孢子叶的数目和在孢子叶球中的着生位置因种而异。大孢子囊内通常只有一个大孢子母细胞能经过减数分裂，形成4个大孢子；小孢子囊能产生许多小孢子。大、小孢子分别发育成雌、雄配子体。

卷柏的配子体极度退化，在孢子壁内发育。当小孢子囊尚未开裂时，小孢子已开始发育，首先分裂一次，产生一个小的原叶细胞（prothallial cell）和一个大的精子器原始细胞，原叶细胞不再分裂，精子器原始细胞又分裂几次，形成精子器，卷柏属植物的雄配子体就是由一个原叶体细胞和一个精子器组成，精子器的外面有由一层细胞构成的壁，中央有 4 个初生精原细胞，初生精原细胞经多次分裂，产生 128 个或 256 个具双鞭毛的精子，成熟后壁破裂，精子游出。卷柏雌配子体的早期发育也在大孢子的壁内进行，且大孢子也不脱离大孢子囊；大孢子的核经过多次分裂形成许多自由核，再由外向内产生细胞壁形成营养组织，色绿，能进行光合作用，其中一部分突出于大孢子顶端的裂口处，并产生假根。颈卵器发生于突出部分的组织中，由 8 个颈细胞、1 个颈沟细胞、1 个腹沟细胞和 1 个卵细胞组成。当颈卵器发育成熟时，其颈沟细胞和腹沟细胞解体，具双鞭毛的精子借助于水游至颈卵器，并与其内的卵受精形成合子，合子进一步发育成胚。幼小的孢子体吸收雌配子体的养料，逐渐分化出根、茎、叶，伸出配子体，营独立的自养生活（图 6.6）。

6.4 楔叶亚门（Sphenophytina）

楔叶亚门植物的孢子体有根、茎、叶的分化，茎有明显的节与节间的分化，节间中空，茎上有纵肋（stem rib）。中柱由管状中柱转化为具节中柱，木质部为内始式。小型叶，鳞片状，轮生成鞘状。孢子叶特化为孢囊柄（sporangiophore），孢囊柄在枝端聚集成孢子叶球；孢子同型或异型，周壁具弹丝。

楔叶亚门植物在古生代石炭纪时曾盛极一时，有高大的木本，也有矮小的草本，生于沼泽多水地区，现大都已经绝迹。孑遗的仅存木贼科（Equisetaceae）。

问荆属（*Equisetum*）植物体为多年生草本，具根状茎和气生茎。根状茎棕色，蔓延地下，节上生有不定根；气生茎多为 1 年生，节上生一轮鳞片状叶，基部联合成鞘状。有些种类的气生茎有营养枝（sterile stem）和生殖枝（fertile stem）之分，营养枝通常在夏季生出，节上轮生许多分枝，色绿，能进行光合作用，但不产生孢子囊；生殖枝在春季生出，短而粗，棕褐色，不分枝，枝端能产生孢子叶球。无论是气生茎还是地下根状茎均有明显的节和节间，节间中空。气生茎表面有纵肋，脊与沟相间而生。从节间的横切面看（图 6.7），茎的最外层为表皮细胞，细胞外壁沉积着极厚的硅质，故表面粗糙而坚硬；表皮内为多层细胞组成的皮层，靠近表皮的部分为厚壁组织，尤以对着纵肋处最为发达，皮层中对着茎表每个凹槽处各有一个大的空腔，称为槽腔（vallecular cavity），皮层和中柱间有内皮层。问荆的中柱结构比较特殊，幼时为原生中柱，稍大些转为管状中柱，再长大些维管组织在内皮层里呈束状排列成环，围着髓腔，而节处是实心的，因而称为具节中柱（cladosiphonic stele）。在排列成环的对脊而生的每个维管束的内方通常各有一个小空腔，称为脊腔（carinal cavity），由原生木质部破裂后形成。维管束的木质部大多由管胞组成，但也有少数种类由导管组成。茎的中央为一个大的髓腔（medullary cavity）。

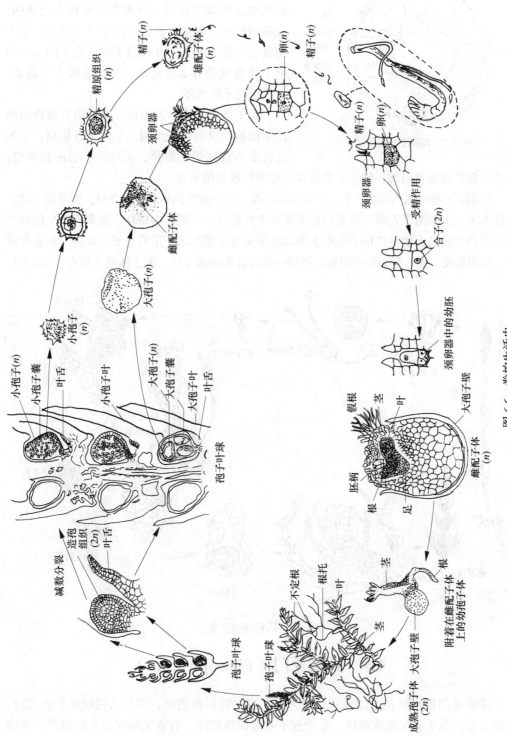

图 6.6 卷柏生活史

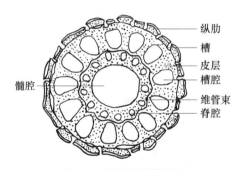

图 6.7　问荆茎的横切片

问荆属植物的孢子叶球呈纺锤形，由许多特化的孢子叶聚生而成，这种孢子叶称为孢囊柄。孢囊柄盾形、具柄，密生于孢子叶球轴上，每个孢囊柄内侧生有 5～10 枚孢子囊。孢子同型，周壁上螺旋缠绕有 2 条弹丝，弹丝能做干湿运动，有利于孢子的散播。

配子体由孢子萌发形成，通常为背腹性的由几层细胞构成的垫状组织，下侧生有假根，上侧有许多不规则带状裂片，裂片由一层细胞构成，绿色，裂片间发育出雌、雄性生殖器官，即颈卵器和精子器。

问荆属的孢子虽为同型，但它萌发形成的配子体有雌雄同体和异体之分，这可能与营养条件有关。实验结果表明，基质营养丰富时多为雌性，否则多为雄性。颈卵器产生的卵与精子器产生的具多鞭毛的精子在有水的环境中实现受精作用，形成合子，再进一步发育成胚。胚由基足、根、茎端和叶组成，胚进一步发育形成孢子体，配子体随之死亡（图 6.8）。

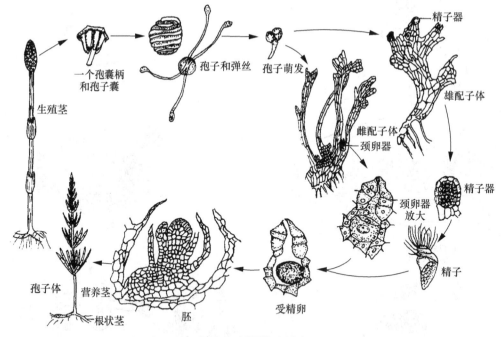

图 6.8　问荆的生活史

6.5　真蕨亚门（Filicophytina）

真蕨亚门植物的孢子体发达，根为不定根；除树蕨类外，茎均为根状茎；大型叶，幼时拳卷；孢子囊聚集成囊群，生于孢子叶背面或背缘，有或无囊群盖；原始种类的孢子囊是多层细胞，无环带，较进化的种类孢子囊壁薄仅 1 层细胞，有环带。配子体小（图 6.9），多为背腹性叶状体，心脏形，绿色，自养。

　　真蕨亚门植物起源很早，在古生代泥盆纪时已经出现，到石炭纪时极为繁茂，种类也相当多，而到二叠纪时都已绝迹，但在中生代的三叠纪和侏罗纪，却又演化出一些能够适应新环境的种系来，这些蕨类一直延续到现在，它们和古代的化石蕨类有很大的不同。现在生存的真蕨类植物有 1 万种以上，广布世界各地。

　　真蕨亚门植物是现代生存最繁茂的一群蕨类植物，以贯众属（Cyrtomium）为代表来了解该亚门的特征。

　　贯众属（Cyrtomium）为多年生草本植物，高 30～50cm。孢子体有根、茎、叶的分化（图 6.10）。地下茎短而粗，其上生有拳卷状的幼叶和残留的叶柄及不定根，并密被褐色披针形鳞片；根状茎上生不定根，黑色。

　　叶为奇数羽状复叶，叶柄基部密生褐色鳞片；叶脉明显，沿主脉两侧各有一行网眼，内藏小脉。生长到一定时期，其叶背长许多孢子囊群（图 6.11），生于内藏小脉的顶端。每一囊群上有孢子囊群盖，囊群盖盾状着生，下生有许多孢子囊。孢子囊扁圆形，具 1 长柄，囊壁由一层细胞构成，但有 1 列细胞特化形成环带。环带中大多数细胞的内切向壁和两侧径向壁木质化增厚，另有 2 个细胞的细胞壁不加厚，为薄壁细胞，称为唇细胞（lip cell）。孢子成熟时，在干燥的条件下环带细胞失水，导致孢子囊从 2 个唇细胞之间裂开，并因环带的反卷作用将孢子弹出。一般每个孢子囊有孢子母细胞 16 个，产生 64 个孢子。

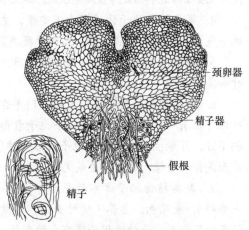

图 6.9　真蕨类的配子体

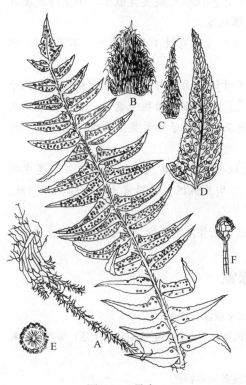

图 6.10　贯众
A. 孢子体外形；B，C. 鳞片；D. 羽片；
E. 孢子囊群及囊群盖；F. 孢子囊

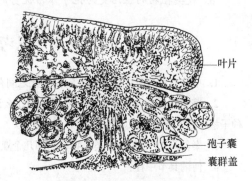

图 6.11　贯众孢子囊群纵切

孢子散落在适宜的环境中，萌发形成心形的配子体（原叶体），体形小，宽约1cm，绿色自养，背腹扁平，中部较厚，由多层细胞组成，周边仅有一层细胞。配子体为雌雄同体，雌、雄生殖器官均生于配子体的腹面，腹面同时还生有假根。颈卵器一般着生于原叶体的心形凹口附近，精子器生在原叶体的后方。精子和卵分别在精子器和颈卵器中发育成熟后，具多鞭毛的精子，在有水的条件下，游至颈卵器与其中的卵受精形成受精卵（合子）。合子经过多次分裂，发育形成胚，胚再进一步发育成新一代孢子体。

本 章 总 结

1. 中柱类型主要有原生中柱（包括单中柱、星状中柱、编织中柱和多体中柱等）、管状中柱、网状中柱、真中柱和星散中柱。还有些种类具多环管状或多环网状中柱，楔叶亚门为具节中柱。原生中柱最为原始，无髓和叶隙。真中柱和星散中柱只存在于种子植物中。

2. 蕨类植物是一群具有根、茎、叶分化，不产生种子的低等维管植物，或称维管隐花植物。最古老的蕨类植物，也是最早的陆生植物。

3. 蕨类植物的维管组织进化水平较低，木质部主要由管胞、导管和木薄壁细胞组成，韧皮部主要由筛胞和韧皮薄壁细胞组成。绝大多数无维管形成层，所以绝大多数仅有初生结构。

4. 蕨类植物孢子体的根为不定根，主根不发达，仅松叶蕨类具假根。小型叶蕨类具地下气生茎，或兼具根状茎，大型叶蕨类具地下根状茎。

5. 蕨类植物的叶分为小型叶和大型叶，孢子叶（能育叶）和营养叶（不育叶），单叶和复叶。

6. 蕨类植物的孢子囊，石松亚门单生于孢子叶近轴面基部，并聚生于枝顶形成孢子叶球（穗）；松叶蕨亚门2或3个孢子囊形成聚囊；楔叶亚门的孢子囊5~10个生于孢囊柄下方，并聚生于枝顶形成孢子叶球（穗）；真蕨亚门的孢子囊聚集成囊群，生于孢子叶背面或背面边缘，具囊群盖或无。

7. 蕨类植物配子体亦称原叶体，微小，生地下与真菌共生（松叶蕨、石松类中的一些科），或绿色，自养（楔叶亚门、真蕨亚门），均具假根，性器官为精子器和颈卵器，精子均具鞭毛。受精过程必须有水的条件。

8. 蕨类植物的生活史为孢子体占优势的异形世代交替。孢子体、配子体均能独立生活。

思考与探索

1. 中柱有哪几种主要类型？它们彼此之间存在什么系统演化关系？

2. 蕨类植物和苔藓植物有何异同？为什么说蕨类植物比苔藓植物更适应陆地生活？蕨类植物和种子植物相比有哪些原始的性状？

3. 秦仁昌1978年将蕨类植物分为哪几个亚科？试述各亚科特征。

4. 何谓具节中柱？

5. 配子体在蕨类植物中有哪些形态？

6. 蕨类植物有哪些用途？

7 裸 子 植 物

裸子植物（Gymnospermae）的胚珠或种子裸露。种子的出现使胚得到保护，并供给其营养物质，可使植物渡过不良的环境。花粉管（pollen tube）的产生可将精子送到卵，摆脱了水的限制，更适应陆地生活。日常生活中见到的松、柏、银杏、苏铁等都是裸子植物，它们在陆地生态系统中占有非常重要的地位，由裸子植物组成的森林约占全世界森林总面积的80%。在我国也有较多的分布，如东北大兴安岭的落叶松林，吉林、辽宁的红松林，陕西秦岭的华山松林，甘肃的云杉和冷杉林，长江流域以南的马尾松和杉木林等。

7.1 裸子植物的特征

7.1.1 孢子体发达

裸子植物的孢子体非常发达，都是多年生木本植物，大多数为单轴分枝的高大乔木，有强大的根系。它们维管组织系统发达，网状中柱，并生型维管束，具形成层和次生生长，木质部大多数只有管胞，韧皮部只有筛胞而无筛管和伴胞。叶多为针形、条形或鳞形，极少数为扁平的阔叶，叶具有下陷的气孔，气孔排列成浅色的气孔带（stomatal band），更适应陆生环境。

7.1.2 具裸露胚珠，并形成种子

裸子植物的孢子叶（sporophyll）大多聚生成球果状（strobiliform），称为孢子叶球（strobilus），或球花（cone）。孢子叶球单生或多个聚生成各种球序，通常都是单性，同株或异株。小孢子叶球（staminate strobilus）又称雄球花（male cone），由小孢子叶（雄蕊）聚生而成，每个小孢子叶下面生有小孢子囊（花粉囊），内有多个小孢子母细胞（花粉母细胞），经减数分裂产生小孢子（单核期的花粉粒），再由小孢子发育成雄配子体（花粉粒）。大孢子叶球（ovulate strobilus）又称雌球花（female cone），由大孢子叶丛生或聚生而成。大孢子叶变态为珠鳞（ovuliferous scale）（松柏类）、珠领（collar）（银杏）、珠托（红豆杉）、套被（罗汉松）和羽状大孢子叶（苏铁）。大孢子叶的腹面（近轴面）生有一至多个裸露的胚珠。

裸子植物的胚珠是由珠心和珠被组成的，珠心相当于大孢子囊，珠被包被珠心，在裸子植物中通常为单层。裸子植物的胚珠裸露，不为大孢子叶所包被。胚珠成熟后形成种子，种子由胚、胚乳和种皮组成，但种子直接暴露在空气中。

7.1.3 配子体进一步退化，寄生在孢子体上

雄配子体由小孢子发育而来，在多数种类中仅由4个细胞组成，包括2个退化

的原叶细胞、1 个生殖细胞和 1 个管细胞。雌配子体由大孢子发育而来，除百岁兰属（*Welwitschia*）、买麻藤属（*Gnetum*）外，雌配子体的近珠孔端均产生 2 至多个颈卵器，但结构简单，埋藏于胚囊中，仅有 2～4 个颈细胞露在外面。颈卵器内有 1 个卵细胞和 1 个腹沟细胞，无颈沟细胞，比蕨类植物的颈卵器更加退化。雌、雄配子体均无独立生活的能力，完全寄生在孢子体上。

7.1.4　形成花粉管，受精作用不再受水的限制

裸子植物的花粉粒，由风力传播，经珠孔直接进到胚珠，在珠心上方萌发，形成花粉管，进入胚囊，将由生殖细胞所产生的 2 个精子直接送到颈卵器内，其中 1 个具功能的精子和卵细胞结合，完成受精作用。从授粉到受精这个过程，大部分裸子植物要经过相当长的时间。有些种类在珠心的顶部具有花粉室，花粉粒在萌发前可以逗留。

7.1.5　具多胚现象

大多数裸子植物都具有多胚现象（polyembryony），一种是简单多胚现象（simple polyembryony），即 1 个雌配子体上的几个颈卵器的卵细胞同时受精，各自发育成 1 个胚，形成多个胚；另一种是裂生多胚现象（cleavage polyembriony），即由 1 个受精卵在发育过程中胚原细胞分裂为几个胚的现象。

此外，花粉粒为单沟型，有时具气囊，无 3 沟、3 孔沟或多孔沟的花粉粒。

19 世纪以前，人们不知道种子植物的繁殖器官中的一些结构和蕨类植物在系统发育上有联系，所以在裸子植物中，常有两套名词并用或混用，1851 年，德国植物学家霍夫迈斯特（Hofmeister）将蕨类植物和裸子植物的生活史完全统一起来，人们才知道裸子植物的球花相当于蕨类植物的孢子叶球，前者是由后者发展而来的，两套名词对照如表 7.1 所示。

表 7.1　蕨类植物和裸子植物名词对照

蕨类植物	裸子植物	蕨类植物	裸子植物
（大、小）孢子叶球	（雌、雄）球花	大孢子叶	珠领、珠鳞、套被等
小孢子叶	雄蕊	大孢子囊	珠心
小孢子囊	花粉囊	大孢子母细胞	胚囊母细胞
小孢子母细胞	花粉母细胞	大孢子	单核（细胞）胚囊
小孢子	单核花粉粒	雌配子体（原叶体）	球形的雌配子体
雄配子体	成熟花粉粒（管）	颈卵器	简化的颈卵器

7.2　裸子植物的生活史

现以松属（*Pinus*）为例介绍裸子植物的生活史。

7.2.1　孢子叶球的形态与结构

当孢子体生长到一定的年龄时，在孢子体上生出雄、雌孢子叶球。

　　松属植物单性，同株。小孢子叶球生于当年新生长枝条的基部，由鳞片叶腋内生出。通常是很多小孢子叶螺旋状排列在小孢子叶球的纵轴上，每个小孢子叶的背面（远轴面）有1对长形的小孢子囊。小孢子囊内的每个小孢子母细胞经过减数分裂，形成4个小孢子（单核花粉粒），小孢子有2层壁，外壁向两侧突出形成气囊，有利于风力传播。

　　大孢子叶球单个或多个着生于当年生新枝的近顶部，初生时呈红色或紫色，后变绿，成熟时为褐色。大孢子叶球是由许多大孢子叶螺旋状排列在孢子叶球的轴上构成的。大孢子叶上面较大且顶部肥厚的部分叫作珠鳞（ovuliferous scale），即变态的大孢子叶，其下面一个较小的薄片，称为苞鳞（bract scale），是失去生殖能力的大孢子叶。每一个珠鳞的近轴面基部着生有2枚胚珠。胚珠由1层珠被和珠心构成，珠被包围珠心并形成珠孔。珠心中有一个细胞发育成大孢子母细胞，经过减数分裂，形成4个大孢子，排成一列称为"链状四分体"。但通常只有远珠孔端的1个大孢子发育成雌配子体，其余3个退化（图7.1）。

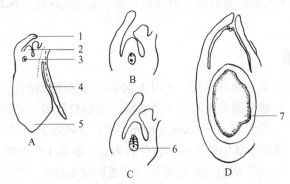

图 7.1　松属的胚珠和大孢子的发育
A. 大孢子叶纵切面；B. 大孢子母细胞分裂为二；C. 大孢子四分体，
远离珠孔的细胞继续分裂；D. 雌配子体游离核时期
1. 珠被；2. 珠心；3. 大孢子母细胞；4. 苞鳞；5. 珠鳞；6. 大孢子；7. 雌配子体

7.2.2　雄、雌配子体的发育及其结构

　　小孢子是雄配子体的第一个细胞，小孢子在小孢子囊内萌发，经过第一次不等分裂产生1个大的胚性细胞和1个小的第一原叶细胞（prothallial cell），胚性细胞再分裂为二，产生1个小的第二原叶细胞和1个大的精子器原始细胞（antheridial），后者又进行一次不等分裂，产生1个较小的生殖细胞（generative cell）和1个大的管细胞（tube cell），2个原叶细胞不久退化仅留痕迹。此时，小孢子囊破裂，花粉粒也就随即散出。所以，成熟花粉粒，也就是雄配子体仅由4个细胞组成（图7.2）。

　　雌配子体由大孢子发育而成，它在珠心内萌发，首先大孢子产生中央大液泡，细胞核进行分裂，形成16～32个游离核，不形成细胞壁。游离核均匀地分布在细胞质中。随着冬季的来临，雌配子体即进入休眠期。第二年春天，雌配子体重新活跃起来，游离核继续分裂，其数目显著增加，体积增大。到几千个细胞核时，逐渐地由周围向中心形成细胞壁，这时，珠孔端的几个细胞明显膨大，发育为颈卵器原始细胞（archegonial

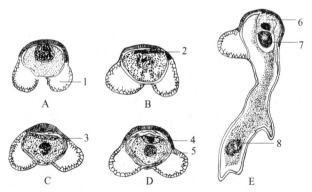

图 7.2　松属雄配子体发育及花粉管
A. 小孢子；B, C. 小孢子萌发成早期配子体；D. 配子体；E. 花粉管
1. 气囊；2, 3. 第一、二原叶细胞；4. 生殖细胞；5, 8. 管细胞；6. 柄细胞；7. 体细胞

initial cell），经过一系列的细胞分裂，形成颈卵器。成熟的雌配子体常包含有 2～7 个颈卵器。

7.2.3　传粉和受精

松属植物的传粉通常在晚春进行，此时大孢子叶球轴稍微伸长，使幼嫩的苞鳞及珠鳞略微张开。同时，小孢子囊背面裂开一条直缝，花粉粒散出，花粉粒借风力传播，飘落在胚珠由珠孔溢出的传粉滴（pollination drop）中，并随着液体的干枯而被吸入珠孔。花粉粒进入珠孔后，雄配子体中的生殖细胞分裂为二，形成 1 个柄细胞（stalk cell）和 1 个体细胞（body cell），而管细胞则开始伸长，迅速长出花粉管，当花粉管进入珠心相当距离后暂时停止生长，等待着雌配子体的成熟。直到第二年晚春和初夏颈卵器分化形成后，花粉管才继续伸长，此时，体细胞才再次分裂为 2 个大小不等的精子。当花粉管伸长到颈卵器，通过颈卵器颈部到达卵细胞后，其先端随即破裂，2 个精子、管细胞及柄细胞都一起流入卵细胞的细胞质中，其中一个大的具功能的精子随即向中央移动，并接近卵核，最后与卵核结合形成受精卵，这个过程称为受精。受精完成后，较小的精子、管细胞和柄细胞最后解体。

7.2.4　胚胎发育和成熟

松属的胚胎发育过程较为复杂，具明显的阶段性，通常可以分为原胚阶段、胚胎选择阶段、胚的组织分化和器官形成、胚的成熟和种子的形成 4 个阶段。

7.2.4.1　原胚阶段

松属植物的受精卵连续进行 3 次游离核的分裂，形成 8 个游离核，这 8 个游离核在颈卵器的基部排成上下两层，每层 4 个。此时，细胞壁开始形成，但上层的 4 个细胞上部不形成细胞壁，使这些细胞的细胞质与卵细胞质相通，称为开放层，下层的 4 个细胞称为初生胚细胞层。接着开放层和初生胚细胞层各自再分裂一次，形成 4 层，分别称为上层、莲座层、初生胚柄层和胚细胞层，组成原胚（proembryo）（图 7.3）。

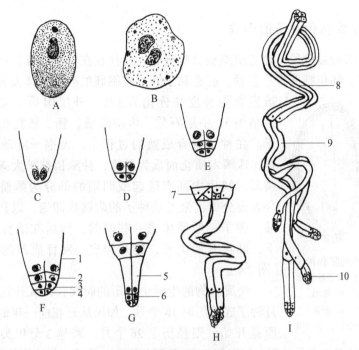

图 7.3　松属的胚胎发育过程

A. 受精卵；B. 受精卵核分裂为二；C. 再分裂成四，并在颈卵器基部排成 1 层；D. 再分裂一次成为
2 层 8 个细胞；E. 12 细胞原胚；F. 上下层各再分裂一次，形成四层 16 个细胞；G. 初生胚柄细胞开始伸长；
H. 原胚最前端的细胞发育成胚；I. 裂生多胚

1. 开放层；2, 7. 莲座层；3. 初生胚柄层；4. 胚细胞层；5. 初生胚柄细胞；6. 次生胚柄细胞；
8. 初生胚柄；9. 次生胚柄；10. 胚

7.2.4.2　胚胎选择阶段

原胚的上层在初期有吸收作用，不久解体；莲座层在数次分裂之后也消失；初生胚柄层的 4 个细胞不再分裂而伸长，称为初生胚柄（primary suspensor），它伸长使胚细胞层穿过颈卵器基部的胞壁进入雌配子体组织中。在初生胚柄细胞继续延长时，胚细胞层的细胞进行横分裂，其中所产生的与初生胚柄相连的一些细胞伸长，发育为次生胚柄（secondary suspensor）。由初生胚柄和次生胚柄组成多回卷曲的胚柄系统。次生胚柄最前端连着胚细胞层，不久，次生胚柄的细胞彼此纵向裂开，其顶端的胚细胞彼此纵向分裂，各自在次生胚柄顶端发育成 1 个胚。这种由一个受精卵发育而来的 4 个胚细胞相互分离，分别产生出 4 个以上的幼胚，称为裂生多胚现象。松属植物还具有简单多胚现象，有时，这两种情况可能同时出现在一个正在发育的种子中。各个胚胎之间发生生理上竞争，即胚胎的选择，结果最后通常只剩下 1 个（很少 2 个或更多）幼胚正常分化、发育，成为种子的成熟胚。

7.2.4.3　胚的组织分化和器官形成

胚进一步发育，成为一个伸长的圆柱体，在胚柄一端的根端原始细胞分化出根端和根冠组织，发育为胚根；在远轴区域，形成一系列的子叶原基，进一步分化出下胚轴、胚芽和子叶。

7.2.4.4 胚的成熟和种子的形成

　　胚胎发育的最后阶段，珠心组织被分解吸收，而往往在种子的珠孔一端残留着纸状帽形的薄层。胚包括胚根、胚轴、胚芽和子叶。包围胚的雌配子体发育为胚乳。珠被发育为种皮并分化为3层：外层肉质（或不发达，最后枯萎）、中层石质、内层纸质。胚、胚乳和种皮构成种子。在种子发育成熟的过程中，大孢子叶球也不断地发育，珠鳞木质化而成为种鳞，种鳞顶端扩大露出的部分为鳞盾，鳞盾中部有隆起或凹陷的部分为鳞脐，珠鳞的部分表皮分离出来形成种子的附属物即翅，以利于风力的传播。种子一般要休眠一些时候，然后在适宜的环境条件下，胚再开始生长，裂开种皮，发育成新的孢子体植物（图7.4）。

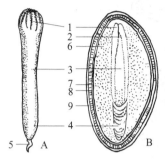

图7.4 松属成熟的胚和种子

A. 胚的侧面观；B. 种子纵切面

1. 子叶；2. 胚芽；3. 胚轴；
4. 胚根；5. 胚柄；6. 胚乳；
7. 内种皮；8. 中种皮；9. 外种皮

　　松属植物的生活史经历的时间长，从开花起到次年10月种子成熟历时18个月，如果从开花前一年的秋季形成花原基开始，则经历了26个月，跨越3个年头，即第一年7～8月形成花原基，冬季休眠；第二年4～5月开花传粉，其后，花粉粒萌发成花粉管寄生在珠心组织中，同时，大孢子形成，发育成游离核时期的雌配子体，冬季休眠；第三年3月开始，雌配子体及花粉管继续发育，此后，精、卵逐渐成熟，6月初受精（传粉后13个月），以后，球果迅速长大，胚逐渐发育成熟，10月，球果和种子成熟。松属植物生活史如图7.5所示。

7.3 裸子植物的分类和常见科属代表

　　裸子植物历史悠久，在中生代最为繁盛，到现在大多数种类已经灭绝，仅存约800种。裸子植物通常分为5纲，即苏铁纲（Cycadopsida）、银杏纲（Ginkgopsida）、松柏纲（Coniferopsida）、红豆杉纲（Taxopsida）和买麻藤纲（Gnetopsida）。我国裸子植物种类丰富，有5纲8目11科41属236种。其中有不少是第三纪的孑遗植物，或称"活化石"植物。

7.3.1 苏铁纲（Cycadopsida）

　　常绿木本植物，茎干粗壮且常不分枝。叶有两种，鳞叶小且密被褐色毛；营养叶为大型羽状复叶，集生于茎的顶部。雌雄异株，大、小孢子叶球生于茎的顶端。游动精子具多数鞭毛。染色体 $X=8$，9，11，13。

　　本纲现存仅1目3科11属约209种，分布于热带及亚热带地区。我国有苏铁属1属，约15种。

　　苏铁科（Cycadaceae）为常绿乔木，茎干直立常不分枝。羽状复叶集生于茎的顶端。雌雄异株。染色体 $X=11$。

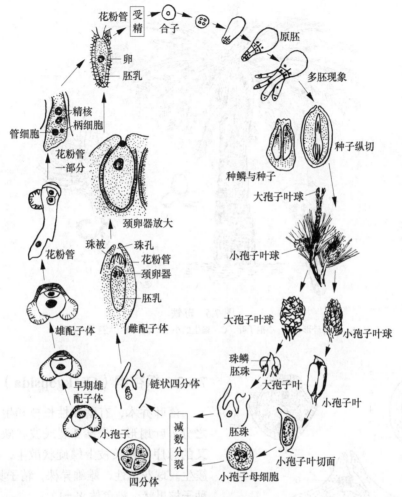

图 7.5　松属植物生活史

　　本科在我国最常见的是苏铁属的苏铁（*Cycas revoluta* Thunb.）（图 7.6），主干柱状，通常不分枝，顶端簇生大型的羽状复叶。茎中有发达的髓部和厚的皮层；网状中柱，内始式木质部，形成层的活动期较短，后为由皮层相继发生的异常形成层环所代替。叶为一回羽状深裂，革质坚硬，幼时拳卷，脱落后茎上残留有叶迹。雌雄异株；小孢子叶扁平、肉质，具短柄，紧密地螺旋状排列成圆柱形的小孢子叶球，单生于茎顶；小孢子叶下面由 3～5 个小孢子囊组成的小孢子囊群；小孢子多数，两侧对称，宽椭圆形，具一纵长的深沟；大孢子叶丛生于茎顶，密被褐黄色绒毛，上部羽状分裂，下部成狭长的柄，柄的两侧生有 2～6 枚胚珠；胚珠直生，较大，珠被 1 层，珠心厚且顶端有内陷的花粉室，珠心内的胚囊发育有 2～5 个颈卵器（图 7.7）；颈卵器位于珠孔下方，颈部仅由 2 个细胞构成，受精前，位于中央的细胞核一分为二，下面一个变为卵核，上面一个是不发育的腹沟细胞。成熟的种子橘红色，珠被分化为 3 层种皮：外层肉质较厚；中层为石细胞所组成的硬壳；内层为薄纸质；胚具 2 枚子叶，胚乳丰富，来源于雌配子体。

图 7.6　苏铁

A. 植株外形；B. 小孢子叶；C. 聚生的小孢子囊；D. 大孢子叶及种子

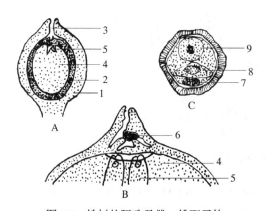

图 7.7　铁树的胚珠及雌、雄配子体

A. 胚珠纵切面；B. 珠心及雌配子体部分放大；

C. 雄配子体（三细胞期）

1. 珠被；2. 珠心；3. 珠孔；4. 雌配子体；

5. 颈卵器；6. 花粉室；7. 原叶细胞；8. 生殖细胞；

9. 吸器细胞（花粉管细胞）

7.3.2　银杏纲（Ginkgopsida）

落叶乔木，有营养性长枝和生殖性短枝之分。叶扇形，先端 2 裂或波状缺刻，具分叉的脉序，在长枝上螺旋状散生，在短枝上簇生。球花单性，雌雄异株；精子具多鞭毛。种子核果状。染色体 $X=12$。

本纲现存仅 1 目 1 科 1 属 1 种，为我国特产，国内外广泛栽培。

银杏科（Ginkgoaceae）的银杏（*Ginkgo biloba* L.）（图 7.8）为落叶乔木，树干高大，枝分顶生营养性长枝和生殖性短枝；具分泌腔；髓部不明显，次生木质部发达，年轮明显。单叶扇形，先端 2 裂或波状缺刻，具二叉状分枝的叶脉，在长枝上互生，在短枝上簇生。孢子叶球单性，异株；小孢子叶球呈柔荑花序状，生于短枝顶端的鳞片腋内；小孢子叶有短柄，柄端生 1 对长形的小孢子囊；大孢子叶球通常有一长柄，柄端有 2 个环状的大孢子叶，称为珠领（collar），上面各生 1 枚直生胚珠，但通常只有 1 枚成熟。种子近球形，熟时黄色，外被白粉。种皮 3 层：外种皮厚，肉质，并含有油脂及芳香物质；中种皮白色骨质，具 2～3 纵脊；内种皮红色，纸质；胚乳肉质；胚具 2 枚子叶，有后熟现象，种子萌发时子叶不出土。

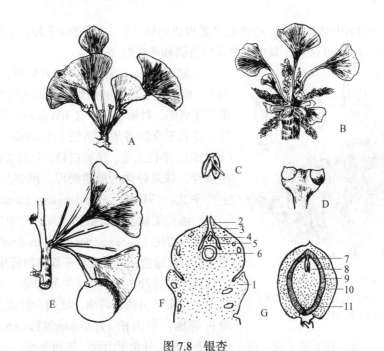

图 7.8　银杏

A. 生大孢子叶球的短枝；B. 生小孢子叶球的短枝；C. 小孢子叶；D. 大孢子叶球；
E. 长、短枝及种子；F. 胚珠和珠领纵切面；G. 种子纵切面
1. 珠领；2. 珠被；3. 珠孔；4. 花粉室；5. 珠心；6. 雌配子体；7. 胚；8. 胚乳；
9. 中种皮；10. 外种皮；11. 内种皮

7.3.3　松柏纲（Coniferopsida）

常绿或落叶乔木，稀灌木，茎多分枝，常有长短枝之分；茎的髓部小，次生木质部发达，由管胞组成，无导管，具树脂道（resin duct）。叶单生或成束，针形、钻形、刺形或鳞形，稀为条形或披针形。单性，同株或异株。小孢子叶球单生或组成花序，由多数小孢子叶组成，小孢子叶常具 2～9 个小孢子囊，精子无鞭毛；大孢子叶球由 3 至多数珠鳞组成，胚珠生于珠鳞的近轴面。大孢子叶球成熟时形成球果或种子核果状；胚具子叶 2～18 枚；胚乳丰富。

松柏纲植物的叶多为针形，故称为针叶树或针叶植物（conifer）。是现代裸子植物中数目最多、分布最广的一个类群，有 44 属 400 余种，隶属于 4 科，即松科（Pinaceae）、杉科（Taxodiaceae）、柏科（Cupressaceae）和南洋杉科（Araucariaceae）。我国有 3 科 23 属约 150 种。

7.3.3.1　松科（Pinaceae）

乔木，稀灌木，大多数常绿。叶针形或线形，针形叶常 2～5 针一束，生于极度退化的短枝上，基部包有叶鞘；条形叶在长枝上螺旋状散生，在短枝上簇生。孢子叶球单性同株；小孢子叶螺旋状排列，具 2 个小孢子囊，小孢子多数有气囊。大孢子叶球由多数螺旋状着生的珠鳞与苞鳞所组成，珠鳞的腹面生有两个倒生胚珠，苞鳞与珠鳞分离（仅基部结合）。种子通常具翅；胚具 2～16 枚子叶。染色体 $X=12$，13，22。

松科是松柏纲中种类最多，经济意义最重要的科，有 10 属 250 余种，主要分布于北半球。我国有 10 属 90 余种，其中很多是特有属和孑遗植物。

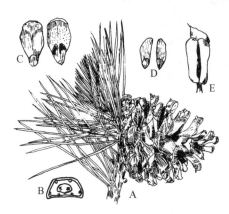

图 7.9 油松
A. 球果枝；B. 叶横切；C. 种鳞背腹面观；
D. 种子；E. 小孢子叶

松属（*Pinus*），常绿乔木。叶针形，通常 2、3、5 针一束，生于短枝的顶端，基部有叶鞘包被。球果翌年成熟，种鳞宿存。有 100 多种，我国有 20 多种，分布于全国各地。油松（*P. tabulaeformis* Carr.）（图 7.9），小枝无毛，微被白粉。针叶 2 针一束，叶鞘宿存。球果种鳞的鳞盾肥厚，鳞脐凸起具尖刺。主产华北。马尾松（*P. massoniana* Lamb.），叶 2 针一束，细长柔软。鳞脐微凹无刺。产中部及江南各省份。白皮松（*P. bungeana* Zucc. ex Endl.），幼树树皮光滑，灰绿色，老树皮呈不规则的薄片块状脱落，小枝无毛。针叶 3 针一束，叶鞘早落。为我国特有树种，分布于山西、河南、陕西、甘肃、四川及内蒙古等地。华山松（*P. armandii* Franch.），小枝无毛。针叶 5 针一束，稀 6 或 7 针一束。我国特有种，分布于山西、陕西等地。

另外，著名的植物还有银杉（*Cathaya argyrophylla* Chun et Kuang）（图 7.10），常绿乔木。特产于我国广西龙胜和四川南部，为我国的活化石植物、一级保护植物。金钱松 [*Pseudolarix amabilis*（Nelson）Rehd.]（图 7.11），落叶乔木。产于我国中部和东南部地区，叶入秋后变为金黄色，为庭院观赏树种。雪松 [*Cedrus deodara*（Roxb.）G. Don]，常绿乔木，材质坚硬，具香气，我国广泛栽培，为世界三大庭院树种之一。

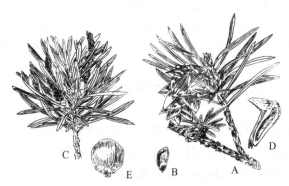

图 7.10 银杉
A. 球果枝；B. 种子；C. 小孢子叶球枝；D. 小孢子叶；E. 种鳞背腹面观

7.3.3.2 杉科（Taxodiaceae）

常绿或落叶乔木。叶条形、钻形或披针形，螺旋状排列，稀对生，叶同型或两型。孢子叶球单性同株；小孢子叶具 2～9 个小孢子囊，小孢子无气囊；珠鳞与苞鳞半合生（仅顶端分离），珠鳞腹面基部具 2～9 枚直生或倒生胚珠。球果当年成熟。种子具周翅或两侧有窄翅。染色体 $X = 11$，33。

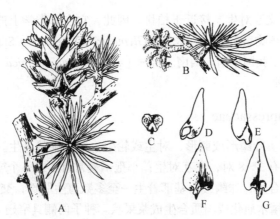

图 7.11　金钱松
A. 球果枝；B. 小孢子叶球枝；C. 小孢子叶；D, E. 种子；F, G. 种鳞背腹面

本科有 10 属 16 种，主要分布于北半球。我国有 5 属 7 种，分布于长江流域及秦岭以南各地。

杉木［*Cunninghamia lanceolata*（Lamb.）Hook.］（图 7.12），常绿乔木。叶条状披针形，螺旋状着生；叶的上、下两面都有气孔带。苞鳞大，珠鳞小，每珠鳞腹面基部着生 3 枚胚珠，苞鳞与珠鳞的下部合生，螺旋状排列。种子两侧具翅。为我国秦岭以南面积最大的人造林速生树种。水杉（*Metasequoia glyptostroboides* Hu et cheng）（图 7.13），落叶乔木。条形叶交互对生，基部扭转排成 2 列，冬季与侧生小枝一同脱落。小孢子叶球的小孢子叶和大孢子叶球的珠鳞均交互对生。能育种鳞有种子 5～9 枚。为我国特产的稀有珍贵的孑遗植物，分布于四川石柱县、湖北利川市、湖南西北部等地，现各地普遍栽

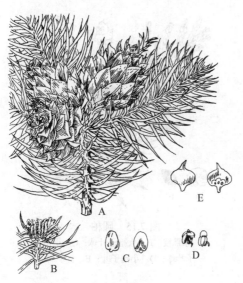

图 7.12　杉木
A. 球果枝；B. 小孢子叶球枝；C. 种子背腹面；
D. 小孢子叶；E. 苞鳞背腹面及珠鳞、胚珠

图 7.13　水杉
A. 球果枝；B. 小孢子叶球枝；C. 球果；
D. 小孢子叶球；E. 种子

培。水杉的叶和种鳞交互对生，接近于柏科。因此，它在分类学上的位置介于杉科和柏科。此外，我国杉科植物著名的还有水松［*Glyptostrobus pensilis*（Staunt.）Koch.］，为第三纪孑遗植物，分布于我国华南、西南。柳杉［*Cryptomeria japonica*（Thunb. ex L. f.）D. Don］也是我国特有种。

7.3.3.3　柏科（Cupressaceae）

常绿乔木或灌木。叶鳞形或刺形，对生或轮生，稀螺旋状着生。孢子叶球单性，同株或异株；小孢子叶有 3～8 对，交互对生；小孢子囊常有 3 或 6 个或更多，小孢子无气囊；珠鳞与苞鳞完全合生，珠鳞腹面基部着生一至多数直生胚珠，交互对生，或 3～4 片轮生。球果成熟时种鳞木质化或肉质合生成浆果状。种子两侧具窄翅。染色体 $X=11$。

本科 22 属约 150 种，分布于南北两半球。我国产 8 属 29 种，遍布全国。多为优良材用树种及庭院观赏树木。

柏科中常见的有侧柏［*Platycladus orientalis*（L.）Franco］（图 7.14），生鳞叶的小枝扁平，排成一平面。叶鳞形，交互对生。孢子叶球单性同株，单生于短枝顶端。球果当年成熟，熟时裂开，种鳞木质，扁平。我国特产，除新疆和青海外，遍布全国，为造林树种或庭院观赏树。柏木（*Cupressus funebris* Endl.），叶鳞形，或萌生枝上的叶为刺形。我国特有树种，分布于华东、中南、西南及甘肃、陕西南部。圆柏［*Juniperus chinensis*（L.）Ant.］（图 7.15），叶兼有鳞形和刺形。球果成熟时种鳞愈合，肉质浆果状。分布于我国华北、东北、西南及西北等省份，常用来装饰庭院。刺柏（*Juniperus formosana* Hayata）（图 7.16），叶全为刺形，3 叶轮生。我国特产，可供庭院栽培。

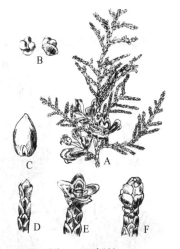

图 7.14　侧柏
A. 球果枝；B. 小孢子叶背腹面；C. 种子；
D. 鳞叶枝；E. 大孢子叶球；F. 小孢子叶球

图 7.15　圆柏
A. 球果枝；B. 大孢子叶球；C. 小孢子叶球；D. 小孢子叶；E. 种子

以上 3 科均属于松柏目，其共同特征为：大孢子叶特化为珠鳞，珠鳞生于苞鳞腋部，腹面生有胚珠，形成球果。

7.3.4 红豆杉纲（Taxopsida）

常绿乔木或灌木，多分枝。叶为条形、披针形、鳞形、钻形或退化为叶状枝。孢子叶球单性异株；胚珠生于盘状或漏斗状的珠托上，或由囊状或杯状的套被包围，但不形成球果。种子具肉质的假种皮或外种皮。

红豆杉纲含14属162种，隶属于3科，即罗汉松科（Podocarpaceae）、三尖杉科（Cephalotaxaceae）和红豆杉科（Taxaceae）。我国有3科7属33种。

罗汉松［*Podocarpus macrophyllus*（Thunb.）D. Don］（图7.17），叶条状披针形，中脉显著隆

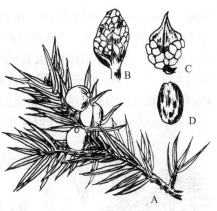

图 7.16 刺柏
A. 球果枝；B. 小孢子叶球；
C. 小孢子叶；D. 种子

起。孢子叶球单性异株；小孢子叶球穗状，小孢子叶具2个小孢子囊，小孢子具气囊；大孢子叶球单生，基部有数枚苞片，通常在最上部的苞腋内生有1枚胚珠，外包由珠鳞发育成的套被（epimatium）。种子卵圆形，成熟时紫色，颇似一秃顶的头，而其下的肉质种托膨大成紫红色，仿佛罗汉袈裟，故名罗汉松。为园林绿化和观赏树种。

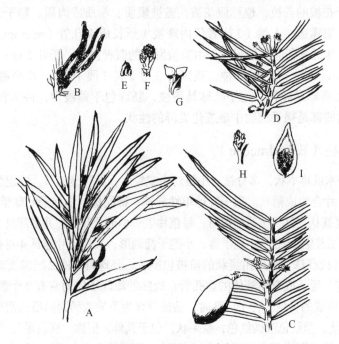

图 7.17 罗汉松和三尖杉
A，B. 罗汉松：A. 种子枝；B. 小孢子叶球。C~I. 三尖杉：C. 种子枝；D. 大孢子叶球枝；
E. 小孢子叶；F. 小孢子叶球；G. 大孢子叶球上的苞片与胚珠；H. 大孢子叶球；I. 种子纵切

三尖杉（*Cephalotaxus fortunei* Hook. f.）（图7.17），叶线状披针形，先端渐尖成长尖头，交互对生或近对生，在基部扭转排列成两列。雌雄异株；小孢子叶球聚生成头状，有明显的

总梗，长 6～8mm；小孢子叶 6～16 枚，各具 3 个小孢子囊，小孢子无气囊；大孢子叶球生于小枝基部苞片的腋部，上部苞片的腋部有两枚直立的胚珠，基部苞片发育为囊状的珠托。种子核果状，全部包于由珠托发育成的肉质假种皮中。木材富弹性，可供建筑、桥梁、家具等用木材。叶、枝、种子可提取三尖杉碱等多种植物碱，供提取抗癌药物。种子也可榨油，供制漆、肥皂、润滑油等用。常见的还有粗榧 [*C. sinensis*（Rehd. et Wils.）Li]，叶较短，先端常渐尖或微凸尖。小孢子叶球总梗长约 3mm。为我国特有树种，第三纪孑遗植物。

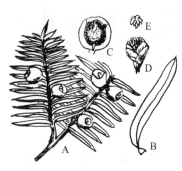

图 7.18 红豆杉
A. 种子枝；B. 叶；C. 种子纵切；
D. 小孢子叶球纵切；E. 小孢子叶

红豆杉 [*Taxus wallichiana* var. *chinensis*（Pilger）Rehd.]（图 7.18），叶条形，螺旋状排列。雌雄异株，球花单生，小孢子叶多数，具 4～8 个小孢子囊，小孢子无气囊；胚珠 1 枚，基部具盘状或漏斗状的珠托。种子核果状，包于由珠托肉质化而成的假种皮中。枝叶、根及树皮能提取紫杉醇，可治糖尿病或提制抗癌药物。

7.3.5 买麻藤纲（Gnetopsida）

买麻藤纲又称盖子植物纲（Chlamydospermopsida）。灌木、亚灌木或木质藤本，稀乔木。茎次生木质部有导管，无树脂道。叶对生或轮生，鳞片状或阔叶。孢子叶球单性，有类似于花被的盖被，也称假花被，盖被膜质、革质或肉质。精子无鞭毛；胚珠 1 枚，具 1 层或 2 层珠被，上端（2 层者仅内珠被）延长成珠孔管（micropylar tube）。除麻黄目外，雌配子体无颈卵器。种子包于由盖被发育的假种皮中；子叶 2 枚；胚乳丰富。

本纲共有 3 目 3 科 3 属约 80 种。我国有 2 目 2 科 2 属 19 种，几乎遍布全国。本纲植物茎内次生木质部具导管，孢子叶球具盖被，胚珠包于盖被内，许多种类有多核胚囊而无颈卵器，这些都是裸子植物中最进化类群的性状。

7.3.5.1 麻黄科（Ephedraceae）

灌木、亚灌木或草本状，多分枝。小枝对生或轮生，具明显的节。叶退化成鳞片状，对生或轮生，2～3 片合生成鞘状。孢子叶球单性异株，稀同株；小孢子叶球单生或数个丛生，或 3～5 个组成复穗状，具膜质苞片数对；每苞片生一小孢子叶球，其基部具 2 片膜质盖被和一细长的柄，柄端着生 2～8 个小孢子囊，小孢子椭圆形；大孢子叶球具 4 对苞片，仅顶端的 1 对苞片内生有 1 枚胚珠，胚珠由囊状的盖被包围着，胚珠具 1 或 2 层膜质珠被，珠被上部（2 层者仅内珠被）延长成充满液体的珠孔管；成熟的雌配子体通常有 2 个颈卵器，具有 32 个或更多的细胞构成的长颈。种子成熟时，盖被发育为革质或稀为肉质的假种皮；基部 1 对苞片，常变为肉质，呈红色或橘红色，浆果状，包于其外，俗称"麻黄果"。染色体 $X=7$。

麻黄科仅 1 属，即麻黄属（*Ephedra*），约 40 种，分布于亚洲、美洲、欧洲东部及非洲北部干旱山地和荒漠中。我国有 12 种 4 变种，分布较广，以西北及云南、四川、内蒙古等地种类最多。常见的有草麻黄（*E. sinica* Stapf）（图 7.19）和木贼麻黄（*E. equisetina* Bunge）。两者的主要区别在于前者无直立的木质茎，草本状，具 2 枚种子；后者具直立的木质茎，灌木状，常具 1 枚种子。麻黄属中的多数种类含有生物碱，主产于西北各地，为重要的药用植物，可提取麻黄素，入药有发汗、平喘、利尿的功效。

7.3.5.2　买麻藤科（Gnetaceae）

　　大多数是常绿木质藤本，极少数是灌木或乔木。茎节明显，呈膨大关节状。单叶对生，叶片革质或近革质，椭圆形，具柄，极似双子叶植物。单性异株，稀同株。小孢子叶球序单生或数个组成顶生或腋生的聚伞花序状，各轮总苞内有多数小孢子叶球，排成2～4轮，小孢子叶球具管状盖被；每个小孢子叶具1个、2个或4个小孢子囊，小孢子圆形；大孢子叶球伸展呈穗状，具多轮合生环状总苞，总苞由多数轮生苞片愈合而成；大孢子叶球序每轮总苞内有4～12个大孢子叶球，大孢子叶球具囊状的盖被，紧包于胚珠之外；胚珠具2层珠被，由内珠被顶端延长成珠孔管，自盖被顶端开口处伸出，外珠被分化成肉质外层和骨质内层；颈卵器消失。盖被发育成假种皮，种子核果状，包于红色或橘红色的肉质假种皮中。染色体 $X=11$。

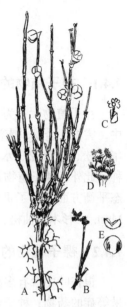

图 7.19　草麻黄
A. 具大孢子叶球的植株；
B. 小孢子叶球枝；C. 小孢子叶球；D. 复合的小孢子叶球；E. 种子及苞片

　　买麻藤科仅1属，即买麻藤属（*Gnetum*）（图 7.20），约 30 种，分布于亚洲、非洲及南美洲的热带和亚热带地区。我国有 7 种。常见的有买麻藤（*G. montanum* Markgr.）。木质藤本。叶革质或近革质。成熟的种子常具明显的柄。分布于云南南部、广西、广东等地。茎皮含韧性纤维，可织麻袋、渔网等；种子可炒食和榨油或酿酒。

　　此外。本纲还有百岁兰科（Welwitschiaceae），其植物体形态非常奇特，不同于其他裸子植物。仅百岁兰（*Welwitschia*）1属，百岁兰（*Welwitschia mirabilis*）1种（图 7.21），分布于非洲西南部，靠近海岸的沙漠地带。

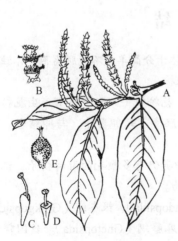

图 7.20　买麻藤属
A. 小孢子叶球序枝；B. 小孢子叶球序部分放大；C, D. 小孢子叶；E. 大孢子叶

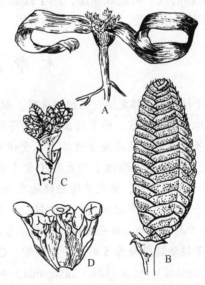

图 7.21　百岁兰大小孢子叶球
A. 百岁兰外形；B. 大孢子叶球序；C. 小孢子叶球序；D. 小孢子叶球，示轮生小孢子叶和不完全发育的胚珠

7.4 裸子植物的经济价值

7.4.1 裸子植物的观赏和庭院绿化价值

裸子植物大多为常绿树木，树形优美，寿命长，是重要的观赏和庭院绿化树种。其中，雪松、金松、南洋杉被誉为世界三大庭院树种。另外，苏铁、银杏、油松、白皮松、华山松、金钱松、水杉、侧柏、圆柏、罗汉松等，因其树姿优美，常作为庭院观赏树种。此外，裸子植物是温带和寒温带森林中的主要组成成分，在水土保持和维护森林生态平衡方面发挥了重要的作用，冷杉［*Abies fabri*（Mast）Craib］、云杉（*Picea asperata* Mast.）、杉木、油松、马尾松等已成为重要的人工造林树种。

7.4.2 裸子植物的食用和药用价值

银杏叶中含有多种活性物质，其提取物可以生产治疗心脑血管疾病和抗衰老、抗痴呆等症的药物；种子含油和淀粉，微毒，可供食用和药用。三尖杉叶、枝、种子可提取三尖杉碱等多种植物碱，供提制抗癌药物。红豆杉枝叶、根及树皮能提取紫杉醇，可治糖尿病或提制抗癌药物。华山松、榧树（*Torreya grandis* Fort. ex Lindl.）及买麻藤等的种子，都可炒熟食用。苏铁的种子除食用（微毒）外，还可药用；麻黄属植物全株均可入药。

7.4.3 裸子植物工业上的应用

裸子植物的木材可作为建筑、家具、器具、舟车、矿柱及木纤维等的工业原料。多数松杉类植物的枝干可割取树脂，用于提炼松节油等副产品，树皮可提制栲胶。三尖杉种子也可榨油，供制漆、肥皂、润滑油等用。

本 章 总 结

1. 裸子植物孢子体发达，占绝对优势，配子体十分简单而不能脱离孢子体独立生活。

2. 胚珠或种子裸露，种子的出现使胚得到保护。

3. 孢子叶大多聚生成孢子叶球。在受精时，花粉粒（雄配子体）产生花粉管，可将精子送到大孢子叶球（雌性）的大孢子囊（成熟胚囊）颈卵器中，与卵结合。因而，受精过程脱离了水的限制，使之更适应陆地生活。

4. 裸子植物中大多数种类有颈卵器，少数种类仍有多鞭毛的游动精子，证明裸子植物是一群介于蕨类植物与被子植物之间的维管植物。

5. 裸子植物通常分为 5 纲，即苏铁纲（Cycadopsida）、银杏纲（Ginkgopsida）、松柏纲（Coniferopsida）、红豆杉纲（Taxopsida）和买麻藤纲（Gnetopsida）。我国裸子植物种类最多，有 5 纲 8 目 11 科 41 属 236 种。其中有不少是第三纪的孑遗植物，或称"活化石"植物。

思考与探索

1. 与苔藓植物和蕨类植物相比，裸子植物有哪些进步的特征能适应陆生生活？三者间最主要的区别在什么地方？

2. 为什么说买麻藤纲是裸子植物中最进化的类群？

3. 试以松属为例，简述松柏纲植物的生活史。

4. 裸子植物的种子在结构和来源上与被子植物的种子有什么主要异同？

5. 银杏、水杉均为我国特产，它们的发现在生物学上有什么重要意义？

6. 观察校园裸子植物的球花及球果的形成过程，比较分析不同种类裸子植物生殖周期的差异。

8 被子植物的形态结构和发育

8.1 被子植物的主要特征

被子植物（Angiospermae）具有真正的花，称为有花植物（flowering plants）。被子植物的花由花被（花萼、花冠）、雄蕊群和雌蕊群等部分组成。花被的出现，一方面加强了保护作用，另一方面增强了传粉效率，以达到吸引传粉昆虫实现异花传粉的目的。雄蕊由花丝和花药两部分组成。雌蕊由子房、花柱、柱头三部分组成，组成雌蕊的单位称为心皮。原始的类群，雌蕊由单心皮组成，在木兰科的一些种类，花柱和柱头的分化并不明显，心皮腹缝线愈合的上部形成柱头面，但绝大多数被子植物的心皮已经完全闭合，胚珠包裹在子房内。和裸子植物套被、盖被不同的是，被子植物雌蕊形成了子房、花柱、柱头。买麻藤纲的珠被管是由外珠被延伸而成的，是胚珠的一部分，而花柱、柱头是由心皮组成的雌蕊的一部分，来源是不同的。被子植物的花粉粒是在柱头上萌发的，而裸子植物的花粉粒是在胚珠上萌发的。

被子植物具有果实。被子植物开花后，经传粉受精，胚珠发育成种子，子房也跟着长大，发育成果实，有时花萼、花托甚至花序轴也一起发育成果实。只有被子植物才具有真正的果实。果实出现具有双重意义：在种子成熟前起保护作用；种子成熟后，则以各种方式帮助种子散布，或是对种子继续加以保护。

被子植物具有特殊的双受精作用。双受精作用的结果，最显著的是产生了经过受精的三倍体的胚乳，而裸子植物的胚乳是完全不同的，其是单倍体的未经受精的雌配子体。被子植物的胚是在新型的胚乳供给营养的条件下萌发的，这无疑对增强新植物体生命力和适应环境的能力都具有重要意义。双受精作用是在被子植物中才出现的，买麻藤纲植物的两个精子均与雌核结合，并不是双受精。最重要的是，被子植物的胚乳只有受精后才能发育形成，符合经济原则，和裸子植物预先由大孢子经过大量游离核分裂形成的胚乳形成鲜明的对照，所以裸子植物中发现无胚的"种子"实际上是胚珠未经受精的结果。被子植物的双受精是推动其种类繁衍，并最终取代裸子植物的真正原因。

被子植物孢子体高度发展和分化。在形态结构上，被子植物组织分化细致，生理机能效率高。组织分工细，如输导组织的木质部中，一般都具有导管、薄壁组织和纤维，导管和纤维都是由管胞发展和分化而来，这种机能上的分工促进了专司导水的导管和专司支持作用的纤维等的产生。在裸子植物中，管胞兼具水分输导与支持的功能。被子植物韧皮部有筛管和伴胞，输导组织的完善使体内物质运输效率大大提高。被子植物可以支持和适应总面积更大的叶，增强了光合作用的能力，并在这个基础上产生大量的花、果实、种子来繁荣它们的种族。被子植物的体态与裸子植物相比具有很明显的多样性。木本植物，包括乔木、灌木、藤本是多年生的，有常绿，也有落叶的；草本植物有一年生或二年生的，也有多年生的。体形小的如无根萍（*Wolffia arrhiza*），植物体无根也无叶，呈卵球形，长仅1~2mm，是世界上最小的被子植物，但它的体内仍然具有维管束，而且能够开花、结果，形成种子；体形大的如杏仁桉（*Eucalyptus amygdalina*），高达150余米。被子植物适应性强，可以生活于各种不同的环境中。它们主要是陆生的，但在平原、高山、沙漠、盐碱地等都可以生长，也有不少种类是水生的，常见的如金鱼藻属（*Ceratophyllum*），广泛分布在湖泊、池塘、河流和沟渠中，是再度适应水生生活的种类，少数种类生活在海中，如大叶藻（*Zostera marina*），在其他维管植物中还没有发现海产的。

被子植物配子体进一步简化。在种子植物这条发展路线中，其配子体伴随着孢子体的不断发展和分化而趋向于简化。大部分被子植物在花粉粒散布时处于2细胞阶段，即含1个花粉管细胞和1个生殖细胞，花粉粒在柱头上萌发，生殖细胞便在花粉管中分裂形成2个精子，这在多心皮类群如木兰目、毛茛目中较为普遍。而一部分被子植物，在花粉粒散布前，生殖细胞已经发生了分裂，形成了2个精子，花粉粒散布时含有3个细胞。2细胞型花粉粒被认为是属于被子植物的原始类型，而3细胞型花粉粒被认为是衍生类型。雌配子体发育成熟时，通常只有8个细胞，即1个卵、2个助细胞、2个极核和3个反足细胞，颈卵器不再出现，雌雄配子体结构上的简化是适应寄生生活的结果，丝毫未降低其生殖的机能，反而可以合理地分配养料，是进化的结果。

在营养方式方面，被子植物主要是自养的。但是也有行其他营养方式的，寄生是常见的，如菟丝子属（*Cuscuta*）和列当属（*Orobanche*）；或半寄生的，如桑寄生属（*Loranthus*）和槲寄生属（*Viscum*）等。捕虫植物除了有正常的光合作用外，还利用特化的结构捕捉各种小昆虫而进行消化、吸收有机质作为它们补充的养料，如猪笼草属（*Nepenthes*）、茅膏菜属（*Drosera*）等；有的被子植物是腐生的，如列当（*Orobanche coerulescens*）等。还有的被子植物与细菌或真菌形成共生关系，如豆科和兰科植物等。

传粉方式的多样化，是促成被子植物具有繁复种系的其中一个重要原因。和裸子植物主要由风媒传粉不同，被子植物具有多种传粉方式，包括风媒、虫媒、鸟媒、兽媒和水媒等。为了吸引动物传粉者，被子植物发展出了艳丽的花朵、强烈的气味（芬芳的或者是不愉快的）、蜜腺、花盘等，动物在花间寻找和获取花蜜（一种糖溶液）时，会无意间将沾到体上的花粉从一朵花带到另一朵花的柱头上，帮助了植物的繁殖。动物传粉者与植物之间，在它们传粉的时候演化出许多专性的伙伴关系，如无花果属（*Ficus*）的隐头花序，其中有不育的雌花——瘿花，花柱短，柱头略呈喇叭状，瘿蜂由隐头花序的口部通过总苞进入内部，寻找瘿花产卵，这样便把位于上部的雄花花粉带到位于底部的雌花，或带到其花序上，做了传粉使者。风媒传粉的花，多数小而不起眼，产生大量的花粉，包括许多单子叶植物，如禾本科、莎草科等，以及双子叶植物，如具柔荑花序的类群。水媒传粉，如苦草属（*Vallisneria*）和黑藻草属（*Hydrilla*）可能存在，但也只是半水媒、半风媒的，它们的雌花有长花柄，伸出水面开花；雄花则生于水底，成熟时脱离母体升至水面，花被仍不张开，使雄花浮在水面，随水流动或被风吹动，接触到雌花，即行传粉。

被子植物具有上述特征，表明它比其他各类群的植物所拥有的器官和功能要更加完善，代表了植物界最高的演化水平，它的内部结构与外部形态高度地适应地球上极悬殊的气候环境，因而至中生代的中期，被子植物便逐步地取得成功，无论在种数和构成植被的重要性方面，都超过了裸子植物和蕨类植物，在植物界树立了无与伦比的地位。

8.2　根

在大多数维管植物中，根（root）构成了植物体的地下部分，根是植物适应陆地生活而在进化过程中逐渐形成的器官。根最基本的作用是固着和支持植物体，并从环境中吸收水分和营养。

根通常具有发达的薄壁组织，植物体地上部分光合作用的产物可以通过韧皮部运送到根的薄壁组织中贮藏起来，因此大多数植物的根是重要的贮藏器官，根中的贮藏物质除了满足根的生长发育外，大多水解后经韧皮部向上运输，供地上部分生长发育所需；此外，根还有合成物质的功能，一些重要植物激素，如赤霉素和细胞分裂素，以及一些植物碱和多种氨基酸都是在根中合成的，这些物质可运至植物体正在生长的部位，或用来合成蛋白质，作为形成新细胞的材料，或调节植物的生长发育。

种子植物的种子萌发时，胚根最先突破种皮，并向下生长，这种由胚根生长出来的根是植物个体发育中最早出现的根，称为主根（main root）。在裸子植物和双子叶植物中，主根向下垂直生长达到一定长度时，就会从内部侧向地生出许多分枝，这些分枝叫作侧根或一级侧根，侧根生长与主根成一定角度；当侧根生长至一定长度时又可产生出新的侧根，即二级侧根；侧根不断发育可以形成多级侧根，这种由主根和各级侧根构成的庞大根系，称为直根系（tap root system）（图 8.1A）。除主根和侧根外，还有一类由茎、叶或老根上长出的根，叫作不定根（adventitious root）。有些植物（多数单子叶植物等）的主根通常是短命的，其根系主要由从胚轴和茎下部节上生出的不定根及其侧根组成，这种根系称为须根系（fibrous root system）（图 8.1B）。

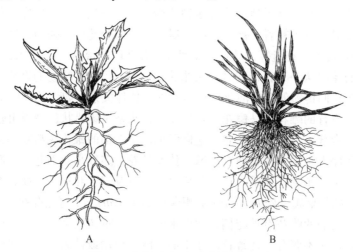

图 8.1　直根系（A）和须根系（B）

根系在土壤中分布的深度和广度，因植物种类、生长发育状况、土壤条件和人为影响等因素而不同。依据根在土壤中的分布状况，通常把根系分为深根系和浅根系，直根系多为深根系，其主根发达，根系深入土层，可达 3～5m，甚至 10m 以上；须根系则多为浅根系，通常浅根系的侧根和不定根较发达，并主要分布在土壤表层，如大麻（*Cannabis sativa*）在沙质土壤中发展成直根系，在细质土壤中则形成须根系；扁蓄（*Polygonum aviculare*）在小溪边形成直根系，而生长在干旱的山路旁则形成须根系。一般直根系由于主根长，可以向下生长到较深的土层中，形成深根系，能够吸收到土壤深层的水分，而须根系由于主根短，侧根和不定根向周围发展，形成浅根系，可以迅速吸收地表和土壤浅层的水分。直根系并不都是深根系，须根系也并不都是浅根系。由于环境条件的改变，直根系可以分布在土壤浅层，须根系也可以深入土壤深处，如小麦（*Triticum aestivum*）的须根系在雨量多的情况下，根入土较深，雨量少的情况下，根主要分布在表层土壤中；松树（*Pinus*）的直根系在水分适中、营养比较丰富的土壤中，主根适当向下生长，侧根向四周扩展形成了浅根系。

　　植物生长时，地上部分与地下部分，或者说根系的吸收表面积与地上部光合作用总面积之间维系着一定的平衡关系。在幼小的植物中，根系的吸收表面积总是远远大于地上部光合作用总面积。然而，随着植物体的生长，这种关系逐渐改变，光合作用总面积不断增加。因此，在农林生产及园艺生产中，我们应当注意生产措施对这种平衡关系的影响，并适时做出调整。例如，进行植物移栽时，由于大量的吸收根被切断，植物体地上部分与地下部分的平衡关系被破坏，因此适当剪掉一些枝叶有利于移栽植物的成活。

8.2.1　根的初生生长和初生结构

8.2.1.1　根尖及其分区

　　根尖（root tip）是指从根的顶端到着生根毛的部分。不论是主根、侧根还是不定根都具有根尖，根尖是根伸长生长、分枝和吸收活动的最重要部分，因此根尖的损伤会影响到根的继续生长和吸收作用的进行。根尖从顶端到着生根毛的区域被分为 4 个部分：根冠（root cap）、分生区（meristematic zone）、伸长区（elongation zone）和成熟区（maturation zone），各区的细胞形态结构不同，从分生区到成熟区逐渐分化成熟，除根冠外，各区之间并无严格的界（图 8.2）。

　　（1）根冠　　位于根尖的最前端，像帽子一样套在分生区外面，保护其内幼嫩的分生组织细胞，不至于暴露在土壤中。根冠由许多薄壁细胞构成，外层细胞排列疏松，细胞壁常黏液化，在根冠表面形成一层黏液鞘。这样的黏液化可以从根冠一直延伸到根毛区，黏液由根冠外层细胞分泌，可以保护根尖免受土壤颗粒的磨损，有利于根尖在土壤中生长。黏液能溶解和整合某些矿物

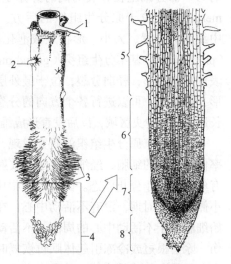

图 8.2　根尖的形态与结构
1, 2. 侧根；3. 根毛；4. 根尖；5. 成熟区；
6. 伸长区；7. 分生区；8. 根冠

质，有利于根细胞的吸收。电子显微镜及其放射自显影研究表明这些黏液是高度水合的多糖物质和一些氨基酸，多糖物质可能是果胶，它们由根冠外层细胞合成，并贮藏于小泡中，后者与质膜融合后，被释放到细胞壁中，最终通过细胞壁形成根冠表层的黏液鞘。它们可以促使周围细菌迅速生长，这些微生物的代谢有助于土壤基质中营养物质的释放。随着根尖的生长，根冠外层的薄壁细胞与土壤颗粒摩擦，不断脱落，死亡，由其内的分生组织细胞不断分裂，补充到根冠，使根冠保持一定的厚度。

　　根冠可以感受重力，参与控制根的向地性反应。将正常向下生长的根水平放置，根尖在伸长区弯曲后继续向下生长，若将根冠切除，根的生长没有停止，但不再向下生长，直到长出新的根冠。研究表明，根冠中央细胞中的淀粉粒，可能起到"平衡石"的作用，在自然情况下，根垂直向下生长，"平衡石"向下沉积在细胞的下部，水平放置后根冠中"平衡石"受重力影响改变了在细胞中的位置，向下沉积，这种刺激引起了生长的变化，根尖细胞的一侧生长较快，使根尖发生了弯曲，从而保证了根正常地向地性生长。除淀粉粒外，有些细胞器，如线粒体、高尔基体、内质网也可能与根的向地性反应有关。

　　（2）分生区　　分生区也称为生长锥（growing tip），位于根冠之后，全部由顶端分生组织细胞构成，分裂能力强，在植物的一生中，分生区的细胞始终保持分裂的能力，经分裂产生的细胞一部分补充到根冠，以补充根冠中损伤脱落的细胞；大部分进入根后方的伸长区，是产生和分化成根各部结构的基础；同时，仍有一部分分生细胞保持原分生区的体积和功能。

　　根的分生区由原分生组织和初生分生组织两部分组成。原分生组织位于最前端，由原始细胞组成，细胞排列紧密，无胞间隙，细胞小，壁薄，核大，细胞质浓厚，液泡化程度低，是一群近等径的细胞，分化程度低，具有很强的分裂能力。原分生组织分裂所衍生的细胞有一部分继续分裂不发生分化，使原分生组织自我永续。原分生组织衍生的另一部分细胞在分裂的同时开始了细胞的初步分化，发展为初生分生组织（primary meristem），位于原分生组织的后方。初生分生组织细胞分裂的能力仍很强。根据其中细胞的位置、大小、形状及液泡化程度的不同，将根的初生分生组织划分为原表皮（protoderm）、基本分生组织（gound meristem）和原形成层（procambium）三个部分，原表皮细胞砖形，径向分裂，位于最外层，以后发育形成表皮；基本分生组织细胞多面体形，细胞大，可以进行各个方向的分裂，以后形成皮层；原形成层细胞小，有些细胞为长形，位于中央区域，以后发育形成维管柱。

　　许多关于原分生组织的研究发现，在根尖分生区的最远端有一团细胞有丝分裂的频率低于周围的细胞，经细胞化学与放射自显影等技术研究发现这些细胞少有 DNA 合成，有丝分裂处于停止状态。因此认为根中具有不活动中心（quiescent centre）。在胚根和幼小侧根原基时期，没有不活动中心；在较老根中，出现不活动中心，有丝分裂活跃的原始细胞位于不活动中心的周围。不活动中心的细胞并非完全丧失细胞分裂能力，当根损伤、除去根冠或冷冻引起休眠再恢复时，又能重新使进行分裂。大量研究表明，不活动中心是不断变动的，可以随发育进程出现、增大、变小，是一群不断更新的细胞群，同时还是激素合成的地方。

　　（3）伸长区　　伸长区位于分生区的后方，细胞来源于分生区，细胞多已停止分裂，突出的特点是细胞显著伸长，液泡化程度加强，体积增大并开始分化；细胞伸长的幅度可为原有细胞的数十倍。最早的筛管和环纹导管，往往在伸长区开始出现，是从初生分生组织向成熟区初生结构的过渡。根尖的伸长主要是由于伸长区细胞的延伸，使得根尖不断向土壤深处推进。

（4）成熟区　　成熟区由伸长区细胞分化形成，位于伸长区的后方，该区的各部分细胞停止伸长，分化出各种成熟组织。表皮通常有根毛产生，因此又称为根毛区（root hair zone）。根毛是由表皮细胞外侧壁形成的半球形突起，以后突起伸长成管状，细胞核和部分细胞质移到了管状根毛的末端，细胞质沿壁分布，中央为一大的液泡。根毛的细胞壁物质主要是纤维素和果胶质，壁中黏性的物质与吸收功能相适应，使根毛在穿越土壤空隙时，和土壤颗粒紧密地结合在一起。根毛的生长速度快，数目多，每平方毫米可达数百根，如玉米（*Zea mays*）约为 425 根，苹果（*Malus pumila*）约为 300 根，根毛的存在扩大了根的吸收表面。根毛的寿命很短，一般 10～20d 死亡，表皮细胞也随之死亡。根的发育由先端逐渐向后成熟，靠近伸长区的根毛是新生的，随着根毛区的延伸，根在土壤中推进，老的根毛死亡，靠近伸长区的细胞不断分化出新根毛，以代替枯死的根毛行使功能，随根尖的生长，根毛区不断进入土壤中新的区域，使根毛区能够更换环境，有利于根的吸收。

8.2.1.2　根的初生结构

在根尖的成熟区已分化形成各种成熟组织，这些成熟组织是由顶端分生组织细胞分裂产生的细胞经生长分化形成的结构，称为根的初生结构（primary structure），这种由顶端分生组织的活动所进行的生长称为初生生长（primary growth）。从根尖的根毛区做横切面，可观察根的初生结构。由外至内可分为表皮（epidermis）、皮层（cortex）和维管柱（vascular cylinder）（图 8.3）。

（1）表皮　　表皮是根最外面的一层细胞，来源于初生分生组织的原表皮，从横切面上观察，细胞为长方形，排列整齐紧密，无胞间隙，外切向壁上具薄的角质膜，有些表皮细胞特化形成根毛。

在热带某些附生的兰科植物的气生根上可以看到由几层细胞构成的根被，即复表皮。根被是由表皮原始细胞衍生的，为一种保护组织，可以减少气生根水分的丧失。

（2）皮层　　皮层位于表皮之内维管柱之外，由多层薄壁细胞构成，来源于初生分生组织的基本分生组织，细胞体积较大并且高度液泡化，细胞排列疏松，具明显的胞间隙。皮层细胞贮藏有淀粉粒和其他物质，但明显缺乏叶绿体。表皮之内有一到几层细胞，排列紧密，没有胞间隙，叫作外皮层（exodermis）。当根毛细胞死亡后，表皮细胞随之被破坏，外皮层细胞的壁增厚并栓质化，形成保护组织代替表皮起保护作用。皮层的最内一层细胞排列整齐而紧密，无胞间隙，称为内皮层（endodermis）（图 8.3），内皮层细胞的上、下壁和径向壁上，常有木质化和栓质化的加厚，呈带状环绕细胞一周，称凯氏带（Casparian strip）（图 8.3C）。电子显微镜下观察，在凯氏带处内皮层细胞质膜较厚，并紧紧地与凯氏带连在一起，即使在质壁分离时两者也结合紧密不分离（图 8.4）。凯氏带不透水，并与质膜紧密结合在一起，阻止了水分和矿物质通过内皮层的壁进入内部，水及

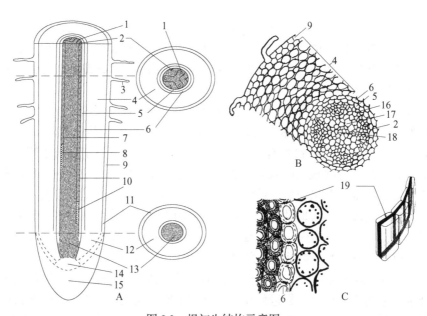

图 8.3　根初生结构示意图

A. 根纵切面；B. 根横切面；C. 内皮层结构

1. 初生木质部；2. 初生韧皮部；3. 根毛；4. 皮层；5. 中柱鞘；6. 内皮层；7. 成熟木质部分子；8. 未成熟木质部
分子；9. 表皮；10. 筛分子；11. 原表皮；12. 基本分生组织；13. 原形成层；14. 顶端分生组织；15. 根冠；16. 原
生木质部；17. 后生木质部；18. 尚未发育成熟的后生木质部；19. 凯氏带

溶解在其中的物质只能通过内皮层细胞的原生质体进入维管柱。内皮层质膜的选择透性
使根对所吸收的矿物质有一定的选择。

一般具有次生生长的双子叶植物、裸子植物的内皮层常停留在凯氏带状态，细胞
壁不再继续增厚；而大多数的单子叶植物和部分的双子叶植物，其内皮层细胞壁在发育
的早期为凯氏带形式，以后进一步发育形成五面加厚的细胞，即内皮层细胞的上、下
径向壁和内切向壁全面加厚，在横切面上内皮层细胞壁呈马蹄形，如玉米、鸢尾（*Iris
tectorum*）等单子叶植物的根，在细胞壁增厚的内皮层细胞中留有薄壁的通道细胞
（passage cell），以此控制物质的转运。

（3）维管柱　　维管柱也称为中柱，来源于初生分生组织的原形成层，位于根的中
央部分，由中柱鞘和维管组织（木质部和韧皮部）构成。中柱鞘（pericycle）是维管柱最
外一层薄壁细胞，紧接内皮层细胞之下，其细胞排列整齐，分化程度较低，具有潜在的
分裂能力，通过分裂可以形成侧根、不定根、不定芽，也可能用于增加中柱鞘细胞数量，
此外，与原生木质部相对的中柱鞘细胞还参与形成层和木栓形成层的发生。

根的初生维管组织包括初生木质部（primary xylem）和初生韧皮部（primary
phloem）。维管柱的中央部分为初生木质部，呈星芒状，脊状突起一直延伸到中柱鞘。
细胞组成主要为导管和管胞，少有木纤维和木薄壁细胞。一般在初生木质部外侧的管
状分子孔径小，多为环纹和螺纹导管，而中央部分孔径大，多为梯纹、网纹和孔纹导
管。外侧孔径小的管状分子在木质部分化发育过程中首先发育成熟，称原生木质部
（protoxylem）；而中央部分孔径大的管状分子后发育，被称为后生木质部（metaxylem）。

这种初生木质部分子由外向内渐次成熟的发育方式为外始式（exarch）。初生木质部的这种结构和发育方式与根的吸收和输导功能相一致，在发育的早期，原生木质部细胞分化成熟，根仍在生长，环纹和螺纹导管可以随之拉伸以适应生长的需要，此时根毛细胞数目比较少，吸收的物质也少，导管孔径小也能满足其输导的要求，位于外侧的原生木质部可以使吸收的物质立即到达导管，从而加速了向地上部分的物质运输。随着根的进一步生长发育，伸长生长停止，根毛发育充分，大量吸收水分和无机盐，后生木质部的粗大导管满足根的输导要求。

　　在根的横切面上，初生木质部表现出不同的辐射棱角，称木质部脊，脊的数目决定原型，依照脊的数目将根分为二原型（diarch）、三原型（triarch）、四原型（tetrarch）、五原型（pentarch）、六原型（hexarch）和多原型（polyarch）。在不同植物中，木质部脊的数目是相对稳定的，如萝卜（*Raphanus sativus*）、烟草（*Nicotiana tabacum*）和油菜（*Brassica campestris*）等为二原型木质部；豌豆（*Pisum sativum*）及紫云英（*Astragalus sinicus*）等为三原型木质部；棉花（*Gossypium*）与向日葵（*Helianthus annuus*）等为四原型或五原型木质部；蚕豆（*Vicia faba*）的木质部脊数为4～6个，一般双子叶植物根的木质部脊的数目比较

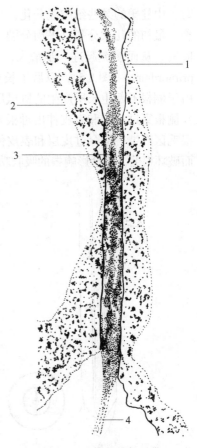

图8.4　电镜下的凯氏带
1. 质膜；2. 液泡；3. 凯氏带；4. 细胞壁

少，而单子叶植物根中木质部脊数都在6个或6个以上，故为多原型。脊数的多少可能和体内生长素的高低有关。

　　初生韧皮部位于木质部两脊之间，与初生木质部相间排列，因此其数目与木质部脊数相同，主要由筛管与伴胞组成，也有少数韧皮薄壁细胞，有些植物中还含有韧皮纤维。初生韧皮部的发育方式与初生木质部一样，也是由外向内渐次成熟，为外始式发育，原生韧皮部在外，后生韧皮部在内，但原生韧皮部与后生韧皮部区别不明显。初生木质部与初生韧皮部之间有一到几层细胞，在双子叶植物和裸子植物中，是原形成层保留的细胞，将来成为形成层的组成部分；而在单子叶植物中两者之间为薄壁细胞。

　　根的中央部分往往由后生木质部所占据，一般无髓，但在大多数单子叶植物和少数双子植物的维管柱中央部分不分化形成木质部，而是以薄壁细胞或厚壁细胞构成其中心部分，称为髓，如蚕豆、落花生（*Arachis hypogaea*）、玉米等为具髓的根。

8.2.1.3　侧根的发生

　　种子植物的侧根，起源于中柱鞘，内皮层可以不同程度地参与侧根的形成。这种起源发生在皮层以内的中柱鞘，故称为内起源（origin endogenous）。当侧根开始发生

时，中柱鞘的某些细胞脱分化，细胞质变浓厚，液泡化程度减小，恢复分裂能力开始分裂；最初的几次分裂是平周分裂，使细胞的层数增加并向外突起，以后的分裂是各个方向的，从而使突起进一步增大，形成了根冠和根的生长点，形成侧根原基（lateral root primordium）（图8.5），以后生长点的细胞进行分裂、生长和分化，侧根不断向前推进，由于侧根不断生长所产生的机械压力和根冠分泌的物质可以使皮层和表皮细胞溶解，这样侧根穿过皮层和表皮伸出母根外，进入土壤，其维管组织与母根相连接。侧根原基在根毛区产生，但穿过皮层和表皮伸出母根外是在根毛区后方，这样不会由于侧根的形成而破坏根毛，不会影响根的吸收功能。

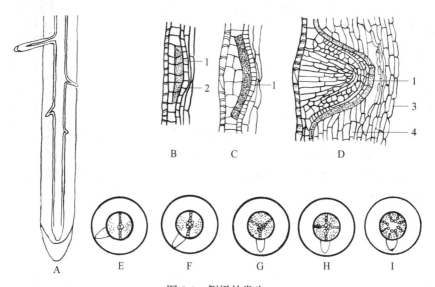

图8.5 侧根的发生

A. 发生的位置。B～D. 侧根发育的三个阶段：B. 中柱鞘细胞转变为分生细胞；
C. 分生细胞进行平周分裂；D. 侧根发生后期。E～I. 侧根发生的位置与根原型的关系：
E，F. 二原型；G. 三原型；H. 四原型；I. 多原型
1. 内皮层；2. 中柱鞘；3. 表皮；4. 皮层

侧根在母根中发生的位置，在同一种植物中往往是稳定的，这与中柱鞘细胞有一定的关系，并不是所有中柱鞘细胞都能产生侧根，在二原型根中，侧根由韧皮部与木质部之间的中柱鞘细胞产生，在三原型和四原型根中，侧根的发生在木质部脊对着的中柱鞘细胞，而在多原型根中侧根的发生正对着韧皮部的中柱鞘细胞。

8.2.2 根的次生生长与次生结构

极少数一年生双子叶植物和大多数单子叶植物的根，通过初生生长完成了它们的一生，但是，绝大多数双子叶植物和裸子植物的根，却要经过次生生长（secondary growth），形成次生结构（secondary structure）。根的次生生长是根的次生分生组织活动的结果，次生分生组织一般分为两类：维管形成层和木栓形成层。形成层的细胞保持旺盛的分裂能力，细胞分裂、生长和分化，维管形成层产生次生维管组织，木栓形成层形成周皮，结果使根加粗。

8.2.2.1　维管形成层的产生与活动

根维管形成层的产生首先是在根的初生木质部和初生韧皮部（图 8.6A 和 B）之间保留的原形成层的细胞恢复分裂能力，进行平周分裂，因此最初的维管形成层呈条状，其条数与根的类型有关，几原型的根即几条，如在二原型根中为两条，在四原型根中为 4 条（图 8.6C）。由木质部的凹陷处向两侧发展，到达中柱鞘，这时位于木质部脊的中柱鞘细胞脱分化，恢复分裂的能力，参与形成层的形成，使条状的维管形成层片段相互连接成一圈，完全包围了中央的木质部，这就是形成层环（cambium ring）。最初的形成层环形状与初生木质部相似，以后由于位于韧皮部内侧的维管形成层部分形成较早，分裂快，所产生的次生组织数量较多，把凹陷处的形成层环向外推移，使整个形成层环成为一个圆环（图 8.6D）。以后形成层的分裂活动等速进行。

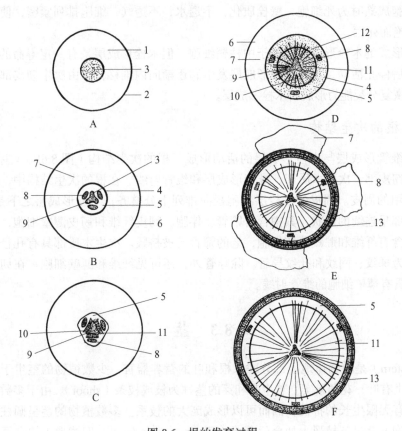

图 8.6　根的发育过程

A. 初生分生组织；B. 初生结构；C. 形成层的发生；D. 形成层环的形成；
E. 周皮形成，中柱鞘以外组织撕坏；F. 次生结构
1. 基本分生组织；2. 原表皮；3. 原形成层；4. 内皮层；5. 中柱鞘；6. 表皮；7. 皮层；
8. 初生韧皮部；9. 初生木质部；10. 次生木质部；11. 形成层；12. 次生韧皮部；13. 周皮

维管形成层出现后，主要进行平周分裂。向内分裂形成次生木质部（secondary xylem），加在初生木质部外方，向外分裂产生次生韧皮部（secondary phloem），加在初生

韧皮部内方，两者合称次生维管组织。由于这一结构是由维管形成层活动产生的，区别于顶端分生组织形成的初生结构而称为次生结构。一般形成层活动产生的次生木质部数量远远多于次生韧皮部，因此在横切面上次生木质部所占比例要比韧皮部大得多。形成层细胞除进行平周分裂外，还有少量的垂周分裂，增加本身细胞数目，使圆周扩大，以适应根的增粗。

8.2.2.2　木栓形成层的产生与活动

维管形成层的活动使根增粗，中柱鞘以外的成熟组织，即表皮和皮层被破坏，这时根的中柱鞘细胞恢复分裂能力，形成木栓形成层（phellogen，cork cambium），木栓形成层进行平周分裂，向外分裂产生木栓层（cork，phellem），向内分裂产生栓内层（phelloderm），三者共同组成周皮（图 8.6E），代替表皮起保护作用，为次生保护组织。木栓层细胞成熟时为死细胞，壁栓质化，不透水，不透气，细胞排列紧密，使外方的组织营养断绝而死亡。

最早形成的木栓形成层起源于中柱鞘细胞，但木栓形成层是有一定寿命的，活动一年或几年后停止活动，新的木栓形成层发生和逐渐向内推移，常由次生韧皮部薄壁细胞脱分化，恢复分裂能力形成新木栓形成层。

8.2.2.3　根的次生结构

根的维管形成层与木栓形成层的活动形成了根的次生结构（图 8.6F）。主要包括周皮、次生韧皮部、次生木质部、维管形成层和维管射线。在根的次生结构中，最外侧是起保护作用的周皮。周皮的木栓层细胞径向排列十分整齐，木栓形成层之下是栓内层。次生韧皮部呈连续的筒状，其中含有筛管、伴胞、韧皮纤维和韧皮薄壁细胞，较外面的韧皮部只含有纤维和贮藏薄壁细胞，老的筛管已被挤毁。次生木质部具有孔径不同的导管，大多为梯纹、网纹和孔纹导管。除导管外，还可见纤维和薄壁细胞。在韧皮部和木质部中横贯有薄壁细胞的维管射线。

8.3　茎

茎（stem）是植物体地上部分联系根和叶的营养器官，少数植物的茎生于地下。茎上通常着生有叶、花和果实。着生叶和芽的茎称为枝或枝条（shoot）。由于多数植物体的茎顶端具有无限生长的特性，因而可以形成庞大的枝系。多数植物的茎呈圆柱形，但也有少数植物的茎呈三棱形［如金门莎草（*Cyperus rotundus*）］、四棱形（如蚕豆）或扁平柱形［如仙人掌（*Opuntia dillenii*）］。从茎的质地上看，茎内含木质成分少的称为草本植物（herbaceous），而木质化程度高的植物茎往往长得高大，称木本植物（woody plant）。茎上着生叶和芽的位置叫节（node），两节之间的部分为节间（internode）。不同植物茎上节的明显程度差异很大，大多数植物只是在叶着生的部位稍膨大，节并不明显，但有些植物（玉米等）的节却膨大成一圈。在茎的顶端和节上叶腋处还生有芽（bud），茎上叶子脱落后在节上留下的痕迹称为叶痕（leaf scar）（图 8.7）。

茎的主要功能是输导作用和支持作用。叶片合成的有机物通过茎的韧皮部运送到根、幼叶及发育中的花、种子和果实中，而根从土壤中吸收的水分和无机盐则经木质部运送到植物体的各个部分；茎中的纤维和石细胞主要起支持作用，同时茎中的导管和管胞也有一定程度的支持功能。

8.3.1 茎的初生生长和初生结构

从形态结构上看，茎尖与根尖之间存在一些明显的差异。首先，茎尖缺乏根冠那样的帽状结构；其次，茎尖的顶端分生组织不仅形成茎的初生结构，而且与叶原基和芽原基的发生有关，因而，茎顶端分生组织的结构要比根复杂。被子植物茎尖的顶端分生组织中有明显的分层现象，顶端1~2层（或3~4层）细胞通常只进行垂周分裂，称为原套（tunica）；原套内侧的几层细胞则可以进行平周分裂以及其他各个方向的分裂，这些细胞称为原体（corpus）（图8.8）。在茎尖的分化过程中，原套的最外层发育出原表皮，原体细胞则发育成原形成层和基本分生组织。具有两层或两层以上原套细胞的茎尖发育时，除表层外，其他原套细胞也形成基本分生组织。原表皮、原形成层和基本分生组织构成了茎尖的初生分生组织，原表皮后来发育成表皮，原形成层和基本分生组织分别形成维管柱、皮层和髓。绝大多数裸子植物的茎端不显示原套-原体结构，它们的茎顶端分生组织的最外层细胞进行平周和垂周分裂，把细胞加入周围和茎的内部的组织中去。

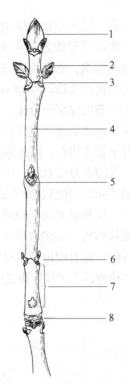

图 8.7 茎的形态
1. 顶芽；2. 腋芽；3. 叶痕；
4. 皮孔；5. 维管束；6. 节；
7. 节间；8. 芽鳞痕

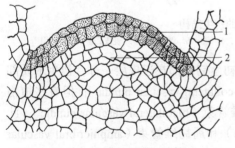

图 8.8 茎端的原套、原体
1. 原套；2. 原体

8.3.1.1 双子叶植物茎的初生结构

（1）表皮　通常由一层生活细胞构成，来源于初生分生组织的原表皮，是茎的初生保护组织。表皮细胞呈砖形，长径与茎的长轴平行。表皮细胞内一般不含叶绿体，但有发达的液泡；它们的外切向壁较厚，并且往往角质化，具有角质层，有时还有蜡质，如蓖麻（*Ricinus communis*），这样既能控制蒸腾作用，也能增强表皮的坚韧性。旱生植物茎表皮通常具有增厚的角质层，而沉水植物茎表皮的角质层很薄或者根本不存在。茎的表皮上具有气孔和表皮毛。气孔由两个肾形保卫细胞构成，它是水和气体出入的通道；表皮毛是由表皮细胞分化而成的，表皮毛的形状和结构多种多样，其主要功能是反射强光、降低蒸腾、分泌挥发油、减少动物侵害，甚至具有攀缘作用。

（2）皮层　茎的皮层由基本分生组织发育而来。通常由多层细胞组成，而且往往包含多种不同类型的细胞，但最主要的是薄壁细胞，它们都是生活的细胞，常为多面体、球形、椭圆形或呈纵向延长的圆柱形，细胞之间常有明显的细胞间隙；幼茎中靠近表皮的皮层薄壁细胞还常含有叶绿体，能进行光合作用；此外，在有些植物的皮层中还具有厚角细胞，这些细胞或成束出现，或连成圆筒环绕在表皮内方；除厚角细胞外，有些植物如南瓜（*Cucurbita moschata*）茎的皮层中还含有纤维细胞。在绝大多数植物茎的皮层中没有内皮层的分化，但有些沉水植物，如穗状狐尾藻（*Myriophyllum spicatum*）的茎及少数植物的地下茎中凯氏带加厚。在一些植物幼小的茎中，皮层最内一层或几层细胞含有丰富的淀粉，因此称为淀粉鞘。

（3）维管柱　　维管柱是皮层以内的部分，通常包括多个维管束（vascular bundle）、髓（pith）和髓射线（pith ray），它们分别由原形成层和基本分生组织衍生而来。

维管束来源于原形成层，是由初生木质部、形成层和初生韧皮部共同组成的分离的束状结构，在多数双子叶植物的茎中，初生维管束之间具有明显的束间薄壁组织，即髓射线，髓射线由基本分生组织分化形成，因此也称为初生射线（primary ray）；但也有一些植物的茎中维管束之间距离较近，因此维管束看上去几乎是连续的（图8.9）。

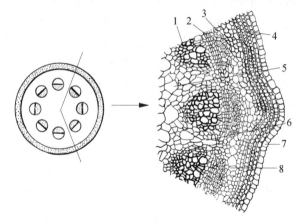

图8.9　双子叶植物茎的初生结构

1. 初生木质部；2. 形成层；3. 初生韧皮部；4. 厚角组织；5. 髓；6. 髓射线；7. 表皮；8. 薄壁组织

初生维管束是一个复合组织，大多数植物的初生韧皮部在近皮层一方，初生木质部则在内方，这种类型的维管束称为外韧维管束（collateral vascular bundle）；但有些植物初生木质部的内外两侧都有韧皮部，形成双韧维管束（bicollateral vascular bundle）；此外，还有周木维管束（amphivasal vascular bundle）和周韧维管束（amphicribral vascular bundle），如果韧皮部在中央，木质部包围在外，称为周木维管束；反之，如果木质部在中央，韧皮部包在外围，则称为周韧维管束（图8.10）。当茎端原形成层活动时，外侧的原形成层细胞通常分化为初生韧皮部，而内侧的原形成层细胞分化为初生木质部，然而并非所有的原形成层细胞都分化成初生木质部或初生韧皮部，通常

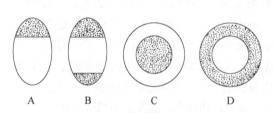

图8.10　维管束的类型

A. 外韧维管束；B. 双韧维管束；C. 周木维管束；
D. 周韧维管束。阴影为韧皮部；白色为木质部位于初生木质部和初生韧皮部之间的一层细胞仍保留分裂能力，它们构成了维管束中的束中形成层（fascicular cambium），在茎的次生生长中具有重要作用。

双子叶植物茎的初生木质部由导管、管胞、木薄壁细胞和木纤维组成；初生韧皮部则由筛管、伴胞、韧皮薄壁组织和韧皮纤维共同组成。茎内初生木质部发育时，最早分化出的原生木质部居内方，而且多为管径较小的环纹或螺纹导管；后生木质部居外方，由管径较大的梯纹导管、网纹导管或孔纹导管组成。这种由内向外渐次成熟的发育方式称为内始式（endarch）。初生韧皮部的发育顺序则与根的发育方式相同，属于外始式，即原生韧皮部在外方，后生韧皮部在内方。

在茎的初生结构正中央，由基本分生组织分化产生的薄壁组织称为髓。有些植物如樟（*Cinnamomum camphora*）茎的髓中还有石细胞，另一些植物如椴树（*Tilia tuan*）茎的髓边缘则有由小而壁厚的细胞构成的环髓带（perimedullay region）；伞形科和葫芦科植物茎内髓成熟较早，以后当茎继续生长时，节间部分的髓常被吸收破坏形成空腔，但节上仍保留着髓。髓射线由维管束间的薄壁组织组成，在横切面上呈放射状排列，外连皮层内接髓，有横向运输的作用，同时也是茎内贮藏营养物质的组织。

8.3.1.2 单子叶植物茎的初生结构

单子叶植物的茎在结构上与双子叶植物有许多不同之处，现以禾本科植物为例，说明单子叶植物茎的初生结构的特点。

禾本科植物茎的初生结构由表皮、维管束和基本组织组成（图 8.11）。从横切面上看，表皮细胞排列比较整齐；在表皮下有几层由厚壁细胞组成的机械组织，起支持作用；幼茎近表皮的基本组织细胞，常含叶绿体，进行光合作用。茎中维管束通常有两种不同的排列方式，一种是维管束无规律地分散在基本组织中，愈靠近外侧愈

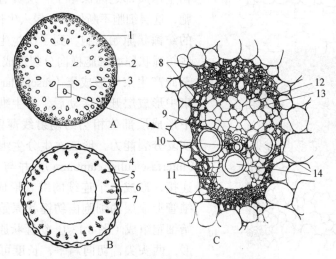

图 8.11 禾本科植物茎的初生结构示意图

A. 玉米茎横切面；B. 水稻茎横切面；C. 维管束

1. 表皮；2. 维管束；3. 基本组织；4. 机械组织；5. 维管束；6. 薄壁组织；7. 髓腔；8. 机械组织；9. 筛板；10. 筛胞；11. 空腔；12. 筛管；13. 伴胞；14. 导管

多，愈向中心愈少，因而皮层和髓之间没有明显的界限，玉米和甘蔗的茎属于这种类型（图8.11A）；另一种类型是维管束较规则地排成两轮，茎节间中央为髓腔，如水稻的茎（图8.11B）。虽然这两种类型茎的维管束排列方式不同，但每个维管束的结构却是相似的，都是外韧维管束，由木质部和韧皮部构成，没有束中形成层。木质部常呈V形，主要由3～4个导管组成，V形尖端部位是原生木质部，由直径较小的环纹和螺纹导管组成，它们分化较早，并在茎伸长时遭到破坏，往往形成一空腔，中间残留着环纹或螺纹的次生加厚的壁；V形两侧各有一个直径较大的孔纹导管，它们在茎分化的较后时期形成，因而是后生木质部。韧皮部位于木质部的外侧，且后生韧皮部的细胞排列整齐，在横切面上可以看到许多近似六角形或八角形的筛管细胞以及交叉排列的长方形伴胞；在后生韧皮部外侧，可以看到一条不整齐的细胞形状模糊的带状结构，这是最初分化出来的韧皮部，也是原生韧皮部。由于后生韧皮部的不断生长分化，原生韧皮部被挤压而遭到破坏。在木质部和韧皮部外围通常有一圈由厚壁组织构成的维管束鞘（bundle sheath）。

8.3.2　双子叶植物和裸子植物茎的次生生长和次生结构比较

双子叶植物和裸子植物茎发育到一定阶段，茎中侧生分生组织便开始分裂、生长和分化，使茎加粗，这一过程称为次生生长，次生生长产生的次生组织组成茎的次生结构。侧生分生组织通常包括维管形成层和木栓形成层（cork cambium）。少数单子叶植物的茎也有次生生长，但与双子叶植物和裸子植物的情形有所不同。

8.3.2.1　维管形成层的来源及活动

初生分生组织的原形成层在分化形成维管束时，并没有全部分化，而是在初生韧皮部和初生木质部之间保留了一层具有分裂潜能的细胞，这层细胞不断伸长，侵入生长形成了形成层的纺锤状原始细胞，到了次生生长开始时，有些纺锤状原始细胞横向分裂形成射线原始细胞，至此产生束中形成层（fascicular cambium）；当束中形成层开始活动后，初生维管束之间与束中形成层部位相当的髓射线薄壁细胞脱分化，恢复分裂能力，形成次生分生组织束间形成层（interfascicullar cambium），并与束中形成层相连接，形成一个连续的维管形成层（图8.12）。维管形成层的细胞由纺锤状原始细胞和射线原始细胞组成（图8.13）。纺锤状原始细胞为长梭形，两头尖，切向扁平，长度可比宽度大许多倍，细胞质较稀薄，具有大液泡或分散的小液泡，细胞核相对较小，春天时壁上有显著的初生纹孔场，细胞分裂可形成纤维、导管、管胞、

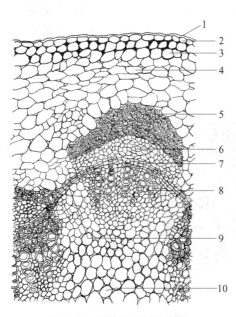

图8.12　维管形成层的起源
1. 角质层；2. 表皮；3. 厚角组织；4. 皮层；5. 初生韧皮纤维；6. 初生韧皮部；7. 束中形成层；8. 初生木质部；9. 束间形成层；10. 髓

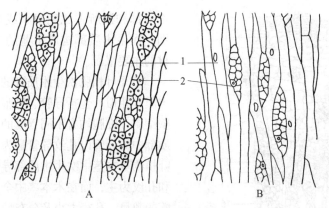

图 8.13　维管形成层
A. 叠生形成层；B. 非叠生形成层
1. 纺锤状原始细胞；2. 射线原始细胞

筛管和伴胞等，构成茎的轴向系统。射线原始细胞基本上是等径的，细胞小，分裂产生射线细胞，构成茎的径向系统。纺锤状原始细胞分裂时以平周分裂为主，即纺锤状原始细胞分裂一次形成的两个子细胞，一个向外分化出次生韧皮部原始细胞或向内分化出次生木质部原始细胞，另一个则仍保留为纺锤状原始细胞。一般来讲往往在形成数个次生木质部细胞后才形成一个次生韧皮部细胞，因此次生木质部细胞的数量明显多于次生韧皮部细胞，由于次生木质部数量多，茎部增粗，形成层环被推向了外围，形成层环要扩张，以适应茎的增粗，必须进行垂周分裂以此来增加本身的数目。形成层的垂周分裂分为径向或斜向两种，若为径向的垂周分裂，即维管形成层的一个纺锤状原始细胞垂直地分裂成两个细胞，结果维管形成层的细胞本身排列十分规则呈水平状态，称叠生形成层（storied cambium），如洋槐（*Robinia pseudoacacia*）；若为斜向的垂周分裂，两个子细胞互为侵入生长，结果使维管形成层细胞的长度和弦切向的宽度都大为增加，其细胞排列一般不规则，称非叠生形成层（nonstoried cambium），如杜仲（*Eucommia ulmoides*）、核桃（*Juglans regia*）和鹅掌楸（*Liriodendron chinense*）等。射线原始细胞也是以平周分裂为主，向内和向外分裂产生木射线和韧皮射线。随着茎的增粗，射线的数目要增加，以加强横向运输，新的射线原始细胞来源于纺锤状原始细胞，由纺锤状原始细胞横向分裂形成。

维管形成层理论上为一层原始细胞，但在形成层活动高峰时，新生细胞的增加非常迅速，较老的细胞还未分化，很难将原始细胞和它们刚刚衍生的细胞分开，因此形成了一个维管形成层带，包含了几层尚未分化的细胞。在温带和亚热带，形成层的活动受季节影响，呈周期性活动规律，一般春季开始活动，且活动逐渐旺盛，到夏末秋初，活动逐渐减弱，到了冬季，则停止活动进入休眠状态。

8.3.2.2　次生木质部

形成层细胞活动时，产生的次生木质部数量远远多于次生韧皮部，因此木本植物的茎中，次生木质部占了大部分，树木生长的年数越多，次生木质部的比例就越大，初生

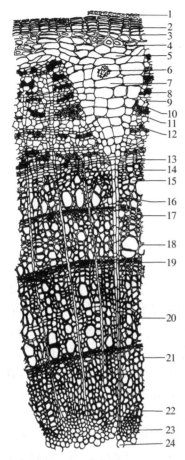

图 8.14　双子叶植物茎（锻）四年生构造
1. 枯萎的表皮；2. 木栓层；3. 木栓形成层；4. 厚角组织；5. 皮层薄壁组织；6. 草酸钙结晶；7. 髓射线；8. 韧皮纤维；9. 伴胞；10. 筛管；11. 淀粉细胞；12. 结晶细胞；13. 形成层；14. 薄壁组织；15. 导管；16. 早材（第四年木材）；17. 晚材（第三年木材）；18. 早材（第三年木材）；19. 晚材（第二年木材）；20. 早材（第二年木材）；21, 22. 次生木质部（第一年木材）；23. 初生木质部（第一年木材）；24. 髓

木质部和髓所占比例很小或被挤压而不易识别。次生木质部构成了茎的主要部分，是木材的主要来源。

双子叶植物次生木质部的组成成分和初生木质部相似，包括导管、管胞、木纤维和木薄壁细胞，细胞均有不同程度的木质化。次生木质部中的导管以孔纹导管最为常见，一般双子叶植物草本茎中次生木质部导管与管胞以网纹和孔纹为主，而在木本茎中全为孔纹导管，导管的数目、孔径大小及分布情况，常因植物种类不同而异。次生木质部中，木纤维数量较初生木质部为多，是构成次生木质部的主要成分之一，木薄壁细胞分为横向排列和纵向排列两大类（图 8.14）。在多年生木本植物茎的次生木质部中，可以见到许多同心圆环，这就是年轮（annual ring），年轮的产生是形成层每年季节性活动的结果。在有四季气候变化的温带和亚热带，春季温度逐渐升高，形成层解除休眠恢复分裂能力，这个时期水分充足，形成层活动旺盛，细胞分裂快，生长也快，形成的木质部细胞孔径大而壁薄，纤维的数目少，材质疏松，称为早材（early wood）或春材；由夏季转到冬季，形成层活动逐渐减弱，环境中水分少，细胞分裂慢，生长也慢，所产生的次生木质部细胞体积小，导管孔径小且数目少，而纤维的数目则比较多，材质致密，这个时期形成的木质部称为晚材（late wood）或秋材，早材和晚材共同构成一个生长层（growing layer or ring），即一个年轮，代表着一年中形成的次生木质部，早材和晚材的数量受环境条件和植物种类的影响（图 8.14）。

同一年的早材与晚材的变化是逐渐过渡的，没有明显的界限，但经过冬季的休眠，前一年的晚材和后一年的早材之间形成了明显的界限，叫作年轮线，没有季节性变化的热带地区，不产生年轮。树木的年龄记录在年轮上，每长一岁，年轮便增加一圈，可根据年轮判断植物的年龄，同时由于年轮的宽窄不尽相同，每年树木的生长受环境因素的影响，也在年轮上留下了痕迹，可用于判断某一地区气候条件的变化，树木年代学已成为研究气候史和考古纪年的工具。科学家已经证实，年轮记录的各种情况，同历史记载的长期干旱和饥荒是一致的。在正常情况下，年轮每年可形成一轮，但在有些植物中一年内可以形成几个年轮，称假年轮（fasle annual ring），如柑橘属植物，一年内有 2~3 次生长高峰；另外环境条件的不正常，如干旱、虫害也会导致假年轮的产生。

在多年生木本植物茎的次生木质部中，形成层每年向内形成次生木质部，结果越靠近中心部分的木质部年代越久，因而有了心材（heart wood）和边材（sap wood）之分（图 8.15）。靠近形成层部分的次生木质部颜色浅，为边材，为近 2～5 年形成的年轮，含有活的薄壁细胞，导管和管胞具有输导功能，可以逐年向内转变为心材，因此心材可以逐年增加，而边材的厚度却比较稳定；心材是次生木质部的中心部分，颜色深，为早年形成的次生木质部，全部为死细胞，薄壁细胞的原生质体通过纹孔侵入导管，形成侵填体，堵塞导管使其丧失输导功能，心材中木薄壁细胞和木射线细胞成为死细胞，由于侵填体的形成和一些物质，如树脂、树胶、单宁及油类渗入细胞壁或进入细胞腔内，木材坚硬耐磨，并有特殊色泽，如胡桃木呈褐色，乌木呈黑色，更具有工艺上的价值。

由于木材和人类生活的关系密切，有关次生木质部的研究工作已发展成为一门独立的学科，称木材解剖学。该学科根据导管孔径的大小、导管的分布、长短、壁的厚度，以及纤维的长短、数目、加厚情况，还有薄壁细胞和导管的排列关系来判断木材的种类、性质、优劣和用途，从而对植物的系统发育、亲缘关系及植物与环境的关系提供科学依据，同时对木材的选择与合理利用具有指导意义。为了更好地理解次生木质部的结构，必须从木材的三个切面，即横切面（cross section）、切向纵切面（radial section）和径向纵切面（tangential section）上对其进行比较观察（图 8.15），从而建立立体模型。横切面是与茎的纵轴垂直所做的切面，可观察到同心圆环似的年轮，所见到的导管、管胞和木纤维等，都是它们的横切面观，可以观察到它们细胞的孔径、壁厚及分布状况，仅射线为其纵切面观，呈辐射状排列，显

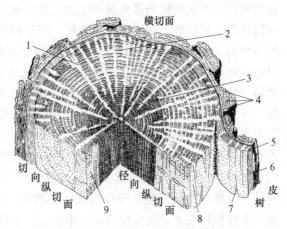

图 8.15 茎次生结构立体图解
1，9. 木射线；2. 边材；3. 心材；4. 周皮；5. 外树皮；
6. 内树皮；7. 韧皮射线；8. 形成层表面

示射线的长和宽。切向纵切面也称弦向切面，是垂直于茎横断面的半径所做的纵切面，年轮常呈 U 字形，所见到的导管、管胞和木纤维等都是它们的纵切面，可以看到它们的长度、宽度和细胞两端的形状和特点，但射线是横切面观，其轮廓为纺锤形，可以显示射线的高和宽。径向纵切面是通过茎的中心，即过茎的半径所做的纵切面，所见到的导管、管胞和木纤维等都是纵切面，射线也是纵切面，能显示它的高度和长度，射线细胞排列整齐，像一堵砖墙，并与茎的纵轴相垂直。由于射线在三切面的特征显著，可以作为判断三切面的指标。

8.3.2.3 次生韧皮部

次生韧皮部的组成成分与初生韧皮部基本相同，主要是筛管、伴胞和韧皮薄壁细胞，有些植物还有纤维和石细胞，如椴树茎含有韧皮纤维；许多植物在次生韧皮部内还有分

泌组织，能产生特殊的次生代谢产物，如橡胶和生漆；韧皮部薄壁细胞中还含有草酸钙结晶和单宁等贮藏物质。在次生韧皮部形成时，形成层的射线原始细胞向外产生韧皮射线，与木射线通过射线原始细胞相通连，两者合称维管射线（vascular ray）。木本双子叶植物每年产生次生维管组织，同时每年形成的射线横穿在新形成的次生维管组织中，起横向运输的作用，同时还兼有贮藏作用。髓射线和部分较老的韧皮射线的原始细胞可以有垂周分裂或径向增大，而使其在次生韧皮部中呈喇叭口状（图 8.14），以此适应茎的进一步增粗。

有功能的次生韧皮部通常只限于一年，筛分子在春天由维管形成层发生以后，往往在秋天就停止输导而死亡，但在木本植物如葡萄属（*Vitis*），当年发生的筛分子，冬季休眠，翌年春天又重新恢复活动。

8.3.2.4　木栓形成层的产生和活动

维管形成层活动的结果使次生维管组织不断增加从而使茎增粗，使得表皮不能适应这种增粗，不久便被内部生长产生的压力挤破，失去保护作用。这时外围的皮层或表皮细胞恢复分裂机能，形成木栓形成层，产生新的保护组织以适应内部生长。多数植物茎的木栓形成层首次是由紧接表皮的皮层细胞恢复分裂能力而形成的（图 8.16），如杨树（*Populus*）、榆树（*Ulmus pumila*）等，但也有直接从表皮产生的，如柳树（*Salix*）、苹果等。此外，还有起源于初生韧皮部中的薄壁细胞，如葡萄、石榴（*Punica granatum*）等。木栓形成层是由已经成熟的薄壁细胞脱分化形成的，是典型的次生分生组织。木栓形成层只由一类细胞组成，横切面上呈长方形，切向及纵向切面上呈规则的多角形，与维管形成层相比结构简单。木栓形成层主要进行平周分裂，向外分裂形成木栓层，向内形成栓内层。木栓层层数多，其细胞形状与木栓形成层类似，细胞排列紧密，无胞间隙，成熟时为死细胞，壁栓质化，不透水，不透气；栓内层层数少，多为 1～3 层细胞，有些植物甚至于没有栓内层。木栓层、木栓形成层和栓内层，三者合称周皮，是茎的次生保护组织（图 8.16）。以后形成的木栓形成层则来源于次生韧皮部薄壁细胞的脱分化。

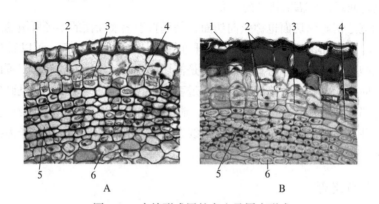

图 8.16　木栓形成层的产生及周皮形成

A. 木栓形成层的产生；B. 周皮的形成

1. 表皮；2. 木栓细胞；3. 木栓形成层；4. 栓内层；5. 厚角组织；6. 薄壁组织

8.3.3 单子叶植物茎的次生结构

大多数单子叶植物是没有次生生长的，因而也就没有次生结构，它们茎的增粗是由于细胞的长大或初生加厚，分生组织平周分裂的结果。但少数热带或亚热带的单子叶植物茎，除一般初生结构外，还有次生生长和次生结构出现，如龙血树（*Dracaena draco*）、朱蕉（*Cordyline fruticosa*）、细叶丝兰（*Yucca flaccida*）、芦荟（*Aloe vera*）等的茎。它们的维管形成层的发生和活动方式不同于双子叶植物，一般是在初生维管组织外方产生片段式的形成层，形成新的维管组织（次生维管束），因植物不同而有各种排列方式。现以龙血树（图 8.17）为例，加以说明。

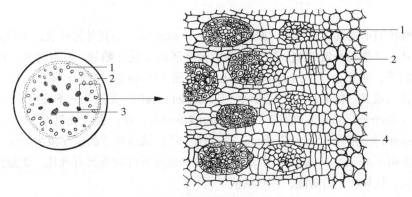

图 8.17　龙血树茎的次生生长
1. 次生维管束；2. 皮层；3. 初生维管束；4. 形成层

龙血树茎内，在维管束外方的薄壁细胞，能转化成形成层，它们进行切向分裂，向外产生少量的薄壁细胞，向内产生薄壁组织和新的周木维管束。这些次生维管束也是散列的，比初生的更密，在结构上也不同于初生维管束，因为所含韧皮部的量较少，木质部由管胞组成，并包于韧皮部的外周，称为周木维管束。而初生维管束为外韧维管束，木质部是由导管组成的。

8.4　叶

叶（leaf）是制造有机物的营养器官，是植物进行光合作用的场所。其主要功能是光合作用、蒸腾作用，还有一定的吸收作用，少数植物的叶还具有繁殖功能。

8.4.1　叶的组成

植物的叶一般由叶片（lamina, blade）、叶柄（petiole）和托叶（stipule）三部分组成（图 8.18）。叶片是最重要的组成部分，大多为薄的绿色扁平体，这种形状有利于光能的吸收和气体交换，与叶的功能相适应，不同植物的叶片形状差异很大；叶柄位于叶的基部，连接叶片和茎，是两者之间的物质交流通道，还能支持叶片并通过本身的长短和扭曲使叶片处于光合作用有利的位置；托叶是叶柄基部的附属物，通常细小，早落，托叶

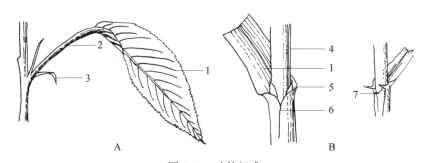

图 8.18 叶的组成

A. 双子叶植物叶；B. 单子叶植物叶

1. 叶片；2. 叶柄；3. 托叶；4. 秆；5. 叶舌；6. 叶鞘；7. 叶耳

的有无及形状随不同植物而不同，如豌豆（*Pisum sativum*）的托叶为叶状，比较大，梨的托叶为线状，洋槐的托叶成刺，蓼科植物的托叶形成了托叶鞘等。具有叶片、叶柄和托叶三部分的叶，叫完全叶（complete leaf），如梨属（*Pyrus*）、桃和月季（*Rosa chinensis*）等。仅具其一或其二的叶，为不完全叶（incomplete leaf）。无托叶的不完全叶比较普遍，如紫丁香（*Syringa oblata*）、白菜（*Brassica pekinensis*）等；也有无叶柄的叶，如莴苣（*Lactuca sativa*）、荠菜（*Capsella bursa-pastoris*）等；缺少叶片的情况极为少见，如我国的台湾相思树（*Acacia confusa*），除幼苗外，植株的所有叶均不具有叶片，而是由叶柄扩展成扁平状，代替叶片的功能，称叶状柄。

此外，禾本科等单子叶植物的叶，从外形上仅能区分为叶片和叶鞘（leaf sheath）两部分，为无柄叶。一般叶片呈带状，扁平，而叶鞘往往包围着茎，保护茎上的幼芽和居间分生组织，并有增强茎的机械支持力的功能。在叶片和叶鞘交界处的内侧常生有很小的膜状突起物，叫叶舌（ligulate），能防止雨水和异物进入叶鞘的筒内。在叶舌两侧，有由叶片基部边缘处伸出的两片耳状的小突起，叫叶耳（auricle）。叶舌和叶耳的有无、形状、大小和色泽等，可以作为鉴别禾本科植物的依据。

8.4.2 叶的结构

8.4.2.1 被子植物叶的一般结构

（1）叶柄的结构　　叶柄的结构与茎类似，通过叶迹与茎的维管组织相联系，其基本结构比茎简单，由表皮、基本组织和维管组织三部分组成。在一般情况下，叶柄在横切面上常呈半月形、三角形或近于圆形。叶柄的最外层为表皮层，表皮上有气孔器，并常具有表皮毛，表皮以内大部分是薄壁组织，紧贴表皮之下为数层厚角组织，内含叶绿体。维管束呈半圆形分布在薄壁组织中，维管束的数目和大小因植物种类的不同而有差异，有1束、3束、5束或多束。在叶柄中，进入的维管束数目可以原数不变，一直延伸到叶片中，也可以分裂成更多的束，或合并为一束，因此在叶柄的不同位置，维管束的数目常有变化。维管束的结构与幼茎中的维管束相似，木质部在近轴面，韧皮部在远轴面，两者之间有形成层，但活动有限，每一维管束外常有厚壁组织分布。

（2）叶片的结构　　被子植物的叶片为绿色扁平体，呈水平方向伸展，所以上下两面受光不同。一般将向光的一面称为上表皮或近轴面，因其距离茎比较近而得名；相反的一面称为下表面或远轴面。通常被子植物叶由表皮、叶肉和叶脉三部分构成（图8.19）。

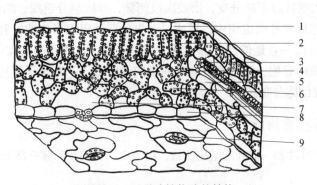

图 8.19　双子叶植物叶的结构
1. 上表皮；2. 栅栏组织；3. 木质部；4. 韧皮部；5. 维管束鞘；
6. 海绵组织；7. 孔下室；8. 下表皮；9. 气孔器

1）表皮。表皮覆盖着整个叶片，通常分为上表皮和下表皮。表皮是一层生活的细胞，不含叶绿体，表面观为不规则形，细胞彼此紧密嵌合，没有胞间隙，在横切面上，表皮细胞的形状十分规则，多数呈扁的长方形，外切向壁比较厚，并覆盖有角质膜，角质膜的厚薄因植物种类和环境条件不同而变化。表皮上分布有气孔器和各种表皮毛，有不同类型的气孔器（图8.19）。一般上表皮的气孔器数量比下表皮的少，有些植物在上表皮上甚至没有气孔器分布。气孔器的类型、数目与分布及表皮毛的多少与形态因植物种类不同而有差别，如苹果叶的气孔器仅在下表皮分布，睡莲（*Nymphaea tetragona*）叶的气孔器仅在上表皮分布，眼子菜（*Potamogeton distinctus*）叶则没有气孔器存在。表皮毛的变化也很多，如苹果叶的单毛，胡颓子（*Elaeagnus pungens*）叶的鳞片状毛，薄荷（*Mentha haplocalyx*）叶的腺毛和荨麻（*Urtica fissa*）叶的蜇毛。表皮细胞一般为一层，但少数植物的表皮细胞为多层结构，称为复表皮（multiple pyidermis），如夹竹桃（*Nerium indicum*）叶表皮为2~3层，而印度橡皮树（*Ficus elastica*）的叶表皮为3~4层。

2）叶肉。上下表皮层以内的绿色同化组织是叶肉，其细胞内富含叶绿体，是叶进行光合作用的场所。一般在上表皮之下的叶肉细胞为长柱形，垂直于叶片表面，排列整齐而紧密如栅栏状，称为栅栏组织（palisade tissue），通常1~3层，也有多层；在栅栏组织下方，靠近下表皮的叶肉细胞形状不规则，排列疏松，细胞间隙大而多，称为海绵组织（spingy tissue），海绵组织细胞所含叶绿体比栅栏组织细胞少，又具有胞间隙。所以从叶的外表可以看出其近轴面颜色深，为深绿色，远轴面颜色浅，为浅绿色，这样的叶为异面叶（dorsi-ventral leaf，bifacial leaf），大多数被子植物的叶为异面叶。有些植物的叶在茎上基本呈直立状态，两面受光情况差异不大，叶肉组织中没有明显的栅栏组织和海绵组织的分化，从外形上也看不出上、下两面的区别，这种叶称等面叶（isobilateral leaf），如小麦、水稻等的叶。

3）叶脉。叶脉是叶片中的维管束，各级叶脉的结构并不相同。主脉和大的侧脉结构比较复杂，包含一至数个维管束，包埋在基本组织中，木质部在近轴面，韧皮部在远轴面，两者间常具有形成层，但形成层活动有限，只产生少量的次生结构；在维管束的上、下两侧，常有厚壁组织和厚角组织分布，这些机械组织在叶背面特别发达，沿主脉向外隆起，形成肋，大型叶脉不断分支，形成次级侧脉，叶脉越分越细，结构也越来越简单，中小型叶脉一般包埋在叶肉组织中，形成层消失，薄壁组织形成的维管束鞘包围着木质部和韧皮部，并可以一直延伸到叶脉末端，到了末梢，木质部和韧皮部成分逐渐简单，最后木质部只有短的管胞，韧皮部只有短而窄的筛管分子，甚至于韧皮部消失，在叶脉的末梢，常有传递细胞分布。

8.4.2.2 禾本科植物的叶

禾本科植物的叶片和一般叶的结构一致，由表皮、叶肉和叶脉三部分构成（图8.20）。

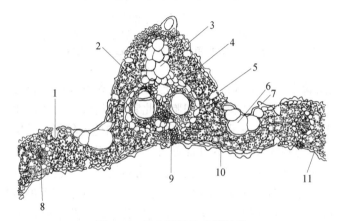

图 8.20 禾本科植物叶横切面

1. 孔下室；2. 大维管束；3. 薄壁细胞；4. 上表皮；5. 气孔；6. 泡状细胞；7. 表皮毛；8. 小维管束；9. 厚角组织；10. 下表皮；11. 角质层

（1）表皮   表皮细胞一层，形状比较规则，往往沿着叶片的长轴成行排列，通常由长、短两种类型的细胞构成。长细胞为长方形，长径与叶的长轴方向一致，外壁角质化并含有硅质；短细胞为正方形或稍扁，插在长细胞之间，短细胞可分为硅质细胞和栓质细胞两种类型，两者可成对分布或单独存在，硅质细胞除壁硅质化外，细胞内充满一个硅质块，栓质细胞壁栓质化。长细胞和短细胞的形状、数目和分布情况因植物种类不同而异。在上表皮中还分布有一种大型细胞，称为泡状细胞（bulliform cell），其壁比较薄，有较大的液泡，常几个细胞排列在一起，从横切面上看略呈扇形，通常分布在两个维管束之间的上表皮内，它与叶片的卷曲和开张有关，因此也称为运动细胞（motor cell）。

禾本科植物叶的上下表皮上有纵行排列的气孔器，与一般双子叶植物不同，禾本科植物气孔器的保卫细胞为哑铃形，中部狭窄，壁厚，两端壁薄膨大成球状，含有叶绿体，气孔的开闭是保卫细胞两端球状部分胀缩的结果。每个保卫细胞一侧有一个副卫细胞，因此禾本科的气孔器由两个保卫细胞、两个副卫细胞和气孔构成。气孔器分布在脉间区域和叶脉相平行。气孔器的数目和分布因植物种类而不同。同一株植物的不同叶片上或同一叶片的不同位置，气孔的数目也有差异，一般上下表皮的气孔数目相近。此外，禾本科植物的叶表皮上，还常生有单细胞或多细胞的表皮毛。

（2）叶肉　　叶肉组织由均一的薄壁细胞构成，没有栅栏组织和海绵组织的分化，为等面叶；叶肉细胞排列紧密，胞间隙小，仅在气孔的内方有较大的胞间隙，形成孔下室。叶肉细胞的形状随植物种类和叶在茎上的位置而变化，形态多样。叶脉内的维管束平行排列，中脉明显粗大，与茎内的维管束结构相似。在中脉与较大维管束的上下两侧有发达的厚壁组织与表皮细胞相连，增加了机械支持力。维管束均有 1～2 层细胞包围，形成维管束鞘，在不同光合途径的植物中，维管束鞘细胞的结构有明显的区别。在水稻、小麦等 C_3 植物中，维管束鞘由两层细胞构成，内层细胞壁厚而不含叶绿体，细胞较小，外层细胞壁薄而大，叶绿体与叶肉细胞相比小而少。在玉米、甘蔗等 C_4 植物中，维管束鞘仅由一层较大的薄壁细胞组成，含有大的叶绿体，叶绿体中没有或仅有少量基粒，但它积累淀粉的能力远远超过叶肉细胞中的叶绿体，C_4 植物维管束鞘与外侧相邻的一圈叶肉细胞组成"花环"状结构，在 C_3 植物中则没有这种结构存在。C_4 植物的光合效率高，也称高光效植物。实验证明，C_4 植物玉米能够用去密闭容器中所有的二氧化碳，甚至于气孔关闭后维管束鞘细胞呼吸时产生的二氧化碳都可以利用。而 C_3 植物则必须在二氧化碳浓度达到 $0.04\mu l/L$ 以上才能利用。C_4 植物不仅存在于禾本科植物中，在其他一些双子叶植物和单子叶植物中也存在，如苋科、黎科植物，其叶的维管束鞘细胞也具有上述特点。

8.4.3　叶的发育

叶的发育开始于茎尖的叶原基。原基的向上生长一般由顶端的原始细胞和近顶端原始细胞分裂。顶端原始细胞进行垂周分裂，产生出表面层；近顶端的原始细胞进行平周分裂和垂周分裂，产生出表面下层和里面层。这些细胞平周分裂增加了叶原基的厚度，垂周分裂增加了叶原基的长度，形成了一个木钉状的结构。叶的顶端生长时期比较短，因此长度的增加主要靠上述衍生细胞的居间生长和以后边缘分生组织、板状分生组织的居间生长。

在原基伸长的早期，局部的分生组织沿原基的两侧活动，这些两侧的分生组织称边缘分生组织，包括了一行边缘原始细胞和近边缘原始细胞。边缘原始细胞经垂周分裂产生原表皮；近边缘原始细胞平周分裂和垂周分裂交替进行形成了基本分生组织和原形成层，平周分裂决定了叶肉细胞的层数，在同一种植物中叶肉的层数基本是恒定的。等到各层都已形成，细胞只进行垂周分裂，增加叶面积而细胞层数不变，这种只进行垂周分裂的平行层细胞称为板状分生组织。在原形成层分化的区域，板状分生组织的活动受到了干扰，细胞进行垂周分裂和平周分裂。在板状分生组织垂周分裂的同时，叶肉细胞开始分化。将来形成栅栏组织的细胞垂周延伸，并伴有垂周分裂；海绵组织的细胞也有垂周分裂，但没有栅栏组织多，形状上依然为等径。当栅栏组织细胞继续分裂时，临近的表皮细胞停止分裂而增大，因此出现几个栅栏细胞附着在一个表皮细胞上的结果。栅栏组织细胞分裂的时间最长，分裂完成以后栅栏细胞沿着垂周壁彼此分离，这种细胞间的部分分离和胞间隙的形成，在海绵组织中要早于栅栏组织，海绵组织细胞的分离伴有细胞的局部生长，常发育出具分支的细胞。

维管组织的发育是从将来中脉处原形成层的分化开始的，这时叶的发育还处于木钉状，这种原形成层的分化与茎上的叶迹原形成层是连续的。各级侧脉则从边缘分生组织所衍生的细胞中发生，较大的侧脉的发生比较小的侧脉开始得早些，而且更靠近边缘分生组织，在居间生长的整个过程中，新的维管束可以不断地发生形成，也就是说在较早形成的基本组织中可以较长时期保留产生新的原形成层束的能力。小脉发生时所包含的细胞比大脉要少，最小的脉发生时可能只有一列细胞。原形成层的分化往往是一个连续的过程，因为连续形成的原形成层束与较早形成的原形成层束是相连续的。韧皮部以相似的方式进行分化，但最初成熟的木质部却是在孤立的区域中，后来由于原形成层的伸入，分化出木质部而连续起来。双子叶植物叶中脉的纵向分化是向顶的，即最初在叶基部，然后向着叶尖的方向，一级侧脉由中脉向边缘发育，在具平行脉的叶中几个同样大小的叶脉的发育是向顶的。单子叶和双子叶植物的小脉都在大脉间发育，一般由叶尖向叶基发育。叶的发育过程不像根、茎那样还保留有原分生组织组成的生长锥，而是全部发育形成叶的成熟结构，不再保留原分生组织，因此叶的生长有限，达到一定大小后就停止。

8.4.4 叶对不同生境的适应

叶的形态和结构对不同生态环境的适应性变化最为明显，如旱生植物和水生植物的叶、阳生植物和阴生植物的叶在形态结构上各自表现出完全不同的适应特征。

旱生植物的叶一般具有保持水分和防止蒸腾的明显特征，通常向着两个不同的方向发展：一类是对减少蒸腾的适应，形成了小叶植物，其叶片小而硬，通常多裂，表皮细胞外壁增厚，角质层也厚，甚至于形成复表皮，气孔下陷或局限在气孔窝内，表皮常密生表皮毛，栅栏组织层次多，甚至于上下两面均有分布，机械组织和输导组织发达，如夹竹桃等的叶（图 8.21A）；另一种类型是肉质植物，如马齿苋（*Portulaca oleracea*）、景天（*Sedum*）和芦荟等，它们的共同特征是叶肥厚多汁，在叶肉内有发达的薄壁组织（图 8.21B），贮存了大量的水分，其细胞保持水分，以此适应旱生的环境。

由于水生植物部分或完全生活在水中，环境中水分充足，但气体明显不足。对于挺水植物和浮水植物的叶而言，除胞间隙发达或海绵组织所占比例较大外，与一般中生植物叶结构差不多；但对于沉水叶，环境中除气体不足外，光照强度显然也不够，因此叶的结构和旱生植物不同。沉水叶一般表皮细胞壁薄，角质膜薄或没有角质膜，也无气孔和表皮毛，但表皮细胞具叶绿体，所以吸收、气体交换和光合作用均由表皮细胞进行；叶肉组织不发达，层次少，无栅栏组织和海绵组织的分化；胞间隙特别发达；导管和机械组织不发达，如眼子菜等。

阳生植物长期生活在光线充足的地方，形成了对强光的要求而不能忍受荫蔽，这种植物在阳光直射下，受光受热比较多，周围空气比较干燥，处于蒸腾作用加强的条件下，因此阳生植物的叶倾向于旱生叶的特征。

阴生植物长期生活在荫蔽的地方，在光线较弱的条件下生长良好而不能忍受强光。一般阴生植物叶片构造特征与阳生植物相反，叶片大而薄，角质膜薄，单位面积上气孔

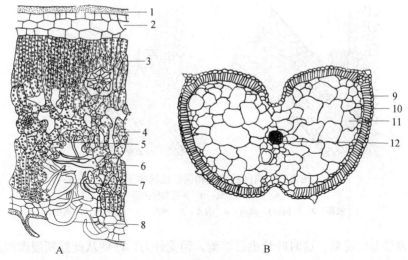

图 8.21　旱生叶的结构

A. 夹竹桃叶横切面；B. 籽蒿叶横切面

1. 角质层；2. 复表皮；3, 6, 10. 栅栏组织；4. 海绵组织；5. 气孔；
7. 气孔窝；8. 毛；9. 表皮；11. 贮水组织；12. 维管束

数目少；栅栏组织不发达，只有一层；海绵组织发达，占了叶肉的大部分，有发达的胞间隙；细胞中叶绿体大而少，叶绿素含量多，有时表皮细胞也有叶绿体；机械组织不发达，叶脉稀疏，这些特点均有利于光的吸收和利用，因而能适应光线不足的要求。

　　总之，叶是植物体中容易变化的器官。具有相同的基因型而生长在不同环境下的两株植物，均会对环境条件表现出相应的结构与生理上的适应。在同一植株中，树冠上面或向阳一侧的叶呈阳生叶特征，而树冠下部或生于阴面的叶因光照较弱呈现阴生叶特点，且叶在树冠上位置越高，表现出越多的旱生特征，这显然与水分的供应有关。

8.4.5　落叶与离层

　　叶有一定寿命，生活期终结时，叶便枯死脱落。叶生活期的长短在各种植物中是不同的。一般植物的叶，生活期为一个生长季。草本植物，叶随植株死亡，但依然残留在植株上。多年生木本植物，有落叶和常绿之分。落叶树在春天新叶展开，秋季老叶死亡脱落。落叶是植物减少蒸腾、渡过不良环境的一种适应。温带地区冬季干而冷，根吸水困难，叶脱落仅留枝干，以降低蒸腾。热带地区旱季到来，同样需要落叶来减少蒸腾。常绿树四季常青，叶子也会脱落，但不是同时落叶，是不断有新叶产生而老叶脱落。常绿植物叶的寿命一般较长，可生活 2 年以上，衰老后脱落，但就全树而言，终年常绿。

　　随着秋季的来临，气温持续下降，叶的细胞中首先发生各种生理生化变化，许多物质分解被运回到茎中，叶绿素被破坏而解体，不能重新形成，光合作用停止，而叶黄素和胡萝卜素不易被破坏，同时由于花青素的形成，叶片由原来的绿色逐渐变为黄色或红色。与此同时，靠近叶柄基部的某些细胞出现细胞学和组织学上的变化，这个区域的薄壁细胞分裂产生数层小型细胞，构成离区（图 8.22）。离区中的一些细胞中层黏液化并解体，细胞间相互分离成游离状态，只有维管束还连在一起，这个区域称为离层。离层细

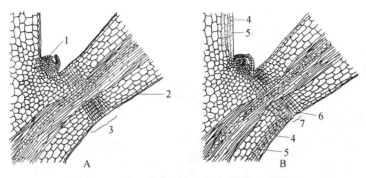

图 8.22　离区的离层和保护层结构示意图
A. 离区的形成；B. 离层和保护层
1. 腋芽；2. 叶柄；3. 离区；4. 表皮；5. 周皮；6. 保护层；7. 离层

胞的支持力量非常脆弱，这时叶片也已枯萎，稍受外力，叶便从此处断裂而脱落。位于离层下面的细胞，细胞壁栓质化，构成保护层，可以保护叶脱落后所暴露的表面，避免水分的丧失和病虫害的伤害。

本 章 总 结

1. 被子植物是植物界最进化的类群，繁殖器官的结构和生殖过程较其他植物更加复杂和完善。被子植物与裸子植物的主要区别在于具有真正的花；心皮组成雌蕊；子房包藏胚珠；具有特有的双受精现象；孢子体高度发达，配子体极度简化，终生寄生于孢子体上。被子植物是目前地球上最繁盛的类群，植物体的结构也最为复杂，由根、茎和叶组成营养器官；花、果实和种子组成生殖器官。

2. 从根的尖端往后分为 4 个部分：根冠、分生区、伸长区和成熟区。根的初生结构包括表皮、皮层和维管柱。表皮的许多细胞形成了根毛，起吸收和保护作用，内皮层细胞具有凯氏带；维管柱的外侧是中柱鞘，其内的初生韧皮部和初生木质部相间排列，并以外始式的方式分化成熟。形成层来源于初生韧皮部和初生木质部之间保留的原形成层和中柱鞘细胞；木栓形成层最初起源于中柱鞘细胞。

3. 茎中通常没有明显的内皮层；初生韧皮部和初生木质部相对排列，前者为外始式发育，后者发育是内始式；形成层来源于初生韧皮部和初生木质部之间保留的原形成层和髓射线细胞，木栓形成层最初起源于表皮、皮层或初生韧皮部。茎的中央部分是髓。

4. 叶的成熟结构由上表皮、下表皮、叶肉和叶脉构成，叶肉组织分化为栅栏组织和海绵组织，叶脉维管束与茎中的维管组织通过叶迹相联系。

思考与探索

1. 根有哪些功能？根的形态结构如何与它的功能相适应？

2. 主根和侧根为什么称为定根？不定根是如何形成的？对植物有何作用？

3. 内皮层有何结构特点？它们对维管柱物质运输起怎样的作用？

4. 初生维管组织中管状分子的类型与分布位置如何与其运输能力相适应？

5. 根和茎中维管形成层在起源上有何异同？

6. 移栽树木时为什么根部必须带土？

7. 从槐树上切下一枝条，它生长已超过 4 年，怎样来判断切下时它的年龄？通过分析这段枝条的年龄，能否评估出这株槐树大概年龄？

8. 植物是如何长高和增粗的？

9. 单子叶植物和双子叶植物在茎的初生结构上有何不同？

10. 如何区别根和根状茎？

11. 如何从外部形态和内部结构来区别双子叶植物的幼根和幼茎？

12. 为什么"树怕剥皮，而不怕空心"？

13. 观察叶的横切面时，能否同时观察到维管组织的横切面和纵切面？为什么？

14. 旱生植物叶与水生植物叶在适应其生存环境方面有何结构特点？

15. 为什么一般植物叶下表皮气孔多于上表皮？沉水植物的叶为何不存在气孔？

9 被子植物的繁殖

被子植物的繁殖包括三种类型：营养繁殖（vegetative reproduction）、无性生殖（asexual reproduction）和有性生殖（sexual reproduction）。被子植物的营养繁殖极常见。多数被子植物的营养繁殖能力很强，植株上的营养器官或脱离母体的营养器官具有再生能力，或能生出不定根、不定芽，发育成新的植株，还有些植物的块根、块茎、鳞茎及根状茎有很强的营养繁殖能力，所产生的新植株在母体周围繁衍，形成大群的植物个体。无性繁殖在被子植物中并不多见。被子植物的有性生殖，是在花的结构里集中体现的。被子植物营养生长至一定阶段，在光照、温度因素达到一定要求时，就能转入生殖生长阶段，一部分或全部茎的顶端分生组织不再形成叶原基和芽原基，转而形成花原基或花序原基。这时的芽就称为花芽，花芽形成花的各个部分，在花的生长发育过程中产生大小孢子并分别发育形成雌雄配子体，产生雌雄配子，经有性生殖过程，产生果实与种子。

9.1 花

9.1.1 花的组成与基本结构

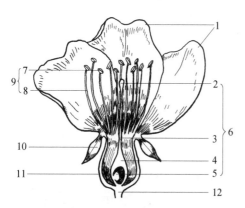

图 9.1 花的结构

1. 花冠；2. 柱头；3. 花柱；4. 子房；5. 胚珠；6. 雌蕊；7. 花药；8. 花丝；9. 雄蕊；10. 花萼；11. 花托；12. 花柄

花是适应于繁殖功能的变态枝。花的各部分从形态上看具有茎和叶的一般性质，它是不分枝的变态短枝。

一朵完整的花可以分成 5 个部分：花柄（pedicel）、花托（receptacle）、花被（perianth）、雄蕊群（androecium）和雌蕊群（gynoecium）（图 9.1）。

9.1.1.1 花柄和花托

花柄（花梗）是着生花的小枝，花柄的长短因植物种类而异，花柄的顶端膨大部分为花托，花的其他部分按一定方式着生于花托上。较原始的被子植物如玉兰（*Yulania denudata*），花托为棒状，花的各部分螺旋状排列其上。随植物的演化，在不同植物群中花托呈现不同的形状，在多数种类中，花托缩短，在某些种类中花托凹陷呈杯状甚至呈筒状（图 9.2）。

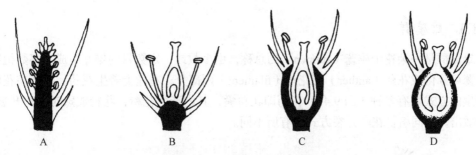

图 9.2　几种不同形状的花托
A. 棒状花托；B. 圆锥花托；C. 杯状花托；D. 杯状花托与子房壁愈合

9.1.1.2　花被

花被着生于花托边缘或外围，有保护作用，有些植物的花被还有助于吸引昆虫传送花粉。很多植物的花被分化成内外两轮，称两被花。外轮花被多为绿色，称花萼（calyx），由多片萼片（sepal）组成；内轮花被多有鲜艳的颜色，称花冠（corolla），由多片花瓣（petal）组成。有些植物的花被没有分化成两部分，称同被花，如百合属（*Lilium*）的花。有些植物的花被仅存一轮，另一轮退化，为单被花。有些植物无花被，称无被花或裸花，如桦属（*Betula*）。花被有很多变异，花萼或花冠形态与大小不同，花瓣和萼片有分离与联合之分，花冠的形状可有多种，如十字形、钟状和漏斗状等（图 9.3）。

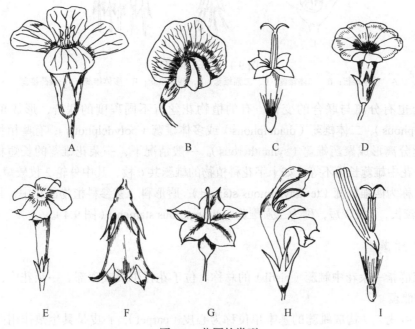

图 9.3　花冠的类型
A. 十字形；B. 蝶形；C. 管状；D. 漏斗状；E. 高脚碟状；F. 钟状；G. 辐状；H. 唇形；I. 舌状

9.1.1.3 雄蕊群

雄蕊群是一朵花中雄蕊（stamen）的总称，由多数或一定数目的雄蕊组成。多数植物的雄蕊可分化成花药（anther）与花丝（filament）两部分，花丝上着生花药，花药在花丝上着生的方式可有多种（图9.4）。花药即花粉囊，其内产生花粉，花粉成熟时花药开裂，花粉散出。不同植物花药开裂方式也有所不同。

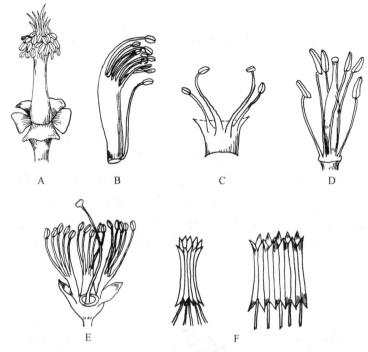

图 9.4　雄蕊的类型
A. 单体雄蕊；B. 二体雄蕊；C. 二强雄蕊；D. 四强雄蕊；E. 多体雄蕊；F. 聚药雄蕊

雄蕊也有分离与联合的变化，有的植物花丝有不同程度的联合，形成单体雄蕊（monadelphous）、二体雄蕊（diadelphous）或多体雄蕊（polydelphous）；有些植物花药联合而花丝分离形成聚药雄蕊（synantherous）。一般情况下，一朵花雄蕊的长短相等，但也有同一花中雄蕊长短不等，如十字花科植物的雄蕊共6枚，其中外轮2枚较短，内轮4个较长，称为四强雄蕊（tetradynamous stamen）；唇形科、玄参科植物的花中，具4枚雄蕊，2枚较长，2枚较短，称为二强雄蕊（didynamous stamen）（图9.4）。

9.1.1.4 雌蕊群

雌蕊群指一朵花中雌蕊（pistil）的总称。位于花托中央或顶部。一朵花中，可有一枚或多枚雌蕊。

（1）心皮　构成雌蕊的基本单位称为心皮（carpel），心皮是具生殖作用的变态叶（图9.5）。在一朵花中雌蕊仅由一个心皮组成的，称单雌蕊（simple pistil）；多数植物雌蕊群有多个心皮，有的植物每个心皮彼此分离，称离生雌蕊（apocarpous pistil）（也属单雌

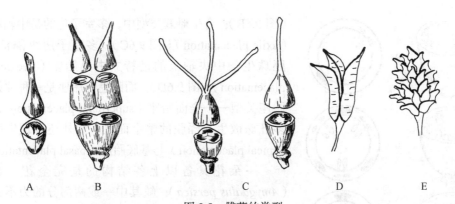

图 9.5 雌蕊的类型

A. 单心皮雌蕊；B. 二心皮雌蕊；C. 三心皮复雌蕊；D. 三心皮单雌蕊；E. 多心皮单雌蕊

蕊），有的植物仅一枚雌蕊，但雌蕊由多个心皮联合形成，称合生雌蕊（syncarpous pistil）[复雌蕊（compound pistil）]。在不同植物中，合生雌蕊心皮的联合程度不同（图 9.5）。在离生雌蕊中，每一心皮两侧的边缘各自愈合；而在合生雌蕊中，不同心皮的两侧边缘相互愈合。心皮边缘愈合之处的线称腹缝线，心皮主脉处称为背缝线。

（2）雌蕊的结构　　雌蕊一般可分为柱头（stigma）、花柱（style）和子房（ovary）三部分（图 9.5）。

1）柱头。柱头位于雌蕊的顶端，多有一定的膨大或扩展，是接受花粉的部位。柱头表皮细胞呈乳突状、毛状或其他形状，柱头有湿型和干型两类。湿型柱头在传粉时表面有柱头分泌液，含有水分、糖类、脂类、酚类、激素和酶等，可黏附花粉，并为花粉萌发提供水分和其他物质，如棉属（*Gossypium*）、烟草（*Nicotiana tabacum*）等植物的柱头。干型柱头表面无分泌液，其表面亲水的蛋白质表膜能从膜下的角质层中断处吸取水分，如小麦（*Triticum aestivum*）、水稻（*Oryza sativa*）等植物的柱头。

2）花柱。花柱是连接柱头与子房的部分，分为空心的与实心的两类。空心花柱中空，中央是花柱道；实心花柱中央是引导组织（transmitting tissue），花粉管穿过引导组织进入子房。

3）子房。子房是雌蕊基部膨大的部分，着生于花托上。子房内中空部分称子房室，不同植物子房室的数目有所不同，离生雌蕊的子房各有一室；合生雌蕊的子房可有一室或多室，多室子房子房室的数目与心皮的数目相同，这是因为这类合生雌蕊的心皮边缘愈合后向内卷入，在中央汇集形成一中轴。合生雌蕊一室的子房有两种情况：多个心皮仅在边缘愈合；多室子房的纵隔膜消失，留下中央轴。

子房室内心皮腹缝线处或中轴处着生胚珠（ovule），胚珠为一卵形结构。子房室中胚珠数目因种而异，为一至多个。胚珠由珠被、珠心、珠柄和珠孔等组成。珠心相当于大孢子囊，其内产生大孢子，大孢子发育形成胚囊。卵和胚胎等在胚囊中形成和发育。

4）胎座及其类型。胚珠着生在腹缝线上的膨大突起称为胎座（placenta）。胎座因心皮的数目和心皮连接的方式有不同类型。离生雌蕊的子房是边缘胎座（marginal placentation）（图 9.6A）；多心皮边缘愈合形成 1 室子房的为侧膜胎座（parietal placentation）

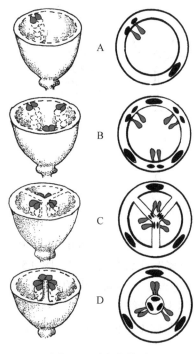

图 9.6 胎座的类型
A. 边缘胎座；B. 侧膜胎座；C. 中轴胎座；D. 特立中央胎座

（图 9.6B）；合生雌蕊类型中，多室子房的是中轴胎座（axile placentation）（图 9.6C）；多室子房纵隔消失，胚珠生于中央轴上的是特立中央胎座（free-central placentation）（图 9.6D）；而睡莲的胎座是一种原始的胎座类型——全面胎座（superficial placentation），许多胚珠散生在隔膜的整个面上。此外还有顶生胎座（apical placentation）与基底胎座（basal placentation）。

一朵花具备以上各结构的是完全花，如桃（*Amygdalus persica*）；缺其中一或两部分的为不完全花，如杨属（*Populus*）的花是无被花，花萼花冠皆无；铁线莲（*Clematis florida*）仅有花萼，缺少花冠，为单被花；一朵花中雌蕊和雄蕊都有的为两性花；缺少一种花蕊的为单性花，其中仅有雄蕊的为雄花，仅具雌蕊的为雌花，如黄瓜（*Cucumis sativus*）；有花被而无花蕊的为无性花或中性花，如向日葵（*Helianthus annuus*）花盘的边花。雌花与雄花生于同一植株的，为雌雄同株，如黄瓜；雌花与雄花生于不同植株的为雌雄异株，如杨属。两性花与单性花共同生于一植株上的为杂性同株，如柿（*Diospyros kaki*）。

9.1.2 花各部分结构的多样性及其演化

尽管所有被子植物的花均有相似的基本结构，但花的各部分在形态、数目、联合与排列方式上仍表现出丰富的多样性，而这种多样性则是伴随着被子植物漫长的演化历程逐渐形成的。虽然在每一种植物中，花的形态是相对固定的，但在被子植物的不同类群中，花的形态有较大的变异，因而花部特征可作为被子植物分类的重要依据。从各类被子植物花各部分的形态结构特点中，可看到存在着以下演化趋势。

9.1.2.1 花部数目的变化

花部数目的变化是从多而无定数到少而有定数。玉兰等较原始的被子植物，雄蕊和雌蕊多而无定数；在大多数被子植物中，花被、雄蕊、雌蕊数目减少，稳定在 3 基数（多为单子叶植物）、4 基数和 5 基数（多为双子叶植物），或为 3、4、5 的倍数。花被相对稳定的数目称花基数。花部的数目在演化中趋向于退化减少，如紫丁香（*Syringa oblata*）为 4 基数花，仅有 2 枚雄蕊，另 2 枚在演化中退化消失。

9.1.2.2 排列方式的变化

在较原始的被子植物中花部呈螺旋状排列，如玉兰，其花部螺旋排列于棒状花托上；在多数植物中花部呈轮状排列，花部呈轮状排列的花托多呈平顶状，如白菜（*Brassica pekinensis*）。

9.1.2.3 对称性的变化

花部在花托上排列，会形成一定的对称面。通过花的中心能做出多个对称面的，为辐射对称，这种花也称为整齐花，如桃、石竹（*Dianthus chinensis*）。通过中心只能做出一个对称面的，为两侧对称，这种花也称为不整齐花，如兰科植物的花。

9.1.2.4 子房位置的变化

原始类型的花托为棒状，在演化中渐成为圆锥状或平顶状，子房着生在花托上，仅底部与花托相连，这种情况称为子房上位。有些植物的花托在演化中进一步中央凹陷，形成凹浅杯或杯顶状，这种凹陷的程度在不同植物中是有所不同的，在月季（*Rosa chinensis*）等蔷薇科植物中，花托凹陷虽很深，子房着生在花托底部，但仅子房底部与花托相连，子房壁与花托并不愈合，仍属子房上位。如果凹陷的花托包围子房壁并与之愈合，仅留花柱和柱头露在花托外，这种情况称为子房下位，如苹果、向日葵等。子房壁下半部与花托愈合，而上半部分离，花萼花冠及雄蕊生于子房上半部的周围，为子房半下位，如虎耳草（*Saxifraga stolonifera*）等。由于下陷花托与子房壁的愈合，下位及半下位子房较好地受到保护。

相对于子房位置来说，花被的位置也有上位、下位和周位等（图9.7）。

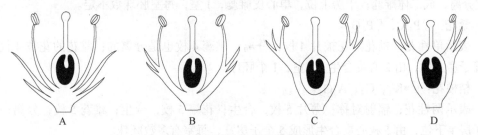

图 9.7　子房的位置和花的位置
A. 子房上位，花下位；B. 子房上位，花周位；C. 子房半下位，周位花；D. 子房下位，花上位

在同一种植物中，花各部分的演化是不同步的，如苹果，其花萼、花冠离生，雄蕊多数，是原始的表现，而其子房下位又是进步的特征。此外，在栽培植物中花各部分的相互转变也很常见，很多重瓣花的雄蕊减少，花瓣增多，在芍药（*Paeonia lactiflora*）中可观察到有些花瓣上有残存的花药。

9.1.3 花程式和花图式

用字母、数字、符号写成固定的公式表示花的性别、对称性及花被、雄蕊群、雌蕊群的情况称花程式（flower formula）。用花的理想横切面图案表示花结构的则称花图式（flower diagram）。

9.1.3.1 花程式

花程式的优点是简单而易于掌握，书写方便，能较全面地体现花的整体特征；缺点是缺少直观性，不能表现各部的形态、大小或排列关系。基本书写原则如下。

1）以"☿"代表两性花，"♂"代表雄花，"♀"代表雌花。

2）以"*"代表整齐花（辐射对称），以"↑"代表不整齐花（两侧对称）。

3）以每一轮花部拉丁名词的第一个大写字母代表花的各部："K"代表花萼（calyx，为避免与花冠重复，故采用其字源希腊语 kalus 的第一个字母）；"C"代表花冠（corolla），如果花被不分化花萼和花冠，可用"P"代表花被（perianth）；"A"代表雄蕊群（androecium）；"G"代表雌蕊群（gynoecium）。

4）以字母右下角数字代表各部的数目，"∞"代表多数，"0"代表缺失，数字外加括号代表联合。

5）子房位置用 G 加横线表示，子房上位在 G 下面划横线，子房下位在 G 上面划横线，子房半下位在 G 上下各划一横线。G 右下角后面有 3 个数用"："隔开，第 1 个数为 1 朵花中的心皮总数，第 2 个数为每个雌蕊的子房室数，第 3 个数为每个子房室中的胚珠数。

6）若某一花部不止一轮，可在各轮数目间用"+"相连，若某一花部的数目有多种情况，可在各数间用"，"分隔。

举例说明如下：

豌豆花：$☿ ↑ K_{(5)} C_5 A_{(9)+1} \underline{G}_{(1:1:\infty)}$

表示两性花；两侧对称；萼片 5 枚，合生；花瓣 5 枚，分离；雄蕊 10 枚，9 枚合生，1 枚分离，成二体雄蕊；子房上位，单心皮雌蕊，1 室，每室胚珠数不定。

桑花：$♂ P_4 A_4 , \quad ♀ P_4 \underline{G}_{(2:1:1)}$

表示单性花，雄花的花被片 4 枚，分离；雄蕊 4 枚也是分离的；雌花的花被 4 枚；雌蕊子房上位，由 2 心皮合生，1 室，1 个胚珠。

桔梗花：$☿ * K_{(5)} C_{(5)} A_5 \overline{\underline{G}}_{(5:5:\infty)}$

表示两性花；辐射对称；萼片 5 枚，合生；花瓣 5 枚，合生；雄蕊 5 枚，分离；雌蕊子房半下位，由 5 枚心皮合生形成 5 个子房室，每室有多数胚珠。

百合花：$☿ * P_{3+3} A_{3+3} \underline{G}_{(3:3:\infty)}$

表示两性花；辐射对称；花被两轮，每轮有 3 枚花被片，分离；雄蕊两轮，每轮 3 枚，分离，雌蕊子房上位，由 3 枚心皮合生，3 个子房室，每室有多数胚珠。

9.1.3.2 花图式

花图式是以花的横切面为依据的图解式。可表示花各部分的数目、形态及其在花托上的排列方式等。如图 9.8 所示，上方的小圆圈表示花序轴位置。在花序轴相对一方黑色带棱的弧线表示苞片，其内侧由斜线组成带棱的新月形符

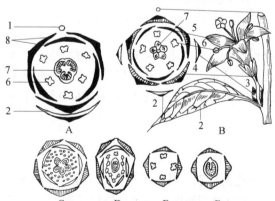

图 9.8　花图式

A. 单子叶植物；B. 双子叶植物；C. 苹果；D. 豌豆；
E. 桑的雄花；F. 桑的雌花

1. 花序轴；2. 苞片面；3. 小苞片；4. 萼片；5. 花瓣；
6. 雄蕊；7. 雌蕊；8. 花被

号表示萼片，空白的新月形符号表示花瓣，雄蕊和雌蕊分别用花药和子房横切面表示。

9.1.4 花序

有的植物的花单生于枝的顶端或叶腋，称单生花，如牡丹（*Paeonia suffruticosa*）、杏（*Armeniaca vulgaris*）。有的植物由数朵小花按一定的方式排列在花轴上，称花序（inflorescence）。花序的总花梗（peduncle）或主轴，称花序轴（rachis）或花轴，花序轴可以分枝或不分枝。花序上的花叫小花，小花的梗称小花梗。无叶的总花梗，称花葶（scape）。根据花在花轴上排列的方式及开放顺序，花序的种类常可分为以下几种。

9.1.4.1 无限花序（indefinite inflorescence）（总状花序类）

在开花期内，花序轴顶端继续向上生长，产生新的花蕾，开放顺序是花序轴基部的花先开，然后向顶端依次开放，或由边缘向中心开放，这种花序称无限花序（图9.9）。

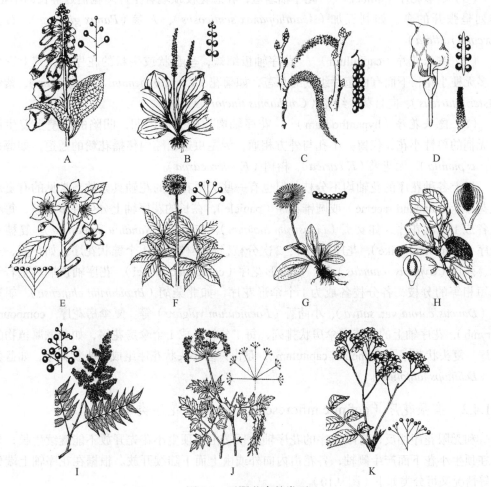

图 9.9 无限花序的类型

A. 总状花序；B. 穗状花序；C. 柔荑花序；D. 肉穗花序；E. 伞房花序；F. 伞形花序；
G. 头状花序；H. 隐头花序；I. 复总状花序；J. 复伞形花序；K. 复伞房花序

（1）总状花序（raceme）　花序轴细长，上面着生许多花柄近等长的小花，如紫藤（*Wisteria sinensis*）、芥菜（*Brassica juncea*）。

（2）穗状花序（spike）　似总状花序，但小花具短柄或无柄，如车前（*Plantago asiatica*）、知母（*Anemarrhena asphodeloides*）。

（3）柔荑花序（catkin）　似穗状花序，但花序轴下垂，其上着生许多无柄的单性小花，花开放后整个花序脱落，如杨属、柳属（*Salix*）、胡桃（*Juglans regia*）。

（4）肉穗花序（spadix）　似穗状花序，但花序轴肉质肥大呈棒状，其上密生许多无柄的单性小花，在花序外面常具一大型苞片，称佛焰苞（spathe），故又称佛焰花序，是天南星科植物的主要特征，如半夏（*Pinellia ternata*）、天南星（*Arisaema heterophyllum*）、马蹄莲（*Zantedeschia aethiopica*）。

（5）伞房花序（corymb）　似总状花序，但花梗不等长，下部的长，向上逐渐缩短，整个花序的小花几乎排在同一平面上，如苹果、山楂（*Crataegus pinnatifida*）。

（6）伞形花序（umbel）　花序轴缩短，在总花梗顶端着生许多花柄近等长的小花，排列呈张开的伞，如刺五加（*Acanthopanax senticosus*）、人参（*Panax ginseng*）、石蒜（*Lycoris radiata*）。

（7）头状花序（capitulum）　花序轴极缩短，呈盘状或头状的花序托，其上密生许多无梗小花，下面有由苞片组成的总苞，如菊花（*Chrysanthemum×morifolium*）、紫菀（*Aster tataricus*）、向日葵、红花（*Carthamus tinctorius*）。

（8）隐头花序（hypanthodium）　花序轴肉质膨大而内凹，凹陷的内壁上着生许多无柄的单性小花，仅留一小孔与外方相通，为昆虫进出腔内传播花粉的通道，如薜荔（*Ficus pumila*）、无花果（*F. carica*）、榕树（*F. microcarpa*）。

以上各种花序的花轴均不分枝。但也有一些无限花序的花轴具分枝，常见的有复总状花序（compound raceme）或圆锥花序（panicle），在长的花序轴上分生许多小枝，每小枝各成1总状花序，如女贞（*Ligustrum lucidum*）、南天竹（*Nandina domestica*）。复穗状花序（compound spike），花序轴有1、2次分枝，每小枝各成1个穗状花序，如小麦、玉米、莎草（*Cyperus rotundus*）等。复伞形花序（compound umbel），花序轴顶端丛生若干长短相等的分枝，各分枝各成为1个伞形花序，如北柴胡（*Bupleurum chinense*）、胡萝卜（*Daucus carota* var. *sativa*）、小茴香（*Foeniculum vulgare*）等。复伞房花序（compound corymb），花序轴上的分枝成伞房状排列，每1分枝各成1个伞房花序，如花楸属植物的花序。复头状花序（compound capitulum），是由许多小头状花序组成的头状花序，如蓝刺头（*Echinops latifolius*）。

9.1.4.2　有限花序（definite inflorescence）（聚伞花序类）

和无限花序相反，有限花序的花序轴的顶端由于顶生小花先开放不能继续生长，只能在顶生小花下面产生侧轴，各花由内向外或由上而下陆续开放。根据在花序轴上端分枝等情况又可分类如下（图9.10）。

（1）单歧聚伞花序（monochasium）　花序轴顶端生1朵小花，先开放，而后在其下方产生1侧轴，同样顶端生1朵小花，这样连续分枝便形成了单歧聚伞花序。若花

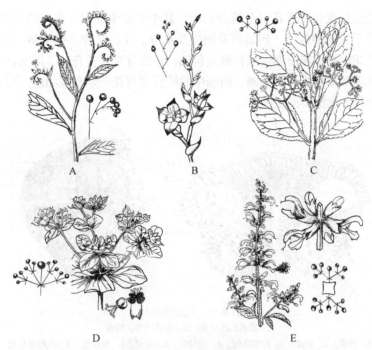

图 9.10　有限花序的类型
A. 螺旋状聚伞花序；B. 蝎尾状聚伞花序；C. 二歧聚伞花序；D. 多歧聚伞花序；E. 轮伞花序

序轴下分枝均向同一侧生出而呈螺旋状，称螺旋状聚伞花序（helicoid cyme），如紫草（*Lithospermum erythrorhizon*）、附地菜（*Trigonotis peduncularis*）。若分枝呈左、右交替生出，且分枝与花不在同一平面上的，称蝎尾状聚伞花序（scorpioid cyme），如唐菖蒲（*Gladiolus gandavensis*）、射干（*Belamcanda chinensis*）。

（2）二歧聚伞花序（dichasium）　　花序轴顶生小花先开，在其下方2侧各生出1等长的分枝，每分枝以同样方式继续开花和分枝，称二歧聚伞花序，如卫矛（*Euonymus alatus*）、大叶黄杨（*Buxus megistophylla*）、石竹。

（3）多歧聚伞花序（pleiochasium）　　花序轴顶生小花先开，顶生小花下同时产生数个侧轴，侧轴比主轴长，各侧轴又形成小的聚伞花序，称多歧聚伞花序。若花轴下生有杯状总苞，则称为杯状聚伞花序（大戟花序），是大戟科大戟属特有的花序类型，如京大戟（*Euphorbia pekinensis*）、泽漆（*E. helioscopia*）、甘遂（*E. kansui*）。

（4）轮伞花序（verticillaster）　　聚伞花序生于对生叶的叶腋成轮状排列，称轮伞花序，如益母草（*Leonurus heterophyllus*）、薄荷等唇形科植物。

此外，有些植物在花轴上生有两种不同类型的花序，称混合花序，如紫丁香（*Syringa oblate*）、葡萄为聚伞花序圆锥状，黄毛楤木（*Aralia chinensis*）为伞形花序圆锥状。

9.2　雄性生殖器官的结构与功能

雄蕊是被子植物的雄性生殖器官，由花药和花丝两部分组成。花丝一般细长，由一层角质化的表皮细胞包围着花丝的薄壁组织，其中央是维管束。花丝的功能是连接并支撑花药，有利于花药的传粉、转运营养物质及水分。花药又称小孢子囊。一般被子植物的花药有4个花粉囊，花粉囊由花粉囊壁包围，内部含有大量花粉（图9.11）；左右两侧花粉囊之间是薄壁细胞构成的药隔，药隔中的维管束与花丝维管束相连。当花粉成熟时，药隔每一侧的两个花粉囊相互连通。

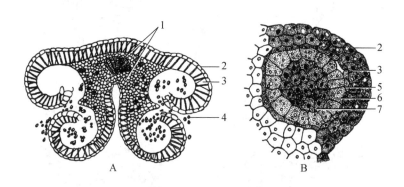

图 9.11　花药的结构
A. 成熟的花粉囊；B. 未成熟的花粉囊
1. 药隔；2. 表皮；3. 药室内壁；4. 花粉粒；5. 中层；6. 绒毡层；7. 花粉母细胞

9.2.1　花药的发育

在花器官发生早期，雄蕊原基自花原基侧面产生，最初的雄蕊原基由外面的表皮包裹一群分裂活跃的细胞组成。后来，在花药原基的4个角隅处的表皮以内形成4个孢原细胞（archesporial cell）。这些细胞的细胞核较大，细胞质浓。孢原细胞进行平周分裂，形成两层细胞，外层为初生周缘细胞，或称为初生壁细胞（primary parietal cell），此层细胞继续进行平周分裂和垂周分裂，产生3～5层细胞，并连同最外面的表皮构成早期的花粉囊壁。内层的初生造孢细胞（sporogenous cell）直接或进行少数几次分裂后发育成花粉母细胞（图9.12）。花药原基中部的细胞群将发育形成药隔和维管束。

9.2.1.1　花粉囊壁的发育

花粉囊壁成熟过程中，由初生周缘细胞进行数次平周分裂，形成3层或多层细胞，连同表皮，共同组成花粉囊壁。当花粉囊壁分化成熟时，从外向内依次有表皮、药室内壁、中层和绒毡层4个部分。

9.2.1.2　花粉囊壁的结构与功能

（1）表皮　为一层细胞，由花药原基的表皮进行垂周分裂，并切向引长而形成，行使保护功能。其外切向壁外有薄的角质层，有些植物花粉囊壁的表皮上有绒毛或气孔。

（2）药室内壁　通常为一层细胞，常贮有淀粉粒，或含有脂体。在多数植物中，药室内壁在发育的晚期，其内切向壁、横壁会出现沿径向方向排列的纤维状的细胞壁加厚带，这时的药室内壁也称纤维层（fibrous layer）；此加厚条带为纤维素性质的，成熟时

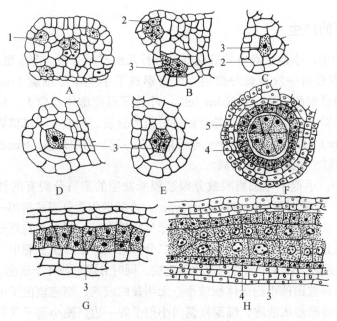

图 9.12　小麦花药的发育
A. 幼嫩花药横切面，示孢原细胞；B. 孢原细胞分裂成初生壁细胞和造孢细胞；
C～F. 花药壁的发育与花粉母细胞的形成；G. E 的纵切面；H. F 的纵切面
1. 孢原细胞；2. 初生壁细胞；3. 造孢细胞；4. 绒毡层；5. 花粉母细胞

含有木质素（图 9.11A）。在同侧的两个花粉囊之间的交界处，有几个不加厚的细胞，称裂口。药室内壁与花药开裂有关。开花时，花药表皮和纤维层的细胞失水，由于加厚带的存在，细胞会沿切向发生收缩，这种张力作用于未加厚的裂口，使其破裂，花粉散出。在一些闭花受精的植物或顶孔开裂的植物中，药室内壁不发育出加厚带。

（3）中层　　通常由 1～3 层细胞组成，一般含有淀粉粒或其他贮藏物。在花药发育过程中，中层逐渐解体，成熟的花药中一般已不存在中层。少数植物的部分中层细胞也会发生纤维状的加厚。

（4）绒毡层　　绒毡层是花粉囊壁最内层，由 1 层细胞组成。其细胞较大，细胞质浓厚，含有丰富的 RNA 和蛋白质，还富含油脂和类胡萝卜素等。在花药发育的早期，绒毡层细胞是单核的，在花粉母细胞减数分裂前后，绒毡层细胞核分裂常不伴随新壁形成，成为 2 核或多核的细胞。绒毡层具有分泌细胞的特点，在小孢子形成后，绒毡层细胞分泌功能旺盛，向发育中的花粉提供营养物质。绒毡层能分泌胼胝质酶溶解四分体的胼胝质壁，使小孢子从四分体中释放出来；绒毡层还有合成孢粉素的功能，对花粉外壁发育有重要作用；在一些植物中绒毡层还合成花粉外壁蛋白，这些蛋白质与花粉和柱头的识别作用有关。绒毡层在四分体时期或小孢子时期出现退化的迹象，在小孢子发育的晚期或晚些时期解体，到花粉成熟时绒毡层已完全解体。花粉壁外的一些脂类物质也来自于绒毡层。被子植物的绒毡层可区分为腺质绒毡层（glandular tapetum）和变形绒毡层（amoeboid tapetum）两类。

9.2.2　小孢子的产生

在多数植物中，小孢子囊里的造孢细胞进行几次有丝分裂，产生更多的造孢细胞，常呈多角形，在最后一次有丝分裂后，发育形成了小孢子母细胞（microspore mother cell），也称花粉母细胞（pollen mother cell）。小孢子母细胞体积较大，核大，细胞质浓厚，渐渐分泌出胼胝质的细胞壁，并开始进行减数分裂，形成 4 个单倍体的细胞，即小孢子（microspore）。最初形成的 4 个小孢子集合在一起，称四分体（tetrad）。以后，四分体的胼胝质壁溶解，小孢子彼此分离。

被子植物中，小孢子母细胞减数分裂过程所发生的胞质分裂有两种类型：连续型（successive type）和同时型（simultaneous type）。连续型胞质分裂是指第一次和第二次分裂后均出现壁，这种小孢子发生类型在单子叶植物最常见。同时型胞质分裂是指减数分裂第一次分裂后并不形成细胞壁，也就没有二分体时期。第二次分裂中，两个核同时进行分裂，分裂完成后，在 4 个核之间产生细胞壁，同时分隔形成 4 个细胞。

从四分体中释放出的小孢子体积较小，无明显的液泡，细胞核位于中央，有薄的孢粉素外壁，以后逐渐形成液泡，细胞核偏向小孢子的一边，使小孢子具有了极性。有些植物的小孢子要经过几天、数周或数月的静止期后再进一步发育。北方有些木本植物如连翘（*Forsythia suspensa*）在初秋就已形成小孢子，发育停滞处于休眠状态，到冬季结束时才继续发育。

9.2.3　雄配子体的形成

小孢子随后进行一次不对称的有丝分裂，形成两个细胞的花粉粒，称雄配子体。花粉中大细胞称为营养细胞，小细胞为生殖细胞。最初形成的生殖细胞贴着花粉壁呈凸透镜状，随着雄配子体的发育，生殖细胞逐渐从花粉的内壁交界处向内推移，细胞变为向心突出的圆形，最后整个生殖细胞脱离花粉壁，游离在营养细胞的细胞质中，细胞壁也逐渐消失，形状也由圆形变为纺锤形或长椭圆形（图 9.13）。

被子植物约 1/3 的科中，在雄配子体成熟之前，生殖细胞要进行一次分裂，形成 2 个精子，此类花粉称为三细胞型花粉（成熟的雄配子体）。另有 1/3 科中，成熟花粉为二细胞的，这类花粉的生殖细胞在花粉管中分裂形成 2 个精子。还有一些被子植物兼有二细胞和三细胞的花粉（图 9.13）。

9.2.4　成熟花粉的结构与功能

成熟花粉是被子植物的雄配子体，其功能是产生精子并运载雄配子进入雌蕊的胚囊中，以实现双受精。

9.2.4.1　花粉粒的形态

被子植物的花粉粒直径多在 15～50μm。水稻为 42～43μm，棉花为 125～138μm，南瓜属花粉的直径可达 200μm 以上。花粉表面薄弱的区域形成萌发孔（aperture），长的称为沟（colpus），短的称为孔（pore），与花粉的萌发有关。在不同植物中萌发孔的数目、

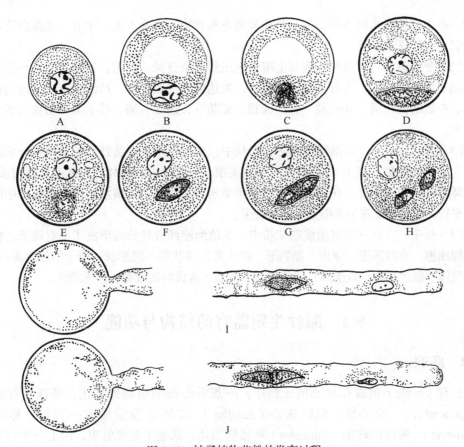

图 9.13　被子植物花粉的发育过程

A. 早期的小孢子；B. 液泡期的小孢子；C，D. 小孢子经有丝分裂形成二细胞型花粉；
E，F. 二细胞型花粉的发育；G，H. 花粉粒中的生殖细胞分裂形成 2 个精子，成为三细胞型花粉；
I，J. 二细胞型的花粉萌发后，生殖细胞进入花粉管中分裂形成 2 个精子

形状、在花粉粒上着生的位置等都有很大差异。花粉表面形态也有多种变化，有光滑的、具疣的、具刺的、具条纹的、具网的等。花粉粒的形状大小及萌发孔的数目、位置、形态，以及花粉壁的雕纹等不仅在单子叶与双子叶植物之间有区别，而且在不同属种有特异性，这些特征被用来研究植物的系统分类、演化、地理分布等，并由此发展成一门学科，称为孢粉学（palynology）。

9.2.4.2　花粉粒的结构

（1）花粉壁　　成熟花粉壁可明显区分两层，外壁（extine）和内壁（intine）。外壁较厚，又可分为外壁外层和外壁内层，外壁外层由鼓槌状的基柱组成。构成外壁的主要成分为孢粉素，具有抗酸和抗生物分解的特性。因此可在地层中找到古代植物遗留的花粉。外壁的大部分孢粉素物质来自绒毡层，外壁的腔中还有由绒毡层合成的蛋白质、脂类和酶，其中一些蛋白质与花粉和柱头间的识别反应，以及人对花粉的过敏反应有关。花粉内壁的主要成分是果胶质和纤维素，与体细胞的初生壁相似。内壁也含有蛋白质，

其中一些蛋白质是水解酶类，与花粉萌发及花粉管穿入柱头有关，也有一些蛋白质在受精的识别中具一定作用。

（2）营养细胞　　营养细胞与生殖细胞虽然都来自同一细胞，但它接受了小孢子的大量细胞质和细胞器，含有丰富的核糖体，发达内嵴的线粒体，活跃地产生小泡的高尔基体，扩展的内质网。并贮藏大量的淀粉、脂肪等，还含有酶、维生素、植物激素、无机盐等。

（3）生殖细胞　　二细胞型成熟花粉粒中，生殖细胞多为纺锤形的裸细胞，细胞核较大，染色质凝集，具1~2个核仁。细胞质很少，其中有线粒体、高尔基体、内质网、核糖体和微管等细胞器，在多数植物中生殖细胞内无质体，生殖细胞中的微管与细胞的长轴平行，微管与维持生殖细胞的形状有关。

（4）精子　　在三细胞型成熟花粉中，生殖细胞经有丝分裂形成了一对精子。精子也是裸细胞，有纺锤形、球形、椭圆形、蠕虫形、带状等不同形状。精子的细胞质稀少，有线粒体、高尔基体、内质网、核糖体等细胞器，有成群的微管，但无质体。

9.3　雌性生殖器官的结构与功能

9.3.1　胚珠

胚珠（ovule）包被在雌蕊的子房中，一般沿心皮的腹缝线着生，胚珠具有珠被（integument），一或二层，包围珠心（nucellus），在胚珠顶端形成一开口，称珠孔（micropyle），胚珠以珠柄（funiculus）和胎座相连，珠柄中有维管束，向上分布到珠被中，沟通子房与胚珠。珠被、珠心、珠柄3部分相结合的部位称合点（chalaza）（图9.14）。幼小的子房中，心皮腹缝处产生一团细胞，这些细胞分裂增生，发育形成珠心。在珠心

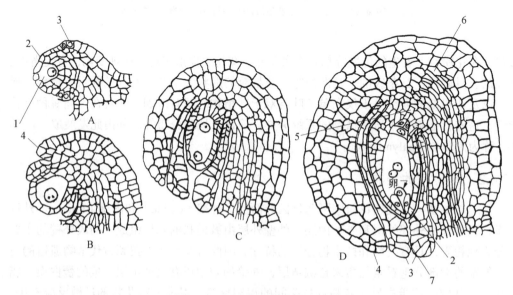

图9.14　胚珠的发育过程（A→D）

1. 大孢子母细胞；2. 珠心；3. 内珠被；4. 外珠被；5. 合点区；6. 原形成层；7. 珠孔

基部外围有些细胞分裂快，很快形成了包围在胚珠周围的珠被，顶端留下了珠孔。在有些植物中，可产生内珠被（inner integument）和外珠被（outer integument），如百合，其外珠被是在内珠被发生以后以同样的方式在其外方发生的。在另一部分植物中仅有一层珠被。

在多数植物中，由于胚珠在发育过程中各部分的细胞分裂和生长速率不同，形成了不同类型的胚珠。例如，各部分生长均匀的胚珠，珠孔、合点与珠柄位于一条直线上，称直生胚珠（orthotropous ovule），如掌叶大黄（*Rheum palmatum*）；胚珠呈180°倒转，珠孔邻近珠柄基部的称倒生胚珠（anatropous ovule），这种胚珠的珠柄多与外珠被愈合，形成向外突起的珠脊（raphe），大部分被子植物的胚珠是倒生胚珠；还有一些植物的胚珠在以上两类之间（图9.15）。

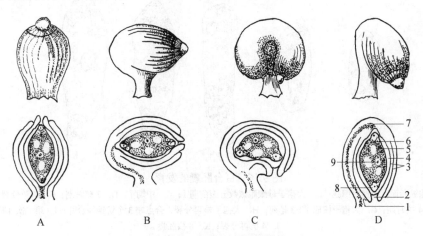

图 9.15　胚珠的类型及结构
A. 直生胚珠；B. 横生胚珠；C. 弯生胚珠；D. 倒生胚珠
1. 珠柄；2. 珠孔；3. 珠被；4. 珠心；5. 胚囊；6. 反足细胞；7. 合点；8. 卵细胞；9. 极核细胞

9.3.2　胚囊（雌配子体）的结构与发育

珠心（大孢子囊）近珠孔端产生大孢子母细胞（megaspore mother cell），并经减数分裂产生大孢子（megaspore），由大孢子发育形成胚囊。胚囊是被子植物的雌配子体，其内产生雌配子——卵。

9.3.2.1　大孢子的发生

胚珠的珠心是由一团薄壁组织细胞组成的，在早期的珠心中产生孢原细胞，其体积较大，细胞质浓厚，细胞核明显。在一些植物中孢原细胞经一次平周分裂，形成一个大孢子母细胞和一个周缘细胞，周缘细胞可进行有丝分裂形成多层珠心细胞。有些植物的孢原细胞直接发育形成大孢子母细胞。

大孢子母细胞减数分裂产生大孢子或大孢子核的方式有3种。

1）大孢子母细胞经减数分裂后形成4个单倍体的大孢子，大孢子呈直线形排列，这4个大孢子中仅有1个参加胚囊的发育，其余3个都退化了。这种方式产生的胚囊称单孢子胚囊。蓼科植物常见。

2）大孢子母细胞在减数分裂的连续两次分裂中，只发生细胞核的分裂，不进行细胞质分裂，形成 4 个单倍体的大孢子核，这 4 个大孢子核都参与胚囊的发育。这类植物产生的胚囊称四孢子胚囊（图 9.16）。百合属（*Lilium*）植物属于这一类型。

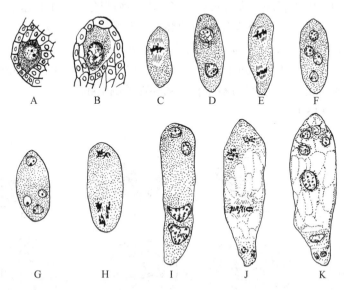

图 9.16 百合胚囊的发育

A. 胚珠纵断面，示孢原细胞；B. 大孢子母细胞减数分裂前期Ⅰ；C. 中期Ⅰ；D. 2 核时期；E. 减数分裂Ⅱ；
F. 第一次 4 核时期；G. 大孢子核成 1+3 排列；H. 大孢子核再分裂，合点端 3 个纺锤体合并；I. 第二次 4 核时期；
J. 4 核再分裂；K. 8 核胚囊

3）大孢子母细胞在减数分裂的第一次分裂后就发生细胞质分裂，形成 2 个单倍体的细胞，其中一个（多为珠孔端的）退化，另一个细胞的单倍体细胞核发生有丝分裂（相当于减数分裂的第二次分裂），形成 2 个单倍体的大孢子核，由这 2 个大孢子核参加胚囊的发育，属双孢子胚囊，如葱（*Allium fistulosum*）。

9.3.2.2 胚囊（雌配子体）的发育

大部分被子植物的胚囊是从 1 个大孢子发育而成的，称单孢型。由于在许多蓼科植物中发现这种类型的胚囊，因而也称蓼型胚囊，小麦、水稻、油菜等植物均为蓼型胚囊，其发育过程如下。

大孢子母细胞减数分裂后形成 4 个大孢子，其中合点端的 1 个细胞发育，体积增大，其余 3 个都退化。这个增大的大孢子也称单核胚囊。大孢子增大到一定程度时，细胞核有丝分裂三次，不发生细胞质分裂，经 2 个、4 个与 8 个游离核阶段，然后产生细胞壁，发育成为成熟胚囊。

在 8 个游离核阶段，胚囊两端最初各有 4 个游离核。以后各端都有一核向中部移动，当细胞壁形成时，成为一个大的细胞，称中央细胞（central cell），其中有 2 个核，称极核（polar nuclei）。珠孔端所余的 3 个核，其周围的细胞质中产生细胞壁，形成 3 个细胞，其中 1 个是卵（egg），另 2 个是助细胞（synergid），由卵与 2 个助细胞组成了卵器（egg apparatus）。在合点端的 3 个核周围的细胞质也产生细胞壁，形成 3 个反足细胞（antipodal cell）。这样就形成了具有 7 个细胞、8 个核的成熟胚囊，即雌配子体。

9.3.2.3 胚囊发育类型的多样性

单孢子、双孢子与四孢子胚囊在后来的发育中依植物种类不同，各自有一些不同的发育特点，形成了多达十余种不同类型的胚囊。这里以百合为例介绍四孢子胚囊中的贝母型胚囊。百合胚珠的珠心仅具一层细胞，胚囊体积较大，易观察。百合大孢子母细胞减数分裂形成 4 个大孢子核，最初呈直线排列，随后 3 个核移向合点端，1 个核留在珠孔端。这两组核随之进行有丝分裂。在有丝分裂的中期，合点端 3 个核所形成的纺锤体和染色体合并，继续完成有丝分裂，形成了两个三倍体的游离核，这两个核体积较大，形状不规则；在珠孔端的 1 个核经正常的有丝分裂形成两个体积相对较小的单倍体核。在以后的发育中，这 4 个核各进行一次有丝分裂，形成 8 核胚囊，并进一步发育形成与蓼型胚囊形态相同的 7 个细胞、8 个核的成熟胚囊。与蓼型胚囊不同的是贝母型胚囊的反足细胞与 1 极核都是 3 倍体的（图 9.16）。

9.3.2.4 成熟胚囊的结构与功能

成熟胚囊是被子植物的雌配子体，其中的卵细胞是雌配子，当它与雄配子融合后，形成二倍体的合子，发育成胚。多数植物的成熟胚囊有 7 个细胞，其精细结构和特点如下（图 9.17）。

（1）卵细胞　成熟的卵细胞呈梨形，仅在珠孔一侧具细胞壁，而合点一侧缺少细胞壁，卵细胞的合点端与助细胞及中央细胞之间仅以两层质膜分界。大液泡位于合点端，而卵核在近珠孔端，细胞器的含量较少，表明卵细胞代谢活动相对较弱。

（2）助细胞　助细胞位于胚囊的珠孔端，细胞质表现出较大的极性，核位于中央或偏向珠孔端，

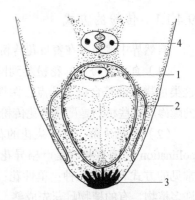

图 9.17　成熟胚囊的雌性生殖单位
1. 卵；2. 助细胞；3. 丝状器；4. 极核

而合点端常有一个大的液泡或许多小液泡，细胞质浓厚，细胞器丰富，包括线粒体、内质网、高尔基体、核糖体、小泡及质体，表现出助细胞的代谢活动非常活跃。光学显微镜下可观察到助细胞的珠孔端存在丝状结构，称为丝状器（filiform apparatus），是由助细胞珠孔端初生壁上沉积的物质而形成的，具有传递细胞的特点。助细胞能够分泌向化性物质，引导花粉管向胚囊生长，并能从珠心吸收营养物质运送至胚囊。受精时一个助细胞被花粉管插入并释放内容物。助细胞是短命的，在受精前后即解体。

（3）中央细胞　中央细胞是胚囊中最大的细胞，具有大液泡，细胞质成一薄层沿胚囊壁分布，但在卵器和反足细胞附近较为集中。受精前具 2 个极核，有些植物的 2 个极核会融合为次生胚乳核。中央细胞在珠孔端与卵器相邻的部位也缺少细胞壁，细胞质中具有丰富的细胞器，显示出它是一个代谢活跃的细胞。

卵细胞与两个助细胞作为一个结构单位，称卵器。而卵细胞、助细胞和中央细胞之间存在大面积细胞接触，细胞之间分布有大量的胞间连丝，在功能上它们又相互合作共同完成双受精，因此称作雌性生殖单位（female germ unit）。

（4）反足细胞　　反足细胞的变异较大，有些植物反足细胞在胚囊成熟时或受精后不久即退化，而有些植物的反足细胞会继续分裂，而且生活期也较长。反足细胞具有丰富的细胞器及贮藏物，参与向胚囊转运营养物质，以及贮存养料供胚和胚乳的发育。

9.4　传粉与受精

当雄蕊中的花粉和雌蕊中的胚囊达到成熟的时期，或是二者之一已经成熟，这时原来由花被紧紧包住的花蕾张开，露出雌、雄蕊，花粉散放，完成传粉过程。传粉之后，接着发生受精作用，从而完成有性生殖过程。

9.4.1　传粉

由花粉囊散出的成熟花粉，借助一定媒介的力量，被传送到同一朵花或另一朵花的雌蕊柱头上的过程，称为传粉（pollination）。

9.4.1.1　传粉的方式

自然界中普遍存在着自花传粉与异花传粉两种方式。

（1）自花传粉　　花粉落到同一朵花的柱头上的过程称自花传粉（self-pollination）。这类植物必能符合以下几点：两性花；雌雄蕊同时成熟；柱头对接受自身花粉无生理上的障碍。有些植物是严格自花传粉的，大部分植物既可自花传粉又可异花传粉。

（2）异花传粉　　一朵花的花粉落在另一朵花的柱头上的过程称异花传粉（cross-pollination）。有些植物是严格异花传粉的，这类植物往往对异花传粉有特殊的适应机制，常见的方式有以下几种：单性花；雌雄蕊不同时成熟，有的植物雄蕊先成熟，如兰科的许多植物，有的植物雌蕊先成熟，如多种风媒花植物；还有很多植物虽雌雄蕊同时成熟，但存在自交不亲和的现象。

9.4.1.2　传粉的媒介

花粉借助于外力被传送到雌蕊的柱头上。传送花粉的外力有风、动物、水等。

（1）风媒花　　风媒花（anemophilous flower）的花粉散放后随风飘散，随机地落到雌蕊的柱头上。风媒花在长期的适应风媒传粉中形成了适应风媒传粉的特征，其花多密集成穗状花序、柔荑花序等，可产生大量的花粉，花粉粒体积小，质轻，较干燥，表面多较光滑，少纹饰。小麦、水稻等的雄蕊花丝细长，开花时花药伸出花外，随风摆动，有利于花粉散放。风媒花雌蕊柱头往往较长，呈羽毛等形状以便接收花粉。花被不显著或不存在。有些风媒植物是单性花或雌雄异株。一些木本的风媒传粉植物往往在春季先叶开花，传粉过程不致被树叶所阻挡，如杨属（*Populus* L.）。

（2）虫媒花　　以昆虫为传粉媒介的花为虫媒花（entomophilous flower）。多数被子植物为虫媒花。传粉的昆虫有蜂类、蝶类、蛾类、蝇类等。这些昆虫在花丛之间往来，在花朵上栖息，采食花粉或花蜜，在与花接触中将花粉从一朵花传到另一朵花，实现了传粉过程。

虫媒花常具备以下特点。

多数具花蜜。蜜腺分布在花的一定部位，多在花的底部，有些植物的花被形成距，花蜜贮于其中。花蜜在外的花由蜂、蝇、甲虫等传粉，花蜜藏于花冠深处或距中的花由口器较长的蝶、蛾类传粉。

虫媒花常具特殊的气味。不同的植物有不同的气味，有不同的昆虫趋附。

虫媒花往往花朵较大而显著，有鲜艳的颜色，白天开花的植物花色可为红、黄、蓝、紫等色，夜间开花的植物花色多为白色，可为夜间活动的昆虫识别。有些植物花朵虽然较少，但密集形成花序，如紫丁香、八仙花等。

虫媒花的花粉粒往往较大，表面附有黏性物质，花粉外壁粗糙，常有刺突。不易为风吹散，易为虫体黏附。花与昆虫在长期的演化中，往往彼此适应，协同演化。

（3）鸟媒花　　在美洲有一类小型的鸟类称蜂鸟（*Heliothrix aurita*），具长喙，能吸食花蜜，传播花粉。鸟媒花（ornithophilous flower）与蜂鸟间在长期的演化中相互适应，形态结构多特化。

（4）水媒花　　水生的被子植物如苦草（*Vallisneria spiralis*）、金鱼藻（*Ceratophyllum demersum*）等借助水力来传粉，称为水媒花（hydrophilous flower）。

9.4.2　受精作用

被子植物的受精作用包括花粉在柱头上的萌发、花粉管在雌蕊组织中的生长、花粉管到达胚珠进入胚囊、花粉管中的两个精子分别与卵和中央细胞结合（双受精）的过程。

9.4.2.1　花粉粒在柱头上的萌发

柱头是花粉萌发的场所，也是花粉与柱头进行细胞识别的部位之一。这种识别机制以花粉和柱头组织间产生的蛋白质为基础。花粉粒的外壁和内壁中分别含有两类不同的蛋白质，前者为花粉成熟时花粉囊壁的绒毡层细胞分泌并储存在花粉外壁的腔隙中，后者是花粉粒在成熟时由自身产生沉积在内壁上。柱头上的乳突细胞角质膜外覆盖有一层蛋白质薄膜。当花粉粒与柱头接触后，花粉粒外壁中的蛋白质便在很短时间内被释放出来，并与柱头上的蛋白质相互作用，如果两者亲和，花粉粒内壁就会释放出角质酶前体，被柱头的蛋白质薄膜活化后，将蛋白质薄膜下的角质膜溶解，花粉管便穿入柱头的乳突细胞；如果两者不亲和，乳突细胞则产生胼胝质，阻碍花粉管的伸入。

花粉粒在柱头上的萌发时间各有不同，如水稻、甘蔗等在传粉后立即萌发；有的则要经过几分钟，如橡胶草约 5min；还有些则需要几个小时甚至更长时间，如甜菜、小麦、棉花等。花粉萌发时对温度和湿度有一定要求，湿度过高或过低对萌发都有影响，大部分植物的萌发温度为 20～30℃。

9.4.2.2　花粉管在雌蕊组织中的生长

花粉管从柱头的细胞壁之间进入柱头，向下生长，进入花柱。

在空心的花柱内，花柱道表面有一层具分泌功能的细胞称通道细胞（channal cell），花粉管沿着花柱道，在通道细胞分泌的黏液中向下生长，如百合科等植物。在多数实心的闭合型花柱中，引导组织的细胞狭长，排列疏松，细胞质浓，高尔基体、核糖体、线粒体等较丰富，胞间隙中充满基质，为果胶质。花粉管就沿引导组织充满基质的细胞间隙中向下生长，如白菜等。

花粉管壁包括果胶质的外层与胼胝质的内层，在光学显微镜下，生长中的花粉管末端为透明的半球形，称为"帽区"。当人为抑制花粉管生长时，这一透明的"帽区"便消失了；当生长恢复后，"帽区"又出现了。可见，花粉管的生长是与末端的"帽区"有关的顶端生长。

花粉管末端生长点的长度约为5μm。在电镜下，可见其含有许多小泡，接近末端的部位，花粉管中有高尔基体、核糖体、微管等细胞器。高尔基体小泡在花粉管生长中起着向花粉管壁转运物质的作用。

在花粉管生长过程中，二细胞型花粉的生殖细胞进行有丝分裂，形成1对精子。由1对精子与营养核构成的雄性生殖单位，作为一个整体位于花粉管的前端。

9.4.2.3　花粉管到达胚珠进入胚囊

花粉管经花柱进入子房后通常沿子房壁或胎座生长，一般从胚珠的珠孔进入胚珠，这种方式称为珠孔受精（porogamy）；少数植物如核桃（*Juglans regia*）的花粉管是从胚珠的合点部位进入胚囊的，称合点受精（chalazogamy）；还有少数植物的花粉管从胚珠的中部进入胚囊，称中部受精（mesogamy）。花粉管进入胚珠后穿过珠心组织进入胚囊（图9.18）。

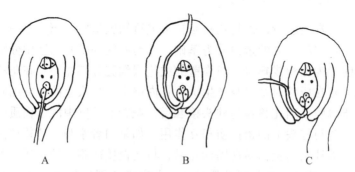

图9.18　花粉管进入胚珠的方式
A. 珠孔受精；B. 合点受精；C. 中部受精

9.4.2.4　双受精

双受精（double fertilization）是指被子植物花粉粒中的1对精子分别与卵和中央细胞

结合。受精卵将来发育成胚，受精的中央细胞将来发育成胚乳。双受精现象在被子植物中普遍存在，也是被子植物所特有的。花粉管进入助细胞后，花粉管顶端形成一孔，花粉管内容物从中释放，进入胚囊。进入胚囊的内容物包括1对精子、营养核和少量细胞质。精子释放出来后移向助细胞的合点端，营养核留在后面。1对精子是从卵和中央细胞无细胞壁的部分分别与卵和中央细胞结合的。在不同植物中，精子细胞质能否进入卵中是有所不同的。超微结构的研究发现，在棉、大麦等植物中，精子的细胞质在受精时没有进入卵细胞，而是留在解体的助细胞中；在白花丹中，精子与卵以细胞融合的方式结合，精子的细胞质进入卵细胞质中。精子的细胞质是否进入卵细胞，关系到父本细胞质遗传基因能否向下一代传递的问题。

受精时，精核在卵中贴近卵核，以融合的方式进入卵核，精子的染色质在卵中分散，最终与卵的染色质混在一起，精子的核仁也与卵的核仁融合，从而完成受精过程。精子的细胞质是能进入中央细胞的，精核与2个极核或次生核（指两个极核融合的产物）融合形成初生胚乳核（也称受精极核），在多数被子植物中，初生胚乳核和由此发育形成的胚乳是三倍体的。

双受精不仅使单倍体的雌雄配子成为合子，恢复了二倍体的染色体数目，使父母亲本具有差异的遗传物质组合在一起，形成具有双重遗传性的合子，由此发育的个体有可能形成新的变异；而且被子植物的胚乳也是经过受精的，多数被子植物的胚乳为三倍体，也具有父母亲本的双重遗传性，其作为新一代植物胚期的养料，能为之提供更好的发育条件与基础。因此，双受精在植物界有性生殖中是最进化、最高级的形式。

9.5 种子的形成

被子植物双受精作用完成后，胚珠发育成种子，子房（有时还有其他结构）发育成果实。种子中的胚由合子发育而成，胚乳由受精的极核发育而成，胚珠的珠被发育成种皮，多数情况下珠心组织被吸收耗尽。

9.5.1 胚的发育

胚是新一代植物的幼体。被子植物的胚包藏在种子中，贮有丰富的营养供胚生长（图9.19）。

9.5.1.1 合子

胚（embryo）的发育始于合子（zygote）。合子通常需经过一段休眠期，休眠时间在不同植物中长短不一。水稻合子休眠6h，小叶杨（*Populus simonii*）合子休眠期有6～10d，少数植物如秋水仙（*Colchicum autumnale*）的休眠期长达4～5个月。休眠时，合子会发生许多变化：合子被包在完整的纤维素细胞壁之中；极性开始增强；合子的细胞器增多，新陈代谢活动增强等，如荠菜（*Capsella bursa-pastoris*）的合子伸长，棉的合子在合点端的液泡缩小。

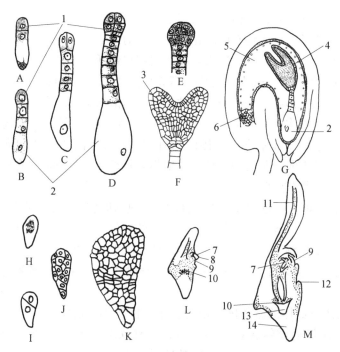

图 9.19　植物胚的发育

A～G. 荠菜胚的发育过程；H～M. 早熟禾胚的发育过程

1. 胚细胞；2. 基细胞；3. 子叶；4. 胚；5. 胚乳；6. 反足细胞；7. 胚芽；8. 胚芽鞘；
9. 第一叶；10. 胚根；11. 盾片；12. 外胚叶；13. 根冠；14. 胚根鞘

极性的出现是分化的前提。合子第一次分裂一般是横分裂，珠孔端的大细胞叫作基细胞，有明显的大液泡。合点端的细胞称顶细胞，细胞小，原生质浓厚，液泡小而少，富含核糖体等。

荠菜的胚发育已进行过详细研究，现用其作为双子叶植物胚发育的代表。图 9.19A～G 表示了荠菜的胚发育过程。

9.5.1.2　原胚阶段

荠菜合子分裂形成的基细胞进一步横向分裂，形成一列细胞，其顶端的一个细胞参加胚体的发育，其余的都参与了胚柄的形成。胚柄的功能是从胚囊和珠心中吸取营养并转运到胚。有学者在菜豆属（*Phaseolus*）中进行实验，发现胚柄有合成赤霉素的功能，对早期的胚胎发育有作用。在原胚阶段，顶细胞先是纵向分裂再是多种方向的分裂，经 2 个、4 个、8 个细胞阶段等，形成了球形的胚体。荠菜的胚体中大部分细胞是由顶细胞发育的，胚体基部细胞来自胚柄基细胞。这个阶段的原胚细胞具有丰富的多聚核糖体，蛋白质与核酸含量高，线粒体与质体也较多。细胞之间有胞间连丝。

9.5.1.3　胚的分化与成熟阶段

当球形的胚体体积达一定程度时，胚体中间的部位生长变慢，两侧生长快，渐渐突起形成了子叶原基，使胚呈心形。心形胚的原表皮和基本分生组织细胞的质体也开始出现片层。心形胚的子叶原基进一步发育伸长成为子叶，使胚的形状类似鱼雷，故称鱼雷胚。这个时期，胚根端中出现了原形成层，子叶内部出现了初步的组织分化，细胞中出现了叶绿体，胚呈绿色。在以后发育中胚的细胞分裂、增大和分化，胚进一步发育形成胚根和胚芽，胚根、胚轴、子叶等继续生长。当荠菜胚受到胚囊空间的限制时，发生弯曲，成熟时胚内积累了丰富的营养物质。

　　单子叶植物胚的发育与双子叶植物胚的发育相比有共同之处，但也有很多不同。图 9.19H～M 说明了早熟禾胚的发育过程。合子的第一次分裂是横向的，分裂数次后形成棒状胚。棒状胚的珠孔端是胚柄，胚柄与胚体间无明显的分界。不久，在棒状胚的一侧也出现一个小的凹刻，此处生长慢，其上方生长快，后来形成了盾片（子叶）。在以后的发育中，胚体分化形成了胚芽鞘、胚芽（包括茎端原始体和几片幼叶）、胚根鞘和胚根。在胚上还有一个很小的外胚叶，位于与盾片相对的一侧。

9.5.2　胚乳

　　当 1 个精核与 2 个极核融合后，一般不经休眠，初生胚乳核很快开始分裂和发育。胚乳的发育分为核型、细胞型和沼生目型三种类型。

9.5.2.1　核型胚乳

　　这是被子植物中较为普遍的胚乳发育形式。初生胚乳核在最初的一段发育时期进行细胞核分裂而细胞质不分裂，不形成细胞壁，胚囊中积累了许多游离核。在胚乳发育的后期才产生细胞壁，形成胚乳细胞。胚乳游离核增殖的方式主要是有丝分裂，在分裂旺盛时也会进行无丝分裂。在胚乳与胚发育的过程中，胚囊的体积扩大，中央有很大的液泡，胚乳游离核沿胚囊的细胞质边缘排成薄的一层或数层。游离核的数目在不同植物中差异很大。不同的植物，胚乳游离核开始形成细胞壁的时间不同。在小麦中，授粉48～50h，胚乳游离核为 100 个左右时开始形成细胞壁。在棉属等植物中，胚乳游离核形成上千个时产生细胞壁。一般情况下，细胞壁的形成是从胚囊的珠孔端胚体的周围向着胚囊的合点端，从胚囊的边缘向中央推进的。胚乳细胞在发育的后期积累淀粉、蛋白质、脂肪等营养物质。在小麦等禾本科的胚乳组织的最外层或数层细胞中是富含蛋白质的糊粉层，这层细胞在种子萌发时分泌水解酶，水解胚乳中贮存的物质。多数双子叶植物与单子叶植物的胚乳发育属此类型。

9.5.2.2　细胞型胚乳

　　这类胚乳在发育过程中不形成游离核，自始至终的分裂都伴着细胞壁的形成，合瓣花类植物多是这类胚乳，如烟草、番茄（*Lycopersicon esculentum*）、芝麻（*Sesamum indicum*）等。

9.5.2.3　沼生目型胚乳

　　这类胚乳存在于沼生目型植物中，是介于核型胚乳与细胞型胚乳之间的中间类型。这类胚乳的初生胚乳核第一次分裂形成 2 个室（细胞），分别为合点室与珠孔室。珠孔室较大，进行多次游离核分裂，在发育的后期形成细胞壁。在合点室，始终是游离核状态。

从发育的过程讲，多数被子植物的胚乳细胞或游离核是三倍体的，但常因核内复制等，形成多倍体的核，成熟的胚乳成为混倍体。核内的多倍性使得核的体积增加，核仁数目增多，这种多倍性与胚乳的高代谢活性有关，有利于多糖、蛋白质、脂类等大分子的合成转运与贮藏。离体胚胎培养和其他一些研究结果表明，胚乳对发育中的胚有一定的作用：胚乳可产生多种植物激素，对胚的分化有一定的影响；胚乳对胚的渗透压调节有一定的作用；胚乳还是中后期胚胎发育的主要营养源。

无胚乳种子的胚乳在胚发育的中后期消失，其营养物质转入胚的子叶中。在胚与胚乳发育的过程中，要从胚囊周围吸取养料，多数植物的珠心被破坏消失。少数植物的珠心始终存在，并发育成为贮藏组织，称外胚乳（prosernbryum）。甜菜（*Beta vulgaris*）、石竹等植物具外胚乳，而胚乳在发育中消失；胡椒（*Piper nigrum*）、姜（*Zingiber officinale*）等植物的外胚乳和胚乳都存在于种子中。

9.5.3　种皮的形成

在胚和胚乳发育过程中，胚珠的珠被发育成种皮，珠孔形成种孔，倒生胚珠的珠柄与外珠被的愈合处形成种子的种脊，种子从胎座上脱落留下的珠柄痕迹称为种脐。在不同植物中种皮发育情况不相同，种皮的结构和特点也各有不同。

9.6　果　　实

受精完成后，胚珠发育成种子，子房发育成果实。在被子植物中，果实包裹种子，不仅起保护作用，还有助于种子的传播。

果实是由子房发育形成的，由果皮（pericarp）和包含在果皮内的种子组成。果皮可分成三层，即外果皮（exocarp）、中果皮（mesocarp）和内果皮（endocarp）。果皮的质地、结构、色泽以及各层的发达程度，因植物种类而异。

多数植物的果实，仅由子房发育而成，这种果实称为真果（true fruit）；但有些植物的果实，除子房外，尚有花托、花萼或花序轴等参与形成，这种果实称为假果（spurious fruit, false fruit），如梨、苹果等。此外，由一朵花中的单雌蕊发育成的果实称为单果（simple fruit）；由一朵花中的多数离生雌蕊发育成的果实称为聚合果（aggregate fruit），如莲蓬、草莓等；由一个花序发育形成的果实称为聚花果（collective fruit），如桑属（*Morus*）、凤梨属（*Ananas*）等。

一般来说，受精是结实的必要条件，但也有些植物不经受精就可结实，这种子房不经受精而形成果实的现象称为单性结实（parthenocarpy）。单性结实形成的果实里常不含种子，故称为无子果实，如果植物受精后胚珠发育受阻也会形成无子果实。

以果实成熟时的性质，果皮分为肉质果（fleshy fruit）和干果（dry fruit），它们又各分为几种类型。

9.6.1 肉质果（fleshy fruit）

（1）浆果（berry）　是由单心皮或多心皮合生雌蕊，上位或下位子房发育形成的果实，外果皮薄，中果皮和内果皮肉质多浆，内有一至多枚种子，如葡萄、枸杞、番茄、忍冬等。

（2）柑果（hesperidium）　是由多心皮合生雌蕊，上位子房形成的果实，外果皮较厚，革质，内含有具挥发油的油室；中果皮与外果皮结合，界限不明显，中果皮疏松，白色海绵状，内具多分枝的维管束；内果皮膜质，分隔成若干室，内壁生有许多肉质多汁的囊状毛，即可食部分。柑果是芸香科柑橘属（*Citrus*）所特有的果实。

（3）核果（drupe）　典型的核果是由单心皮雌蕊，上位子房形成的果实。其特征是外果皮薄，中果皮肉质，内果皮坚硬、木质、形成坚硬的果核，每核内含 1 粒种子，如杏（*Armeniaca vulgaris*）、梅（*A. mume*）、李（*Prunus salicina*）、桃等。

（4）梨果（pome）　由 4 或 5 个合生心皮、下位子房，与花萼筒一起发育形成的一种假果，外面肉质可食部分由原来的花萼筒发育而成，外、中果皮和花萼筒之间界线不明显，内果皮坚韧故较明显，常分隔为 5 室，每室常含 1 或 2 粒种子，如苹果、梨、山楂等。

（5）瓠果（pepo）　为葫芦科特有的果实，由 3 心皮合生雌蕊，具侧膜胎座的下位子房与花托愈合一起发育形成的一种假果，花托与子房室形成的外、中、内 3 层果皮界限不清，胎座常肉质膨大，果皮或胎座成为果实的可食部分，如西瓜、冬瓜、栝楼、罗汉果等（图 9.20）。

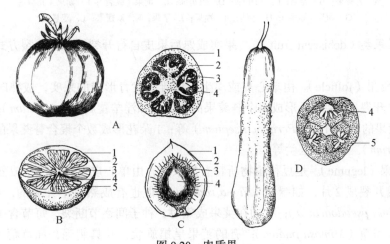

图 9.20　肉质果
A. 浆果（番茄）；B. 柑果（酸橙）；C. 核果（杏）；D. 瓠果（黄瓜）
1. 外果皮；2. 中果皮；3. 内果皮；4. 种子；5. 胎座

9.6.2 干果（dry fruit）

果实成熟时，果皮干燥，开裂或不开裂（图 9.21），又分为以下几种类型。

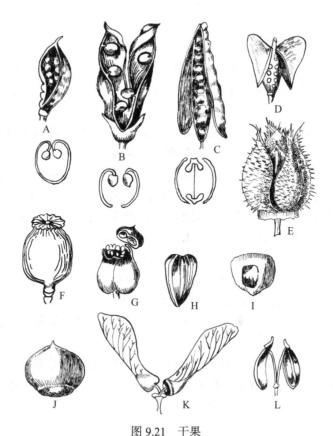

图 9.21　干果

A. 蓇葖果；B. 荚果；C. 长角果；D. 短角果；E. 蒴果（纵裂）；F. 蒴果（孔裂）；
G. 蒴果（盖裂）；H. 瘦果；I. 颖果；J. 坚果；K. 双翅果；L. 双悬果

（1）裂果类（dehiscent fruit）　果实成熟后果皮自行开裂，依据开裂方式不同分类如下。

1）蓇葖果（follicle）。由单心皮或离生心皮雌蕊发育形成的果实，成熟时仅沿腹缝线或背缝线开裂。1 朵花只形成单个蓇葖果的很少，如淫羊藿属（*Epimedium*）；1 朵花形成 2 个蓇葖果的，如杠柳（*Periploca sepium*）等；1 朵花形成数个聚合蓇葖果的，如八角（*Illicium verum*）、芍药、玉兰等。

2）荚果（legume）。是豆科植物所特有的果实，由单心皮发育形成，成熟时沿背和腹 2 条缝线开裂成 2 片，如绿豆（*Vigna radiata*）。但也有成熟时不开裂的，如落花生、刺槐（*Robinia pseudoacacia*）；有的在荚果成熟时，种子间逐节断裂，每节含 1 种子，不开裂，如含羞草（*Mimosa pudica*）；有的荚果呈螺旋状，并具刺毛，如苜蓿（*Medicago sativa*）；还有的荚果肉质呈念珠状，如槐（*Sophora japonica*）。

3）角果。是十字花科所特有的果实，分为长角果（silique）和短角果（silicle）。是由 2 心皮合生为 1 室的子房发育而成的果实，由 2 心皮边缘合生处生出隔膜，将子房隔为 2 室，称假隔膜，种子着生在假隔膜两侧，果实成熟后，果皮沿两侧的腹缝线开裂，成 2 片脱落，假隔膜仍留在果柄上。长角果如萝卜、油菜；短角果如荠、独行菜（*Lepidium apetalum*）等。

4）蒴果（capsule）。是由合生心皮的复雌蕊发育而成的果实，子房一至多室，每室含多数种子。成熟时果实沿心皮纵轴开裂的称纵裂；沿腹缝线开裂的称室间开裂，如马兜铃、蓖麻、杜鹃等；沿背缝线开裂的称室背开裂，如百合、鸢尾等；若沿背、腹二缝线开裂，但子房间隔壁仍与中轴相连称室轴开裂，如牵牛（*Pharbitis nil*）、曼陀罗（*Datura stramonium*）。若顶端呈小孔状开裂，种子由小孔散出称孔裂，如罂粟、桔梗（*Platycodon grandiflorus*）。若果实中部呈环状开裂，上部果皮呈帽状脱落的称盖裂，如马齿苋、车前。还有的果实顶端呈齿状开裂称齿裂，如王不留行、瞿麦（*Dianthus superbus*）。

（2）闭果类（不开裂果类）（indehiscent fruit）　果实成熟后，果皮不开裂或不分离成几个部分，种子仍包被于果实中。常分为以下几种。

1）瘦果（achene）。含单粒种子的果实，成熟时果皮易与种皮分离，如白头翁（*Pulsatilla chinensis*）、毛茛属（*Ranunculus*）；菊科植物的瘦果是由下位子房与萼筒愈合共同形成的，称连萼瘦果（cypsela），如蒲公英（*Taraxacum mongolicum*）、向日葵等。

2）颖果（caryopsis）。内含 1 粒种子，果实成熟时，果皮与种皮愈合，不易分离，农业生产中常把颖果习惯地称为"种子"，如小麦、玉米等。

3）坚果（nut）。果皮坚硬，内含 1 粒种子，如板栗等的褐色硬壳是果皮，果实外面常由花序的总苞发育成的壳斗附着于基部，如栎属（*Quercus*）、榛属（*Corylus*）等。有的坚果特小，无壳斗包围称小坚果（nutlet），如益母草、薄荷、紫草（*Lithospermum erythrorhizon*）等。

4）翅果（samara）。果皮一端或周边向外延伸成翅状，果实内含 1 粒种子，如杜仲（*Eucommia ulmoides*）、榆属（*Ulmus*）、臭椿（*Ailanthus altissima*）等。槭树科的翅果是双生的，呈"八"字形，称双翅果。

5）胞果（utricle）。亦称囊果，由合生心皮雌蕊、上位子房形成的果实，果皮薄，膨胀疏松地包裹种子，而与种皮极易分离，如地肤（*Kochia scoparia*）、藜（*Chenopodium album*）等。

6）双悬果（cremocarp）。是伞形科植物特有的果实，由 2 心皮合生雌蕊发育而成，果实成熟后心皮分离成 2 个分果（schizocarp），双双悬挂在心皮柄（carpophorum）上端，心皮柄的基部与果梗相连，每个分果内各含 1 粒种子，如胡萝卜、茴香等。

本 章 总 结

1. 被子植物的繁殖包括三种类型：营养繁殖、无性繁殖和有性生殖。其中，有性生殖的器官包括花、果实和种子。

2. 花的组成包括花柄、花托、花被、雄蕊群、雌蕊群。雄蕊由花药与花丝组成，花药中产生花粉；雌蕊由柱头、花柱、子房组成，子房的胎座上着生胚珠。在传粉、受精后，花的子房或连同子房以外的其他结构发育形成果实。

3. 花药中的造孢细胞发育为花粉母细胞，经减数分裂形成单倍体的小孢子，小孢子发育形成的成熟花粉含有 2 个细胞（营养细胞、生殖细胞）或 3 个细胞（营养细胞和 2

个精子）。胚珠中形成的大孢子母细胞发生减数分裂，产生大孢子，在多数植物中 1 个大孢子经 3 次有丝分裂形成具有 7 个细胞的成熟胚囊。在双受精过程中，1 个精子与卵结合形成受精卵，另一个精子与极核结合形成初生胚乳核。受精后的胚珠形成种子，其中的受精卵发育形成胚，初生胚乳核发育形成胚乳，胚珠的珠被发育为种皮。被子植物的生活史中有世代交替现象，其中孢子体世代发达，配子体世代极为简化。

思考与探索

1. 花由哪些部分组成？如何理解"花是一个变态枝"的概念？

2. 花托的形态变化如何使子房和花的其他组成部分的位置也相应地变化？由此而引起的不同子房位置的花的名称是什么？

3. 以校园常见的植物为例，说明花冠、雄蕊和雌蕊各有哪些常见的类型。

4. 如何判断一个雌蕊由几个心皮组成？

5. 为什么说被子植物双受精是植物界有性生殖过程中最进化、最高级的形式？

6. 被子植物花的形态结构存在哪些主要的进化趋势？

7. 为什么说银杏"白果"不是真正的果实？

8. 双受精后，花的各部分将发生怎样的变化？

9. 被子植物的果实具有怎样的适应性优势？

10. 请列举人们日常食用水果的果实类型。

10　被子植物的分类

被子植物是植物界发展到最高级、最繁荣、也是分布最广泛的一个大类群。它的营养器官和繁殖器官都比裸子植物复杂，根、茎、叶内部组织结构更适应于各种生活条件，具有更强的繁殖能力。所以，自从新生代以来，它们就在地球上占据着绝对的优势。现在已知的有 1 万余属、约 23.5 万种，种类占植物界的一半以上。我国有 2700 余属、约 3 万种，是被子植物种系最丰富的地区之一。被子植物的出现，使得大地变得绚丽多彩、生机盎然。现代动物界种类最繁多的昆虫纲，以及发展到高级水平的鸟纲和哺乳纲，是随被子植物的发展而繁衍起来的。人类的出现和发展，也和被子植物有着直接、间接的联系。当代世界粮食、能源、环境等全球问题，无疑和被子植物密切相关。

10.1　被子植物的分类原则

形态学特征是被子植物分类的主要依据，花果的形态学特征显得最重要，根、茎、叶及其附属物（毛被、鳞片等）也常作为分类依据。此外，解剖学方面的特征也常用作辅助性的分类依据，如木材构造、脉序、花粉结构、染色体形态和数量等，化学成分也已运用于植物分类学上。近年来发展起来的植物分子系统学方法，通过对植物遗传系统的核基因组以及叶绿体基因组的研究来探讨植物系统发育和进化问题，是对经典分类研究方法的深入和补充，特别对于确定某些在系统位置上有争议的类群，能提供有用的证据。

植物器官形态演化的过程，通常是由简单到复杂、由低级到高级，但在器官分化及特化的同时，也伴随着简化的现象。例如，裸子植物未发展出花被，被子植物通常有花被，但也有某些类群失去了花被。茎、根器官的组织也是由简单逐渐变复杂，但在草本类型中又趋于简化。这个由简单到复杂，最后又由复杂趋于简化的变化过程，都是植物有机体适应环境的结果。

表 10.1 是一般公认的形态构造的演化规律和分类原则，以外部形态为主，也涉及一些解剖学特征。

表 10.1　被子植物分类原则

	初生的、原始的性状	次生的、较进化的性状
茎	1. 木本 2. 直立 3. 无导管只有管胞 4. 具环纹、螺纹导管	1. 草本 2. 缠绕 3. 有导管 4. 具网纹、孔纹导管
叶	5. 常绿 6. 单叶全缘 7. 互生（螺旋状排列）	5. 落叶 6. 叶形复杂化 7. 对生或轮生

	初生的、原始的性状	次生的、较进化的性状
花	8. 花单生	8. 花形成花序
	9. 有限花序	9. 无限花序
	10. 两性花	10. 单性花
	11. 雌雄同株	11. 雌雄异株
	12. 花各部呈螺旋排列	12. 花各部呈轮状排列
	13. 花各部多数而不固定	13. 花各部数目不多，有定数（3，4 或 5）
	14. 花被同型，不分化为花萼、花冠	14. 花被分化为花萼、花冠，或退化为单被花、无被花
	15. 花各部离生（离瓣花、离生雌蕊、离心皮）	15. 花部合生（合瓣花、具各种形式结合的雄蕊、合生心皮）
	16. 整齐花	16. 不整齐花
	17. 子房上位	17. 子房下位
	18. 花粉粒具单沟	18. 花粉粒具 3 沟或多沟
	19. 胚珠多数	19. 胚珠少数
	20. 边缘胎座、中轴胎座	20. 侧膜胎座、特立中央胎座或基底胎座
果实	21. 单果、聚合果	21. 聚花果
	22. 真果	22. 假果
种子	23. 种子有胚乳	23. 无胚乳，种子的营养贮藏于子叶中
	24. 胚小，直伸，子叶 2 枚	24. 胚弯曲或卷曲，子叶 1 枚
生活型	25. 多年生	25. 一年生
	26. 绿色自养植物	26. 寄生、腐生植物

我们在应用被子植物的分类原则进行分类工作或分析一个类群（taxon）时，不能孤立地、片面地根据一两个性状，就给这个分类群下一个进化还是原始的结论。这是因为：①同一性状，在不同的植物中进化意义不是绝对的，如对一般植物来说，两性花、多数胚珠、胚小是原始形状，而在兰科植物中，恰恰是它进化的标志；②各个性状的演化不是同步的，常可看到，在同一个植物体上，有些性状相当进化，另一些性状则保留着原始性，而在另一类植物中这个性状却是进化的，因此不能一概认为没有某一些进化性状的植物就是原始的，存在着镶嵌进化现象；③各种性状在分类上的价值是不等的，在进行植物分类时，学者总是把某些性状看得比另一些性状重要些，这就是所谓的对性状的加权，如一般认为生殖器官的性状比营养器官的性状更重要些。因此，我们在评价一个类群时，必须全面、综合地进行分析比较，这样才有可能得出比较正确的结论。

10.2 被子植物的分类系统

人类对植物界的研究和认识，有一段漫长的历史，可以分为三个时期，即人为的分类系统、自然的分类系统和反映亲缘关系的分类系统。自 19 世纪后半期以来，有许多植物分类学家，根据各自的系统发育理论，提出了许多不同的被子植物系统，但由于有关被子植物起源、演化的知识和证据不足，到目前为止，还没有一个比较完美的分类系统，当前较为流行的有以下 5 个系统或分类方法。

10.2.1 恩格勒分类系统

这一系统是德国植物学家恩格勒（Engler）和柏兰特（Prantl）于 1897 年在《植物自然分科志》一书中发表的，是分类学史上第一个比较完整的自然分类系统。在他们的著作里，将植物界分为 17 门，其中被子植物独立成被子植物门，共包括 2 纲 62 目 344 科。并将被子植物门分成单子叶植物和双子叶植物 2 纲，将双子叶植物分为古生花被亚纲和合瓣花亚纲。1964 年，该系统被修订，并将单子叶植物放在双子叶植物之后。

恩格勒分类系统是根据假花学说的原理而建立的，认为无花被、单性、木本、风媒传粉等为原始的特征，而有花被、两性、虫媒传粉等是进化的特征。为此，他们把柔荑花序类植物当作被子植物中最原始的类群，而将木兰、毛茛等科看作较为进化的类群，这在今日被一些植物学家认为是错误的。

10.2.2 哈钦森分类系统

这个系统是英国植物学家哈钦森（Hutchinson）于 1926 年在《有花植物科志》一书中提出的，1973 年做了修订，从原来的 332 科增加到 411 科。

哈钦森系统是在英国边沁（Bentham）和虎克（Hooker）的分类系统的基础上，以美国植物学家柏施（Bessey）的花是由两性孢子叶球演化而来的概念为基础发展而成的。该系统认为：两性花比单性花原始，花各部分分离且多数比联合与定数的原始，花各部螺旋状排列比轮状排列原始，木本比草本原始。该系统还认为被子植物是单元起源的，且其中的双子叶植物以木兰目和毛茛目为起点，从木兰目演化出一支木本植物，从毛茛目演化出一支草本植物，认为这两支是平行发展的。无被花、单花被是后来演化过程中退化而成的，柔荑花序类各科来源于金缕梅目。单子叶植物起源于双子叶植物的毛茛目，并在早期就沿着三条进化路线分别进化，从而形成具明显形态区别的三大类群，即萼花群（Calyciferae）、冠花群（Corolliflorae）和颖花群（Glumiflorae）（图 10.1）。

哈钦森系统由于坚持将木本和草本作为第一级区分，因此导致许多亲缘关系很近的科（草本的伞形科和木本的山茱萸科、五加科等）被远远地分开，各自占据很远的系统位置，故这个系统很难被人接受。但对于林学专业和农学杂草专业的教学，因侧重点分别在木本植物与草本植物，也是一个比较适用的系统。

10.2.3 塔赫他间分类系统

塔赫他间（Takhtajan）系统是 1954 年公布的。他认为被子植物起源于种子蕨，并通过幼态成熟演化而成；草本植物是由木本植物演化而来的；单子叶植物起源于原始的水生双子叶植物中具有单沟舟形花粉的睡莲目莼菜科。他发表的被子植物亲缘系统图同样主张被子植物单元起源说，但认为木兰目是最原始的被子植物代表，由木兰目发展出毛茛目及睡莲目；所有的单子叶植物来自狭义的睡莲目；柔荑花序类植物各自起源于金缕梅目，而金缕梅目又和昆栏树目等发生联系，共同组成金缕梅超目（Hamamelidanae），隶属于金缕梅亚纲（Hamamelidae）。

自 1959 年起，塔赫他间分类系统进行过多次修订，1980 年修订后的系统中（图 10.2），

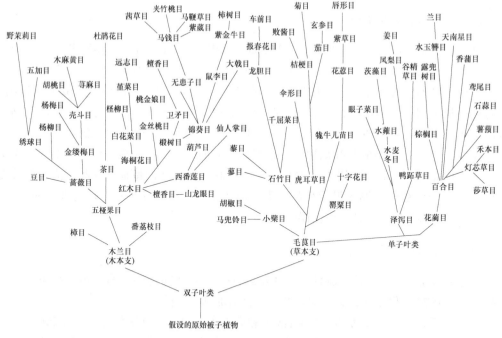

图 10.1　哈钦森被子植物系统（1926）

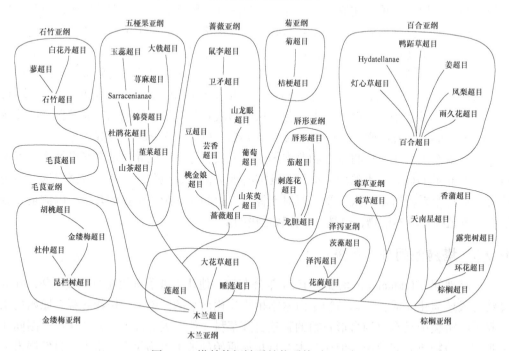

图 10.2　塔赫他间被子植物系统（1980）

含 12 亚纲 166 目 533 科。塔赫他间修改后的分类系统，首先，打破了传统的双子叶植物纲分成离瓣花亚纲和合瓣花亚纲的概念，增加了亚纲的数目，使各目的安排更为合理。其次，在分类等级方面，在"亚纲"和"目"之间增设了"超目"一级分类单元。对某些分类单元，特别是目与科的安排做了重要的更动，如把连香树科（Cercidiphyllaceae）独立成连香树目（Cercidiphyllales），将原隶属毛茛科的芍药属（*Paeonia*）独立成芍药科（Paeoniaceae）等，这些都和当今植物解剖学、染色体分类学的发展相吻合。再次，在处理柔荑花序问题时，也比原来的系统前进了一步。但不足的是，在该系统中增设了"超目"一级分类单元，科的数目达 410 科，似乎过于繁杂，不利于应用。

10.2.4　克朗奎斯特分类系统

克朗奎斯特分类系统是美国学者克朗奎斯特（Cronquist）于 1958 年发表的。他的分类系统也采用真花学说及单元起源的观点，认为：有花植物起源于一类已经绝灭的种子蕨，现存所有被子植物各亚纲都是独立演化；木兰目是被子植物的原始类型，柔荑花序类各自起源于金缕梅目，单子叶植物来源于类似现代睡莲目的祖先，并认为泽泻亚纲是百合亚纲进化线上近基部的一个旁枝（图 10.3）。

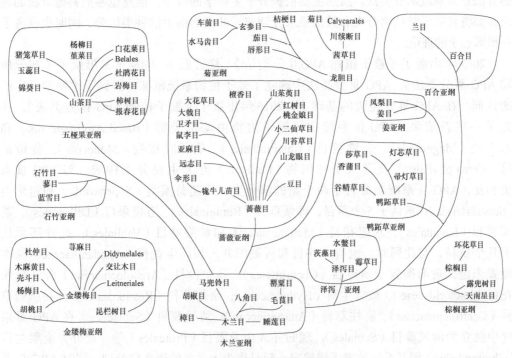

图 10.3　克朗奎斯特被子植物系统（1981）

克朗奎斯特系统接近于塔赫他间系统，在 1981 年修订的分类系统中，他把被子植物（称木兰植物门）分为木兰纲和百合纲，前者包括 6 亚纲 64 目 318 科，后者包括了 5 亚纲 19 目 65 科，合计 11 亚纲 83 目 383 科。克朗奎斯特系统的安排基本上和塔赫他间系统相似，但是个别分类单位的安排上仍然有较大的差异，如将大花草目（Rafflesiales）从木兰亚纲移出，放在蔷薇亚纲檀香目（Santales）之后；把木犀科（Oleaceae）从蔷薇亚纲鼠李目（Rhamnales）移出，放在菊亚纲玄参目（Scrophulariales）内；将大戟目

（Euphorbiales）从五桠果亚纲分出，放在蔷薇亚纲卫矛目（Celastrales）之后；把姜目（Zingiberales）从百合亚纲移出，独立成姜亚纲（Zingiberidae）；把香蒲目（Typhales）从槟榔亚纲中移出，放在鸭跖草亚纲中。另外，本系统简化了塔赫他间系统，取消了"超目"一级分类单元，同时将塔赫他间系统的木兰亚纲和毛茛亚纲合并成木兰亚纲，科的数目也有所压缩。因而克朗奎斯特系统在各级分类单元的安排上，似乎比前几个分类系统更为合理，科的数目及范围也较适中。因此，目前多数植物分类学家在分类工作中多倾向于采用该系统。

10.2.5　被子植物 APG 分类法

被子植物 APG 分类法是 1998 年由被子植物种系发生学组（APG）提出的一种对于被子植物的现代分类法。这种分类法和传统的依照形态分类不同，是主要依照植物的三个基因组 DNA 分子序列（包括两个叶绿体和一个核糖体编码的基因）变异，以亲缘分支的方法划分系统的分类法。虽然主要依据分子生物学的数据，但是也参照其他方面的理论，如将真双子叶植物分支和其他原来分到双子叶植物纲中的种类区分，同时也参考了花粉形态学的理论。

2003 年出版了《被子植物 APG II 分类法》（修订版）；2009 年又出版了《被子植物 APG III 分类法》，APG III 分类法中确立了被子植物系统框架，得到了植物学界广泛的认同。在 APG III 分类法的基础上，2016 年出版了《被子植物 APG IV 分类法》，补充了一些新成果。APG IV 系统中，被子植物由基部类群（Basal Angiosperms）和木兰类（Magnoliids）、金粟兰目（Chloranthales）、单子叶植物（Monocots）、金鱼藻目（Ceratophyllales）及真双子叶植物（Eudicots）五大主要分支构成。与 APG III 系统相比，APG IV 系统新命名了两个新的演化支，即超蔷薇类（Superrosids）和超菊类（Superasterids）；承认了 5 个新目，即紫草目（Boraginales）、五桠果目（Dilleniales）、茶茱萸目（Icacinales）、水螅花目（Metteniusales）和黄漆姑目（Vahliales）；此外还承认了几个新科，与此同时，也有一些目和科被归并，如风生花科（Apodanthaceae）原本位置未定，现明确置于葫芦目（Cucurbitales）；马兜铃科（Aristolochiaceae）合并囊粉花科（Lactoridaceae）、鞭寄生科（Hydnoraceae）；帚灯草科（Restionaceae）合并刺鳞草科（Centrolepidaceae）、刷柱草科（Anarthriaceae）；清风藤科（Sabiaceae）在 APG III 系统中独立为清风藤目（Sabiales），现归并入山龙眼目（Proteales）等。此外，金粟兰目（Chloranthales）因其系统位置无法确定，暂且作为木兰类的旁系群处理。同时 APG IV 系统也没有采用"超目"一级分类单元，这为"超目"的划分提供了开放性，使 APG IV 系统可以和更多的被子植物"目"上分类系统对接。

10.3　单子叶植物与双子叶植物

被子植物分为双子叶植物纲和单子叶植物纲，这 2 纲的基本区别如表 10.2 所示。

表 10.2　双子叶植物纲和单子叶植物纲的基本区别

双子叶植物纲	单子叶植物纲
胚常具 2 枚子叶（极少 1 枚、3 枚或 4 枚）	胚常具 1 枚子叶（有时胚不分化）
主根发达，多为直根系	主根不发达，多为须根系
茎内维管束排成圆筒状，具形成层	茎内维管束散生，无形成层
叶常具网状脉，无叶鞘	叶常具平行脉或弧形脉，多具叶鞘
花常为 4 或 5 基数，极少为 3 基数	花常为 3 基数，极少 4 基数
花粉常具 3 萌发孔（沟）	花粉常具单萌发孔（沟）

但是，这些区别是相对的、综合的。实际上存在交错现象：一些双子叶植物中有 1 枚子叶的现象，如毛茛科、睡莲科、罂粟科、伞形科、报春花科等；双子叶植物中有许多须根系的植物，特别是在毛茛科、车前科、菊科等科中为多；毛茛科、睡莲科、石竹科等双子叶植物科中有星散维管束，而有些单子叶植物的幼苗期也有环状维管束，并有初生形成层；单子叶植物的天南星科、百合科等也有网状脉；双子叶植物的樟科、木兰科、毛茛科等有 3 基数的花，单子叶植物的眼子菜科、百合科等有 4 基数的花。

从进化的角度看，单子叶植物的须根系、无形成层、平行脉等性状，都是次生的，它的单萌发孔花粉却保留了比大多数双子叶植物还要原始的特点。在原始的双子叶植物中，也具有单萌发孔的花粉粒，这也给单子叶植物起源于双子叶植物提供了依据。

目前，多数学者认为，双子叶植物比单子叶植物更原始、更古老，单子叶植物是从已绝灭的最原始的草本双子叶植物演变而来的，是单元起源的一个自然分枝（哈钦森、塔赫他间、克朗奎斯特、田村道夫）。然而，单子叶植物的祖先是哪一类植物？主要有两种起源说：一种学说认为单子叶植物起源于一个水生、无导管的睡莲目，即通过莼菜科（Cabombaceae）中可能已经绝灭的原始类群进化到泽泻目，再衍生出各类单子叶植物；另一种观点认为单子叶植物起源于毛茛目。这些观点均缺乏可靠的化石证据，仍需要多学科的研究探索。

10.4　被子植物系统演化的两大学派

双子叶植物是比较原始的类群。这种观点得到了多数学者的支持，但是，进一步涉及双子叶植物中哪些科、目更为原始等问题时，却是众说纷纭，莫衷一是。总的说来，可归纳为两大学派，一派是恩格勒学派，他们认为具有单性的柔荑花序植物是现代植物的原始类群；另一派称毛茛学派，认为具有两性花的多心皮植物是现代被子植物的原始类群。

10.4.1　恩格勒学派

恩格勒学派认为，被子植物的花和裸子植物的球穗花完全一致，每一个雄蕊和心皮分别相当于 1 个极端退化的雄花和雌花，因而设想被子植物来自裸子植物的麻黄类中的弯柄麻黄（*Ephedra campylopoda*）。在这个设想里，雄花的苞片变为花被，雌花的苞片变为心皮，每个雄花的小苞片消失，只剩下 1 个雄蕊；雌花小苞片退化后只剩下胚珠，着生于子房基部。由于裸子植物，尤其是麻黄和买麻藤等都是以单性花为主，所以原始的被子植物，也必然是单性花。这种理论称为假花学说（pseudanthium theory）（图 10.4），是由恩格勒学派的韦特斯坦（Wettstein）建立起来的。根据假花学说，现代被子植物的原始类群是单性花的柔荑花序类植物，有人甚至认为，木麻黄科就是直接从裸子植物的麻黄科演变而来的原始被子植物。这种观点所依据的理由是：第一，化石及现代的被子植物都是木本的，柔荑花序植物大多也是木本的；第二，裸子植物是雌雄异株、风媒传粉的单性花，柔荑花序类植物也大都如此；第三，裸子植物的胚珠仅有一层珠被，柔荑花序类植物也是如此；第四，裸子植物是合点受精，这也和大多数柔荑花序植物是一致的；第五，花的演化趋势是由单被花进化到双被花，由风媒进化到虫媒类型。

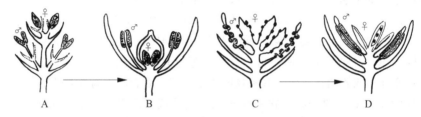

图 10.4　假花学说和真花学说示意图
A，B. 假花学说示意图；C，D. 真花学说示意图

近年来，许多学者对恩格勒学派的上述看法颇有异议。越来越多的人认为，柔荑花序植物的这些特点并不是原始的，而是进步的。花被的简化是高度适应风媒传粉而产生的次生现象；柔荑花序类植物的单层珠被是由双层珠被退化而来的；柔荑花序的合点受精，虽和裸子植物一样，但在合瓣花的茄科和单子叶植物中的兰科，都具有这种现象。因而，柔荑花序的单性花、无花被或仅有一层花被、风媒传粉、合点受精和单层珠被等特点，都可看成进化过程中的退化现象，它们应当属于进步类群。另外，从柔荑花序类植物的解剖构造和花粉的类型来看，它们的次生木质部中均有导管分子，花粉粒为三沟型的，从比较解剖学的观点看，导管是由管胞进化来的，三沟花粉是从单沟花粉演化来的，这就充分说明柔荑花序类植物比某些仅具管胞和单沟型花粉的被子植物（木兰目）来说更进步，而不是原始的被子植物类群。

10.4.2　毛茛学派

毛茛学派认为，被子植物的花相当于一个简单的孢子叶球，它是由裸子植物中早已灭绝的本内苏铁目具两性孢子叶的球穗花进化而来的。本内苏铁的孢子叶球上具覆瓦状排列的苞片，可以演变为被子植物的花被，它们羽状分裂或不分裂的小孢子叶可发展成雄蕊，大孢子叶发展成雌蕊（心皮），其孢子叶球的轴则可以缩短成花轴。也就是说，本内苏铁植物的两性球花，可以演化成被子植物的两性整齐花。这种理论称为真花学说（euanthium theory）（图 10.4），现代被子植物中的多心皮类，尤其是木兰目植物是现代被子植物的较原始的类群。这种观点的理由是：第一，本内苏铁目的孢子叶球是两性的虫媒花，孢子叶的数目很多，胚有两枚子叶，木兰目植物也大都如此；第二，本内苏铁目的小孢子是舟状的，中央有一条明显的单沟，木兰目中的木兰科花粉也是单沟型的舟形粉；第三，本内苏铁目着生孢子叶的轴很长，木兰目的花轴也是伸长的。根据上述这些特点，毛茛学派认为，现代被子植物中那些具有伸长的花轴，心皮多数而离生的两性整齐花是原始的类群。现在的多心皮类，尤其是木兰目植物是具有这些特点的。这种观点为绝大多数学者所接受，20 世纪 70 年代以来流行的被子植物分类系统均采纳了真花学派的观点。但是，最近发现的化石资料以及利用分子生物学资料对现有植物进行的系统学分析，却不支持早期被子植物是木本植物的看法，而认为早期被子植物是个体较小的草本植物，其花较小，没有花萼和花瓣的明显分化，雄蕊的花丝不发达，花药呈瓣状开裂，花粉单沟，雌蕊由一个或几个离生心皮组成，柱头表面分化不明显。

10.5 常见被子植物的分类

10.5.1 双子叶植物纲（Dicotyledoneae）

双子叶植物纲又称木兰纲（Magnoliopsida）。根据克朗奎斯特系统共有 6 亚纲 64 目 318 科 165 000 余种。

10.5.1.1 木兰亚纲（Magnoliidae）

木本或草本。花整齐或不整齐，常下位花；花被通常离生，常不分化成萼片和花瓣，或为单被，有时极度退化而无花被；雄蕊常多数，向心发育，常呈片状或带状；花粉粒常具 2 核，多数为单萌发孔或其衍生类型；雌蕊群心皮离生，胚珠多具双珠被及厚珠心。种子常具胚乳和小胚。

植物体常产生苄基异喹啉或阿朴啡生物碱等，但无环烯醚萜化合物。薄壁组织常含油细胞；导管分子呈梯形或单穿孔，有时无导管；筛分子质体通常为 P 形（含有不规则排列的蛋白质结晶或丝状体），或为 S 形（含淀粉）。

本亚纲共有 8 目 39 科约 12 000 种。

（1）木兰科（Magnoliaceae）$*P_{3+3+3}A_\infty\underline{G}_{(\infty:\infty:1\sim2)}$ 木本。树皮、叶和花有香气。单叶互生，全缘或浅裂；托叶大，包被幼芽，早落，在节上留有托叶环痕。花大型，单生，常两性，整齐，下位；花托伸长或突出；花被呈花瓣状；雄蕊多数，分离，螺旋状排列于花托的下半部；花丝短，花药长，花药 2 室，纵裂；雌蕊多数，稀少数，分离，螺旋状排列于花托的上半部。花粉具单沟（远极沟），较大，左右对称，外壁较薄；每子房含胚珠 1～2 枚（或多数）。聚合蓇葖果，稀不裂，稀带翅的坚果。种子具小胚，胚乳丰富，成熟时常悬挂在由株柄部分的螺纹导管展开而形成的细丝上。染色体 $X=19$。

本科有 12 属 220 种，分布于亚洲的热带和亚热带，少数在北美南部和中美洲。我国有 11 属 130 余种，集中分布于我国西南部和南部。

代表植物：玉兰（*Yulania denudata* Desr.）（图 10.5），花大，先叶开放，白色或带紫色，有芳香，花被 3 轮，每轮 3 枚，大小约相等，为著名早春赏花的园林树种。紫玉兰（木兰、辛夷）（*Y. liliflora* Desr.），叶倒卵形，外轮花被 3 枚，紫色到紫红色，披针形。其

图 10.5　玉兰

A. 花枝；B. 果枝；C. 雌蕊群及锥形花托；
D. 雄蕊背、腹面；E. 木兰科花图式

花蕾入药为辛夷，能散风寒、通肺窍。原产湖北、云南等地，现各地栽培。鹅掌楸（马褂木）［*Liriodendron chinense*（Hemsl.）Sarg.］，叶奇特，马褂状，先端平截或微凹，两侧各具 1 裂片，是珍稀园林树种。产于我国长江以南各地，西安地区有栽培。

一般认为本科是木本植物最原始的类群。其原始性表现在木本，单叶，全缘，羽状脉，虫媒花，花常单生，花各部螺旋状排列，花药长，花丝短，单沟花粉，胚小和胚乳丰富等。

重要特征：木本。单叶互生；有托叶。花单生，花被 3 基数，两性，整齐花；雌雄蕊多数，螺旋状排列于棒状花托上，子房上位。聚合蓇葖果。

（2）樟科（Lauraceae）*$P_{3+3}A_{3+3+3+3}\underline{G}_{(3:1:1)}$　木本，仅无根藤属（*Cassytha*）是无叶寄生小藤本。全株含挥发油。单叶互生，革质，全缘，三出脉或羽状脉，背面常有灰白色粉，无托叶。花常两性，辐射对称。圆锥花序、总状花序或头状花序。花各部轮生，3 基数，花被 6 裂，稀 4 裂，同形，排成 2 轮，托附杯（花被管）短，在结实时脱落或增大而宿存；雄蕊 3～12 枚，3～4 轮，每轮 3 枚，常有第 4 轮退化雄蕊；花药 4 或 2 室，瓣裂，第 1、2 轮雄蕊花药向内，第 3 轮雄蕊花药外向，花丝基部常有腺体；花粉无萌发孔，外壁薄，表面常具小刺或小刺状突起；子房上位，1 室，有一悬挂的倒生胚珠，花柱 1 枚，柱头 2～3 裂。核果，种子无胚乳。染色体 $X=7$，12。

本科约 45 属 2000～2500 种，主产热带及亚热带。我国产 20 属约 480 种，多产于长江流域及以南各地，为我国南部常绿阔叶林的主要森林树种，其中许多是优良木材、油料及药材。

代表植物：樟树［*Cinnamomum camphora*（L.）Pres.］（图 10.6），离基三出弧形叶脉，脉腋有腺体。植物体含有樟脑及樟脑油，为医药和工业原料。分布于长江以南。山胡椒［*Lindera glauca*（Sieb.et Zucc.）Blume］，叶常绿，椭圆形。植株可提取芳香油。三桠乌药（*L. obtusiloba* Bl.），叶顶端具 3 裂。果皮和叶

图 10.6　樟树

A. 花枝；B. 果枝；C. 花；D. 外 2 轮的雄蕊；
E. 第 3 轮的雄蕊；F. 退化雄蕊；G. 雌蕊；
H. 樟科花图式

可提取芳香油；树皮供药用，能舒筋活血。山胡椒和三桠乌药分布于秦岭以南。

重要特征：木本，有油腺。单叶互生、革质、全缘。两性花，3 基数，花被 2 轮，雄蕊 4 轮，其中 1 轮退化，花药瓣裂，雌蕊 3 心皮，子房 1 室。核果。

（3）莲科（Nelumbonaceae）*$K_{4\sim5}C_\infty A_\infty \underline{G}_{\infty:\infty}$　水生草本，有乳汁。根茎平伸，粗大。叶盾状，近圆形，常高出水面。花大，单生，花柄常高出于叶；花被 22～30 螺旋状着生，外面 4 片绿色，花萼状，较小，向内渐大，花瓣状；雄蕊多数（200～400 枚），螺旋状着生，花药狭，有 1 宽而延伸的药隔；心皮多数（12～40 枚），埋藏于 1 大而平顶、海绵质的花托内。坚果果皮革质，平滑，成熟时坚果深陷入肥厚的花托内；种皮海绵质。染色体 $X=8$。

本科仅 1 属 2 种，1 种产自亚洲和大洋洲；另 1 种产自美洲东部。种子在适宜的条件下，在土中埋藏 3000 年以上仍可发芽。

代表植物：莲（荷）（*Nelumbo nucifera* Gaertn.）（图 10.7），具根状茎（藕）。叶盾状圆形。心皮多数埋藏于倒圆锥形的花托（莲蓬）中。坚果（莲子）卵形。藕、莲子可供食用。我国各地均有栽培，也为著名观赏植物。

重要特征：水生草本，有根状茎。叶盾形，挺水。花大，单生，果实埋于海绵质的花托内。

本目中的睡莲科（Nymphaeaceae）与莲科有相似的特征，如水生草本，根状茎。叶盾状，花大、单生，花瓣多数，雄蕊多数，心皮多数。但前者叶浮水；心皮多数，结合；果实浆果状，不埋藏于海绵质的花托内。

图 10.7　莲
A. 叶；B. 花；C. 莲蓬；D. 果实和种子；E. 雄蕊；F. 藕；G. 花蕾

（4）毛茛科（Ranunculaceae）*$K_{3\sim\infty}C_{3\sim\infty}A_\infty \underline{G}_{(\infty\sim1:1:1\sim\infty)}$　一年生至多年生草本，偶为灌木或木质藤本。叶基生或互生［铁线莲属（*Clematis*）为对生］，掌状分裂或羽状分裂，或为一至多回 3 小叶复叶。花两性，花部分离；萼片 3 至多数，绿色或花瓣状；花瓣 3 至多数，或缺，少数特化为蜜腺叶；雄蕊多数；心皮多数，离生，稀为 1 个，每心皮含一至多数胚珠；各部常螺旋状排列于花托上，果为瘦果或蓇葖果，稀浆果；种子有胚乳。染色体 $X=6\sim10$，13。

本科 50 属 2000 种，广布于世界各地，多见于北温带与寒带。我国有 40 属约 750 种。本科植物含有多种生物碱，多数为药用植物和有毒植物。

代表植物：毛茛（*Ranunculus japonicus* Thunb.）（图 10.8A～G），直立草本。具基生叶和互生的茎生叶。花黄色，萼片和花瓣均为 5 枚，花瓣基部具蜜槽；雄蕊和心皮均为多数，螺旋状排列于膨大的花托上。聚合瘦果。全草含白头翁素，供药用，有小毒，具明目、解毒的功效。广泛分布于我国各地。乌头（*Aconitum carmichaelii* Debx.）（图 10.8I～L），块根肥大。叶掌状裂。花两性；萼片 5 枚，蓝紫色，最上面的一片特化为盔状，称盔萼；花瓣 2 枚，退化为蜜腺叶；雄蕊多数；心皮 3～5 枚，离生。聚合蓇葖果。块根剧毒，需炮制后入药，其侧根为中药中的附子，有回阳补火、散寒除湿之效。黄连

图 10.8 毛茛和乌头

A～G. 毛茛：A. 植株；B. 花纵切；C. 花瓣；D. 雄蕊；E. 雌蕊；F. 聚合瘦果；G. 瘦果。H. 毛茛属花图式。
I～L. 乌头：I. 花枝；J. 块根；K. 花瓣特化的蜜腺叶；L. 雄蕊。M. 乌头属花图式

（*Coptis chinensis* Franch.）为著名中药，根状茎黄色，味苦，可提取黄连素，具泻火解毒、清热燥湿的功效。主产于我国中部、南部和西南各地。白头翁［*Pulsatilla chinensis*（Bunge）Regel］植物含白头翁素，有抗厌氧菌作用。根入药，具清热解毒、凉血止痢的功效。分布于我国中部到北部各地。

重要特征：草本。叶分裂或复叶。花两性，整齐，5 基数；花萼、花瓣离生；雄蕊和雌蕊多数，离生，螺旋状排列于膨大的花托上。瘦果。

系统演化地位：本科是草本多心皮类最原始的科，似乎很早就从木兰科中单独演化出来。毛茛科是形态上变化比较多的科，花被的性状与构造、雄蕊与心皮的数目显示出很大的不同。原始的属种如毛茛属，花萼和花瓣分离，雌雄蕊多数离生，螺旋状排列于突起的花托上；高级类群如乌头属、翠雀属等，花被向减少和联合的方向发展，由辐射对称向两侧对称发展，花蜜叶的出现，在虫媒传粉的道路上，发展到了相当高级的程度。

（5）罂粟科（Papaveraceae）$*K_2C_{4\sim6,\ 8\sim12}A_\infty \underline{G}_{(2\sim16:1:\infty)}$ 多草本，常有黄、白色汁液。叶互生或对生，常分裂，无托叶。花多单生；萼片常 2 枚，早落，呈苞叶状；花瓣 4～6 枚或 8～12 枚，2 轮；雄蕊多数，分离，花药 2 室，纵裂；子房上位，由数个心皮合成 1 室，侧膜胎座，稀离生心皮。蒴果，瓣裂或孔裂。胚乳油质。染色体 $X=5\sim11$，16，19。

本科有 25 属 300 种，主产北温带，少数产于中南美洲。我国产 13 属 63 种。

代表植物：罂粟（*Papaver somniferum* L.）（图 10.9A～D），一年生草本，植株均被白粉。花大，萼片 2 枚，花瓣 4 枚，雄蕊多数，多数心皮合成 1 室。未成熟果实的乳汁可提取罂粟碱、吗啡等生物碱，干果入药为罂粟壳，具敛肺、涩肠、止痛的功效。原产亚洲西部。虞美人（*P. rhoeas* L.）（图 10.9E～H），花大，是良好的春季观花植物，原产欧洲。博落回［*Macleaya cordata*（Willd.）R. Br.］，高大草本，茎有橙色乳汁，叶掌状分

裂，背面白色。多分布于向阳的荒坡、干河滩。植物体有毒，外用治癣疮。分布在我国淮河以南及西北地区。荷包牡丹[*Dicentra spectabilis*（L.）Hutchins.]，为著名观赏植物，植物体有水液，花两性，萼片2枚，极小，花瓣4枚，外2枚成囊状，雄蕊6枚，连成2束，2心皮合成1室。

重要特征：有黄、白色乳汁。无托叶。萼片早落；雄蕊多数，分离，子房上位，侧膜胎座。蒴果。

10.5.1.2　金缕梅亚纲（Hamamelidae）

多木本。单叶，稀为羽状或掌状复叶。花常单性，组成柔荑花序或否，通常无花瓣或常缺花被，多半为风媒传粉；雄蕊2枚（偶1枚）至数枚，稀多数，花粉粒2或3核；雌蕊心皮分离或联合，边缘胎座、中轴胎座等，胚珠少数，倒生至直生，常具双珠被及厚珠心，常合点受精。

图 10.9　罂粟和虞美人
A～D. 罂粟：A. 植株；B. 花纵切；C. 雄蕊；
D. 种子。E～H. 虞美人：E. 子房横切；
F. 即将开放的花；G. 雌雄蕊；H. 子房纵切

植物体常含单宁，以及原花青素苷、鞣花酸和没食子酸，但很少含生物碱或环烯醚萜化合物。导管分子具梯状或单穿孔，有时无导管；筛分子质体为S形质体。

本亚纲共有11目24科约3400种。

（1）杜仲科（Eucommiaceae）♂*P_0A_{10}，♀*$P_0\underline{G}_{(2:1:2)}$　落叶乔木。无托叶。雌雄异株；无花被；花与叶同时由鳞芽开出；雄花簇生，具柄，由10枚线形雄蕊组成，花药4室；雌花具短梗，子房2心皮，仅1枚发育，扁平，顶端有二叉状花柱，1室，胚珠2个，倒生，下垂，翅果。种子有胚乳。染色体X=17。

本科属杜仲目，该目仅1科1属1种，特产我国中部及西南各地。

代表植物：杜仲（*Eucommia ulmoides* Oliv.）（图10.10），树皮含硬橡胶，为海底电缆的重要原料。树皮可入药。我国中部及西南各地均有栽培。

（2）桑科（Moraceae）♂*$K_4C_0A_4$，♀*K_4C_0 $\underline{G}_{(2:1:1)}$　木本。常有乳汁，具钟乳体。单叶互生，托叶明显、早落。花小、单性，雌雄同株或异株，聚伞花序，常集成头状、穗状、柔荑或隐头花序；花单被；雄花萼片4裂，雄蕊4枚，对萼；雌花萼片4裂，雌蕊由2心皮结合而成；子房上位，1室，1枚胚珠，花柱2枚。坚果或核果，有时被

图 10.10　杜仲
A. 花枝；B. 果枝；C. 雄花及苞片；
D. 雌花及苞片；E. 翅果

宿存的萼所包，并在花序中集合为聚花果，如桑葚、无花果等。染色体 $X=7$，$12\sim16$。

本科约 40 属 1000 种左右，主要分布在热带、亚热带。我国有 16 属 160 余种，主产长江流域以南各地。

代表植物：桑（*Morus alba* L.）（图 10.11A～C），雌雄异株，雌雄花均排成柔荑花序。桑叶饲蚕；根皮、叶、果实和枝条均可入药，果实（桑葚）可食，能滋养补血、明目安神。各地均有栽培。无花果（*Ficus carica* L.）（图 10.11D～H），具乳汁，枝上有托叶环痕，叶 3～5 裂，隐头花序单生于叶腋。花单性，同序，生于肉质花托内构成隐头花序的内壁，花托的开口处有多数苞片；雄花花被 4 枚，雄蕊 4 枚；能育的雌花具较长的花柱，另一种为不育的瘿花，花柱短，为瘿蜂产卵场所。栽培植物。构树［*Broussonetia papyrifera*（L.）Vent.］，落叶乔木，叶被粗绒毛，雌雄异株，聚花果球形，成熟时子房柄伸长，每个核果的果肉红色，内含 1 枚种子。树皮纤维细长是造纸的上等原料。广泛分布于我国。

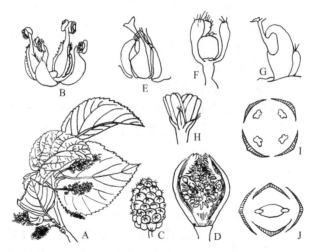

图 10.11 桑和无花果

A～C. 桑：A. 雄花枝；B. 雄花；C. 果实。D～H. 无花果：D. 花序纵切；E. 正常的雌花；
F. 瘿花；G. 果实；H. 具两枚雄蕊的雄花。I, J. 桑科花图式：I. 雄花；J. 雌花

重要特征：木本。常有乳汁。单叶互生。花小，单性，集成各种花序，花单被，4 基数。坚果或核果，或各式聚花果。

（3）胡桃科（Juglandaceae） $\male * P_{3\sim6} A_{\infty\sim3}$，$\female * P_{3\sim5} \overline{G}_{(2:1:1)}$　　落叶乔木，有树脂。羽状复叶，互生，无托叶。花单性，雌雄同株；雄花排成下垂的柔荑花序，花被与苞片合生，不规则 3～6 裂；雄蕊多数至 3 枚；雌花单生、簇生或为直立的穗状花序，无柄，小苞片 1～2 枚，花被与子房合生，浅裂；子房下位，1 室或不完全的 2～4 室，花柱 2 枚，羽毛状，胚珠 1 个基生。坚果核果状或具翅；种子无胚乳，子叶常皱褶，含油脂。染色体 $X=16$。

本科共 8 属 60 余种，分布于北半球。我国有 7 属 28 种，南北均产。

代表植物：胡桃（*Juglans regia* L.）（图 10.12），树皮白色。核果状的"外果皮"由苞片、小苞片和花被所构成，先为肉质，干后纤维质，"内果皮"坚硬具不规则的雕纹，子

叶肉质、多油。核仁可食，具滋补、镇咳、强壮作用。在我国已有 2000 多年的栽培历史，为重要的木本油料植物。枫杨（*Pterocarya stenoptera* DC.），总状果序下垂，长可达 20～40cm，坚果具翅。分布于南北各省，广泛栽培作行道树。

重要特征：落叶乔木。羽状复叶。花单性，雄花为柔荑花序。子房下位，1 室或不完全的 2～4 室。坚果核果状或具翅。

（4）壳斗科（山毛榉科）（Fagaceae）$\male *K_{(4\sim8)}C_0A_{4\sim20}, \female *K_{(4\sim8)}C_0\overline{G}_{(3\sim6:3\sim6:2)}$ 木本。单叶互生，羽状脉，有托叶。花单性，雌雄同株，无花瓣；雄花排成柔荑花序，每苞片有 1 花，花萼 4～8 裂，雄蕊和萼裂同数或为其倍数，花丝细长，花药 2 室，纵裂；雌花单生或 3 朵雌花二歧聚伞式生于 1 总苞内，总苞由多数鳞片覆瓦状排列组成，花萼

图 10.12 胡桃
A. 花枝；B. 果序；C, D. 雄花；E, F. 雌花及苞片；G. 果核；H, I. 果核纵切

4～8 裂，与子房合生，子房下位，3～6 室，稀 12 室，每室胚珠 2 个，仅 1 个成熟为种子，花柱与子房室同数，宿存。坚果单生或 2～3 个生于总苞中，总苞呈杯状或囊状，称为壳斗（cupule）；壳斗半包或全包坚果，外有鳞片或刺，成熟时不裂、瓣裂或不规则撕裂。种子无胚乳，子叶肥厚。染色体 $X=12$。

本科有 8 属约 900 种，主要分布于热带及北半球的亚热带。我国有 6 属约 300 种。壳斗科植物是亚热带常绿阔叶林的主要树种，在温带则以落叶的栎属（*Quercus*）植物为多，本科植物种类多，用途广，分布面积大，在国民经济中占有重要的地位。

代表植物：板栗（*Castanea mollissima* Bl.）（图 10.13A～D），落叶乔木。雄花序为直伸的柔荑花序，雌花常 3 朵集生于总苞内。壳斗全包坚果，外部密被针状刺。果实可食，为重要的木本粮食植物。栓皮栎（*Quercus variabilis* Bl.）（图 10.13F～I），落叶乔木。叶背面密生灰白色星状短柔毛。木栓是天然软木的主要来源，种子含丰富淀粉。分布于我国北部及中东部，属温带广布种，常成为阔叶林的建群种。

重要特征：木本。单叶互生，羽状叶脉直达叶缘。雌雄同株，单被花；雄花呈柔荑花序；雌花 2～3 朵着生于总苞中；子房下位。坚果。

10.5.1.3 石竹亚纲（Caryophyllidae）

多草本，常为肉质或盐生植物。叶常为单叶。花常两性，整齐；花被形态复杂而多变；雄蕊常定数，离心发育，花粉粒常 3 核，稀 2 核；子房常 1 室，胚珠一至多数，特立中央胎座或基底胎座，胚珠常具双珠被及厚珠心。种子常具外胚乳或否，贮藏物质常为淀粉。

植物体含有甜菜拉因，少数含原花青素苷等物质。石竹目的绝大多数植物具 P Ⅲ 型筛分子质体，而蓼目、蓝雪目等具 S 形质体。

本亚纲共有 3 目 14 科约 11 000 种。

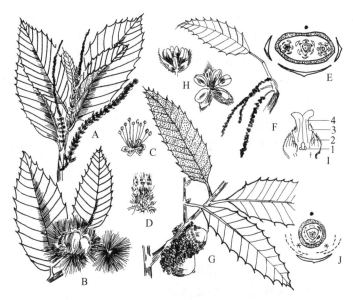

图 10.13　板栗和栓皮栎

A～D. 板栗：A. 雄花枝；B. 果枝；C. 雄花；D. 雌花。E. 栗属雌花花图式。F～I. 栓皮栎：

F. 雄花枝；G. 果枝；H. 雄花；I. 雌花纵切。J. 栎属雌花花图式

1. 胚珠；2. 总苞；3. 花萼；4. 花柱

（1）石竹科（Caryophyllaceae）*$K_{4\sim5,(4\sim5)}C_{4\sim5}A_{3\sim10}\underline{G}_{(2\sim5:1:1\sim\infty)}$　草本，节膨大。单叶对生。花两性，整齐，二歧聚伞花序或单生，5 基数；萼片 4～5 枚，具膜质边缘，宿存；花瓣 4～5 枚，常有爪；雄蕊 2 轮 8～10 枚，或 1 轮 3～5 枚；子房上位，1 室，特立中央胎座或基底胎座，花柱 2～5 枚，胚珠一至多数。蒴果，顶端齿裂或瓣裂，稀浆果。胚弯曲包围外胚乳。染色体 $X=6$，9～15，17，19。

本科约 75 属 2000 种，广布全世界，尤以温带和寒带为多。我国有 27 属近 400 种，全国各地均有分布，多为田间杂草，有 50 余种作观赏植物。

代表植物：石竹（*Dianthus chinensis* L.）（图 10.14A～D），多年生草本，全株带粉绿色。花冠呈高脚碟状，淡红、粉红至白色；萼片结合成筒，5 裂，花瓣 5 枚，具爪，先端具细齿；雄蕊 10 枚，2 轮，心皮 2 枚，合生。广泛分布于我国北部和中部，世界各地栽培作观赏用。全草有利尿、通经、催产等功效。康乃

图 10.14　石竹和繁缕

A～D. 石竹：A. 植株；B. 花瓣；C. 带有萼及苞片的果实；

D. 种子。E～H. 繁缕：E. 植株；F. 花；G. 蒴果；

H. 下部叶的基部。I. 繁缕属花图式

馨（香石竹）（*D. caryophyllus* L.），花具香气，重瓣，为著名的观花植物。繁缕［*Stellaria media*（L.）Cyr.］（图10.14E～H），小草本，茎细弱。叶卵形。花小，白色，花瓣5枚，先端2深裂，花柱3枚。蒴果瓣裂。广布全国，为田间杂草。药用植物还有太子参［*Pseudostellaria heterophylla*（Miq.）Pax ex Pax et Hoffm.］，为多年生草本，块根长纺锤形，肥厚，具健脾、补气、生津等功效。

重要特征：草本。茎节膨大。单叶，对生。花瓣常具爪；子房上位，1室，特立中央胎座。蒴果。

（2）蓼科（Polygonaceae）*$K_{3\sim6}C_0 A_8 \underline{G}_{(3:1:1)}$　　草本，茎节常膨大，单叶互生，全缘；托叶膜质，鞘状包茎，称托叶鞘。花两性，有时单性，辐射对称；花被片3～6枚，花瓣状，结实后常增大为膜质；雄蕊常8枚，稀6～9或更少；雌蕊由3枚（稀2～4枚）心皮合成，子房上位1室，内含1直生胚珠。坚果，三棱形或凸镜形，部分或全体包于宿存的花被内。种子具丰富的胚乳；胚弯曲。染色体$X=7\sim13$。

本科有32属1200余种，全球分布，主产北温带。我国产8属200余种，分布于南北各地。本科植物多为药用。

代表植物：蓼属（*Polygonum*），草本或藤木，具膜质的托叶鞘，花被3～5枚，常有色彩，瘦果三棱形或凸镜形。何首乌（*P. multiflorum* Thunb.），藤本。圆锥花序大而开展。坚果三棱形，包于翅状花被内。地上茎入药为夜交藤，块根入药为著名中药何首乌，具补肝肾、益精血的功效。虎杖（*P. cuspidatum* Sieb.et Zucc.），多年生草本或亚灌木，高可达2m。根状茎横卧，木质，黄褐色。根茎入药，具祛风止痛、活血散瘀的功效。药用大黄（*Rheum officinale* Baill.），为中药大黄的原植物之一，根茎入药，具泻热攻下、行瘀化积的功效。酸模（*Rumex acetosa* L.），草本，花被6枚，外面3枚小，内面3枚扩大而成翅，翅背常有1个小瘤体；雄蕊6枚；子房三棱形，坚果被扩大的内花被所包被。广布种，为常见杂草。荞麦（*Fagopyrum esculentum* Moench），一年生草本。茎直立，红色；花白色至粉红色；坚果，有3锐棱；果实富含淀粉，除供食用外，亦可入药，用于收敛冷汗。我国南北皆有栽培（图10.15）。

重要特征：草本，茎节膨大。单叶，全缘，互生；具膜质托叶鞘。花两性，单被，花瓣状；子房上位。坚果，三棱形或凸镜形。

10.5.1.4　五桠果亚纲（Dulleniidae）

常木本。单叶，全缘或具锯齿，偶为掌状或多回羽状复叶。花离瓣，稀合瓣；雄蕊多数到少数，离心发育，花粉粒除十字花科外均具2核，萌发孔3个，典型的为3孔沟；除五桠果目外，雄蕊全为合生心皮，子房上位，中轴胎座或侧膜胎座，偶为特立中央胎座或基底胎座，胚珠常具双珠被及单珠被，厚或薄珠心。胚乳存在或否，但多数无外胚乳。

植物体通常含有单宁，偶含芥子油和环烯醚萜化合物，无甜菜拉因，也缺乏生物碱。导管分子具梯状或单穿孔；筛分子质体为S形，稀为P形。

本亚纲共有13目78科约25 000种。

（1）芍药科（Paeoniaceae）*$K_5 C_{5\sim10} A_\infty \underline{G}_{2\sim5}$　　多年生草本或亚灌木。花大而美丽，

图 10.15 大黄和荞麦

A. 大黄属花图式。B. 酸模属花图式。C. 蓼属花图式。D～G. 荞麦：D. 植株；
E. 花瓣和雄蕊；F. 花；G. 坚果。H～K. 大黄：H. 果枝；I. 花；J. 坚果具翅；K. 叶

单生枝顶或有时成束，红、黄、白、紫各色；萼片 5 枚，宿存；花瓣 5～10 枚；雄蕊多数；心皮 2～5 枚，离生，常被革质或肉质花盘包被，每心皮胚珠多数，具由胎座突起形成的外珠被。蓇葖果，果皮革质；种子大，具厚种皮。染色体 $X=5$。

本科含 1 属 30 种，除个别种分布在美国西部外，全在欧亚大陆，以我国北部发育最佳。

代表植物：牡丹（*Paeonia suffruticosa* Andr.），落叶小灌木，高 1～1.5m；枝粗壮；

图 10.16 芍药

A. 花枝；B. 聚合蓇葖果；
C. 雄花；D. 叶缘

叶片宽大，二回三出羽状复叶，小叶阔卵形至长椭圆形，先端 3～5 裂，基部全缘。花单生于枝顶，形大，花瓣 5～10 枚，栽培品种多重瓣，肉质花盘显著。原产我国西北地区，栽培历史久远。经过长期人工培育，品种极多。芍药（*P. lactiflora* Pall.）（图 10.16），多年生宿根草本，高 1m 左右。具纺锤形的块根，并于地下茎产生新芽，早春抽出地面，幼叶红色，茎基部常有鳞片状变形叶，中部复叶二回三出羽状复叶，小叶矩形或披针形，枝梢的渐小或成单叶。花大，顶生或少腋生。观赏价值极高。

重要特征：花萼 5 枚，宿存；雄蕊多数，离心发育；心皮 2～5 枚，离生，革质。有假种皮，胚乳丰富。

系统演化地位：本科长期以来作为芍药属归入毛茛科。由于其花萼宿存、革质，雄蕊离心式发育，具周位花盘，心

皮厚革质，柱头宽阔，假种皮由胎座突出发育而成，染色体基数 $X=5$ 等特征都与毛茛科不一致，解剖学、细胞学、孢粉学和血清学的研究也进一步证实了它与毛茛科其他属的区别。1950 年以来，多数学者把芍药属升为芍药科，放在同样具有离心式雄蕊的五桠果目中。

（2）锦葵科（Malvaceae）$*K_5C_5A_{(\infty)}\underline{G}_{(3\sim\infty : 3\sim\infty : 1\sim\infty)}$ 木本或草本，茎皮纤维发达，具黏液。托叶早落，单叶，互生，常为掌状脉。花两性，稀单性，辐射对称；花萼 5 枚，常基部合生；镊合状排列，其下常有由苞片变成的副萼；花瓣 5 枚，旋转状排列，近基部与雄蕊管联生；雄蕊多数，花丝联合成管，为单体雄蕊，花药 1 室，肾形或马蹄形；子房上位，3 至多数心皮，中轴胎座。蒴果或分果。种子有胚乳。染色体 $X=5\sim22$，23，39。

本科约 75 属 1500 种，分布于温带及热带。我国有 16 属 80 种，南北各地均有分布。本科是纤维、油料、观赏和食用等重要经济植物。

代表植物：陆地棉（*Gossypium hirsutum* L.）（图 10.17），一年生灌木状草本。叶掌状裂。副萼 3 枚，花萼杯状；心皮 3~5 枚。蒴果，室背开裂；种子被长棉毛。棉纤维是优良的纺织原料；棉籽油供食用或制肥皂。原产中美，现我国西北各地栽培。苘麻（*Abutilon theophrasti* Medicus），一年生草本。茎绿色被柔毛。分果 15~20 枚。茎皮纤维可用于编织，种子可代替冬葵子入药。广布于我国各地。木槿（*Hibiscus syriacus* L.），落叶灌木。叶 3 裂，基出 3 脉。花粉红色。木槿花大繁密，花期长，是园林中优良的观花植物。原产我国中部，现全国各地广为栽培。

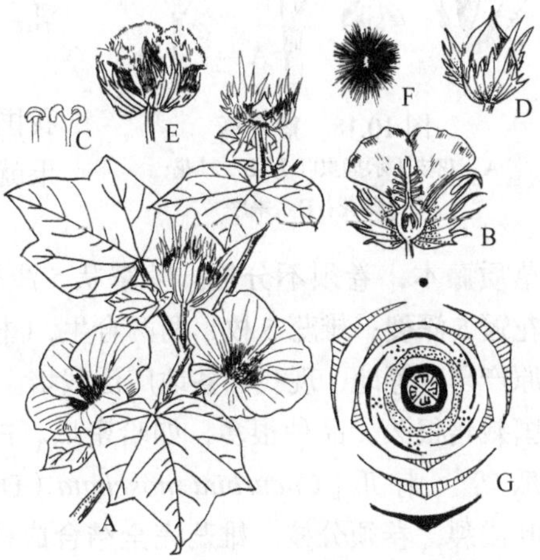

图 10.17 陆地棉
A. 花枝；B. 花纵切；C. 雄蕊；D. 蒴果；
E. 开裂的蒴果；F. 种子；G. 棉属花图式

重要特征：纤维发达。花两性，辐射对称，5 基数，具副萼，单体雄蕊，花药 1 室。蒴果或分果。

（3）猪笼草科（Nepenthaceae）♂$*K_4A_{(8\sim25)}$，♀$*K_4\underline{G}_{(4)}$ 食虫草本。茎圆筒形或三棱形。叶互生，无托叶，完全叶包括 5 部分：叶柄、叶片、中脉形成的卷须、卷须上部的囊状体及卷须末端的囊盖。花序总状或圆锥状；花小，单性，雌雄异株；萼片 4 枚（有时为 3 枚），覆瓦状排列，内面有腺体和蜜腺；雄蕊 8~25 枚（稀为 4 枚），花丝合生成柱，花药聚生于柱的顶端成一头状体，2 室，外向纵裂，四合花粉；雌蕊由 4（3）枚心皮合生而成，子房上位，柱头盘状，4（3）裂，中轴胎座，胚珠极多。蒴果室背开裂。种子丝状，种皮两端延伸成膜质翅；胚小而直立，胚乳肉质。

本科仅 1 属 70 余种，分布于东半球热带地区。我国仅 1 属 1 种，产于广东西部和南部，以及海南。

代表植物：猪笼草［*Nepenthes mirabilis*（Lour.）Druce］（图 10.18），著名的食虫植物。叶的囊状体口缘附近和囊盖覆面的蜜腺分泌蜜汁，借蜜汁和鲜艳颜色引诱昆虫来访，跌落囊内后，被囊壁内腺体分泌的蛋白酶液体消化，可溶性蛋白质最终被囊壁吸收。

重要特征：食虫植物。单性花，雌雄异株。种子丝状，种皮具膜质翅。

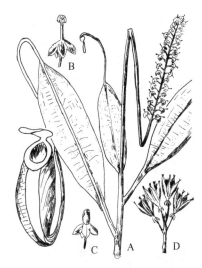

图 10.18　猪笼草

A. 花枝（示捕虫叶）；B. 雄花；
C. 雌花；D. 果序

（4）葫芦科（Cucurbitaceae）♂*K$_{(5)}$ C$_{(5)}$ A$_{1(2)(2)}$,
♀*K$_{(5)}$ C$_{(5)}$ $\overline{G}_{(3:1:\infty)}$　攀缘或匍匐草本，有卷须，侧生，单一或分歧。茎 5 棱，具双韧维管束，常有钟乳体。单叶互生，常深裂。花单性，同株或异株，单生或为总状花序、圆锥花序；雄花花萼管状，5 裂；花瓣 5 枚，多合生；雄蕊 3 枚，稀 2 或 5 枚，分离或各种结合，花药常弯曲成 S 形，如分离则其中 1 枚为 2 室，另 2 枚为 4 室；雌花萼筒与子房合生，花瓣合生，5 裂；子房下位，3 心皮，侧膜胎座，胚珠多枚，柱头 3 枚。瓠果，肉质或干燥硬。种子多数，常扁平，无胚乳。染色体 X＝7～14。

本科约 90 属 700 余种，主要产于热带和亚热带。我国产 26 属 140 种，南北各地均有分布。葫芦科的瓠果就是人们食用的各种瓜果。

代表植物：黄瓜（*Cucumis sativus* L.）（图 10.19），草质藤本，卷须不分枝。叶掌状 5 浅裂。雌雄同株，雄花簇生，雌花单生；花萼 5 裂。花冠 5 深裂；雄蕊 5 枚，两两合生，1 枚分离，似 3 枚雄蕊。瓠果外面具刺。为重要蔬菜，原产印度等地，现我国各地广泛栽培。甜瓜（*C. melo* L.），可作水果食用，原产印度，我国栽培很久，品种很多，如哈密瓜、白兰瓜、黄金瓜 等。南 瓜［*Cucurbita moschata*（Duch.）Poir.］，叶浅裂，卷须分枝。雄蕊完全结合成柱状。种子可药用和食用。原产亚洲南部，现我国各地广泛栽培。西 瓜［*Citrullus lanatus*（Thunb.）Mansfeld］，原产亚洲热带，栽培作果品，食其胎座。木鳖［*Momordica cochinchinensis*（Lour.）Spreng.］，瓠果红色，长椭圆形，有刺状突起。种子入药为木鳖子，有毒，具散血热、消痈肿的功效。主产于广西、四川、湖北等地。栝楼（*Trichosanthes kirilowii* Maxim.），多年生草本。块根肥厚，圆柱形。根入药为天花粉，具生津止渴、排脓消肿的功效。果实入药为瓜蒌，具宽胸散结、润肺滑肠的功效。种子入药为瓜蒌子。主产于河南、陕西、山东、江苏等地。

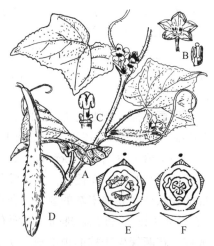

图 10.19　黄瓜

A. 花枝；B. 雄花及雄蕊；C. 雌蕊柱头及花柱；D. 瓠果；E. 葫芦科雄花图式；F. 葫芦科雌花图式

重要特征：草本，具卷须。茎具双韧维管束。叶互生，掌状分裂。花单性，合瓣，聚药雄蕊，3 心皮，子房下位，侧膜胎座。瓠果。

系统演化地位：以前有些学者根据葫芦科上位花、花瓣合生、雄蕊趋于结合及萼片有叶状先端等特征将其列入合瓣花类的桔梗目。现一些学者根据葫芦科部分具离瓣花及胚珠具大而宿存的珠心、两层珠被等，认为它与典型的合瓣花类不同，而与西番莲科接近，因而将其归于堇菜目侧膜胎座类中。

（5）杜鹃花科（Ericaceae）$* \uparrow K_{(5 \sim 4)} C_{5 \sim 4, (5 \sim 4)} A_{10 \sim 8, 5 \sim 4} \underline{G}, \overline{G}_{(2 \sim 5 : 2 \sim 5 : \infty \sim 1)}$　　灌木，普遍内生菌根，常生于酸性土壤。单叶互生，全缘，被毛或鳞片，无托叶。花两性，辐射对称或稍左右对称，单生、簇生或成各种花序；花萼宿存，4～5裂；花冠合生成钟状、漏斗状或壶状，4～5裂；雄蕊为花冠裂片数2倍，2轮，外轮与花冠裂片对生，或为同数1轮并与花冠裂片互生，花药2室，常有附属物（芒或距），顶孔开裂；子房上位或下位，2～5室，中轴胎座，胚珠多数，稀单1枚；花柱和柱头单生，柱头常头状。蒴果、浆果或核果。种子具胚乳。染色体 $X=8, 11, 12, 13$。

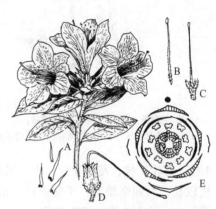

图 10.20　映山红
A. 花枝；B. 雄蕊；C. 雌蕊和花萼；
D. 蒴果；E. 杜鹃花属花图式

本科约有80属1350种，广布全球，主产温带和亚寒带，也产热带高山。我国有20属700余种，南北均产，以西南山区种类最为丰富。

代表植物：杜鹃花属（*Rhododendron*），木本。单叶互生。花冠合瓣，辐状至钟形，或漏斗形及筒形，5基数，常稍不整齐。雄蕊与花冠裂片同数或为其倍数，花药无附属物。蒴果，室间开裂成5～10瓣。杜鹃（映山红）（*R. simsii* Planch.）（图10.20），落叶灌木，全株密生棕黄色扁平糙伏毛。叶椭圆状卵形至倒卵形。

重要特征：灌木。单叶互生，被毛或鳞片。花冠整齐或稍不整齐；雄蕊常为花冠裂片的倍数，常逆2轮排列，花药常孔裂；心皮4～5枚，中轴胎座，胚珠多数。

（6）杨柳科（Salicaceae）$\male *K_0 C_0 A_{2 \sim \infty}$，$\female \uparrow K_0 C_0 \underline{G}_{(2:1:\infty)}$　　木本。单叶互生，有托叶。花单性，雌雄异株，稀同株，柔荑花序，常先叶开放，每花基部有一膜质苞片；无花被，具由花被退化的花盘或蜜腺；雄蕊2至多数；子房2心皮合生，有2或4个侧膜胎座，具多数倒生胚珠。蒴果，2或4瓣裂。种子细小，由珠柄长出多数柔毛，无胚乳，胚直生。染色体 $X=11, 12, 19, 22$。

本科有3属约620多种，主产北温带。我国产3属320余种，全国分布。

代表植物：毛白杨（*Populus tomentosa* Carr.），叶三角状卵形，幼时叶背密被白色绒毛。柔荑花序下垂，花具杯状花盘，雄蕊多数，苞片边缘细裂。为我国北部防护林和庭院绿化的主要树种。垂柳（*Salix babylonica* L.），枝细软下垂，小枝褐色无毛。叶狭披针形。柔荑花序，雄花具2枚腺体，雄蕊2枚，苞片全缘；雌花具1枚腺体。树形优美，为重要的河堤造林和园林观赏树种（图10.21）。

重要特征：木本。单叶互生。花单性，雌雄异株，柔荑花序；无花被，具花盘或蜜腺，侧膜胎座。蒴果。种子具丝状长毛。

杨柳目因单性花，无花被，柔荑花序，合点受精，一直被放在柔荑花序类。但由于具侧膜胎座，多数胚珠，以及柳属的虫媒传粉，将其归入侧膜胎座类。

（7）十字花科（Cruciferae）$*K_{2+2} C_{2+2} A_{2+4} \underline{G}_{(2:1:\infty)}$　　草本，植株常具辛辣味。单叶互生，无托叶。花两性，辐射对称，总状花序；花托上有蜜腺，常与萼片对生；花萼

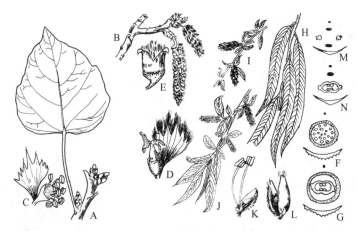

图 10.21　毛白杨和垂柳

A～E. 毛白杨：A. 叶和芽；B. 雄花枝；C. 雄花；D. 雌花；E. 蒴果。F, G. 杨属花图式：F. 雄花；G. 雌花。

H～L. 垂柳：H. 枝叶；I. 雌花枝；J. 雄花枝；K. 雄花；L. 雌花。M, N. 柳属花图式：M. 雄花；N. 雌花

4 枚，每轮 2 枚；花瓣 4 枚，十字形排列，基部常具爪；雄蕊 6 枚，外轮 2 枚短，内轮 4 枚较长，为四强雄蕊；子房上位，由 2 心皮合生，常有假隔膜，把子房分为假 2 室，侧膜胎座；柱头 2 枚，胚珠多数。长角果或短角果，2 瓣开裂，少数不裂。种子无胚乳，胚弯曲，子叶弯曲或折叠。染色体 $X=4\sim15$，多数是 $6\sim9$。

本科有 350 属约 3200 种，全球分布，主产北温带。我国产 90 属约 300 种。本科植物有重要的经济价值，如油料、蔬菜、药材、蜜源和花卉等。

代表植物：芸薹（油菜）（*Brassica campestris* L.）（图 10.22A～H），一年生草本。花黄色。长角果，具喙。种子球形。为我国主要的油料作物及蜜源植物，种子含油率可达 33%～50%。我国中部及南部广泛栽培。大白菜 [*B. pekinensis*（Lour.）Rupr.]，原产我国北

图 10.22　油菜和荠菜

A～H. 油菜：A. 花果枝；B. 中下部枝；C. 花；D. 花俯视观；E. 雄蕊和雌蕊；F. 子房横切；G. 开裂的角果；

H. 种子横切。I. 芸薹属花图式。J～L. 荠菜：J. 植株；K. 短角果；L. 开裂的角果

方地区，为我国东北和华北冬、春季的重要蔬菜。花椰菜（*B. oleracea* L. var. *botrytis* L.），顶生球形花序作蔬菜，我国大部分地区栽培。菘蓝（大青）（*Isatis indigotica* Fort.），基出叶较大，茎生叶长圆形。花小，黄色。根入药为板蓝根，具清热解毒、利咽、凉血止血的功效。叶入药为大青叶，具清热解毒、凉血消斑的功效。萝卜（*Raphanus sativus* L.），花通常淡紫色或白色。长角果串球状，不开裂，先端具长喙。为重要的根菜类蔬菜，品种很多。荠菜 [*Capsella bursa-pastoris*（L.）Medic.]（图 10.21J～L），花白色。短角果倒三角形。嫩茎叶可作蔬菜。紫罗兰 [*Matthiola incana*（L.）R. Br.]，为著名观赏植物。

重要特征：草本。植物含芥子苷，而具辛辣味。花两性，辐射对称；十字花冠，四强雄蕊；子房 1 室，2 个侧膜胎座，具假隔膜。角果。

10.5.1.5　蔷薇亚纲（Rosidae）

木本或草本。常羽状复叶或单叶。花被分化明显，分离或偶结合；具雄蕊内花盘或雄蕊外花盘；雄蕊数不定，向心发育，花粉粒常 2 核，稀 3 核，常具 3 萌发孔；雌蕊心皮分离或结合，子房上位或下位，心皮多数或少数；胚珠具 2 或 1 层珠被。胚乳存在或否。

植物体常含单宁，少数含环烯醚萜化合物、三萜类化合物，绝无甜菜拉因。导管分子具单穿孔或梯状穿孔；筛分子质体为 S 形，稀为 P 形。

本亚纲占木兰纲总数的 1/3，共有 18 目 118 科约 58 000 种。

（1）蔷薇科（Rosaceae）*K$_{(5)}$C$_{5,0}$A$_{5\sim\infty}$ $\underline{G}_{\infty\sim1}$，$\overline{G}_{(2\sim5)}$　习性多样，常具刺及明显的皮孔。叶常互生，单叶或复叶，托叶常附生叶柄上。花两性，辐射对称，花托突起或凹陷，花被与雄蕊常愈合成托杯（hypanthium），常被称为萼筒或花托筒，花冠和雄蕊着生在萼筒边缘；萼裂片 5 枚；花瓣 5 枚，分离，覆瓦状排列；雄蕊常多数；子房上位或下位，心皮一至多数，分离或联合，每心皮有一至数个倒生胚珠。果实为核果、梨果、瘦果、蓇葖果等。种子无胚珠。染色体 X=7，8，9，17。

本科有 125 属 3300 余种，主产北半球温带。我国有 52 属 1000 余种，全国各地均产。根据心皮数、子房位置和果实特征，划分为 4 个亚科（图 10.23）。

1）绣线菊亚科（Spiraeoideae）：木本。多无托叶。心皮 5 枚，子房上位。聚合蓇葖果，少蒴果。

代表植物：绣球绣线菊（*Spiraea blumei* G. Don），叶菱状卵形，3 浅裂，背面灰白色。庭院栽培。分布于我国大部分地区。华北珍珠梅 [*Sorbaria kirilowii*（Regel）Maxim.]，圆锥花序紧密，无毛；雄蕊 20 枚，花白色。分布于我国北部，常栽培。

2）蔷薇亚科（Rosoideae）：木本或草本。托叶发达。心皮多数，分离，着生于凹陷或突出的花托上，子房上位。聚合瘦果或蔷薇果。

代表植物：月季（*Rosa chinensis* Jacq.），具刺小灌木。小叶 3～5 枚，叶不皱缩，托叶具腺毛或羽状裂片。花常单生，托杯壶状，成熟时肉质而有色彩，内含多数骨质瘦果，称为"蔷薇果"。月季为著名花卉，约 2 万个品种，原产我国，现世界各地广泛栽培。草莓（*Fragaria* × *ananassa* Duch.），草本。三出复叶。花白色或红色，花托突起成头状，成熟时花托肉质。供食用。悬钩子属（*Rubus*），多刺灌木。聚合核果。全国广泛分布。

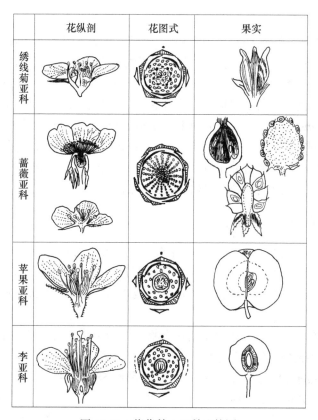

	花纵剖	花图式	果实
绣线菊亚科			
蔷薇亚科			
苹果亚科			
李亚科			

图 10.23　蔷薇科 4 亚科比较图

3）苹果亚科（Maloideae）：木本。有托叶。心皮 2～5 枚，常与杯状托杯合生成下位子房，或仅部分合生成半下位子房。梨果。

代表植物：苹果（*Malus pumila* Mill.），乔木。单叶，互生，具托叶。伞房花序，粉红色。梨果近球形。原产欧洲、西亚。我国北部、西南有栽培。白梨（*Pyrus bretschneideri* Rehd.），果皮黄色，有细密斑点。分布于黄河以北地区，北方栽培梨为白梨育成的品系，果肉中石细胞较少。山楂（*Crataegus pinnatifida* Bunge），果红色，近球形。果实能消食化滞，破气行瘀。我国北部各地栽培。

4）李亚科（Prunoideae）：木本。单叶，有托叶，叶基部常有腺体。花托凹陷呈杯状。心皮 1 枚，子房上位。核果。

代表植物：桃（*Amygdalus persica* L.），小乔木。叶长圆状披针形。花单生，粉红色。核果有纵沟，表面被茸毛，果核有皱纹。果食用，桃仁、花、树胶、枝及叶均可药用。杏（*Armeniaca vulgaris* Lam.），叶卵形。花单生。果成熟时黄色，果核平滑。我国广布。梅（*A. mume* Sieb.），叶卵状，具长尾状尖。花白色或粉红色。果黄色，密生短毛，果核有蜂窝状孔穴。原产我国，久经栽培，品种极多，供观赏用，果实供食用或入药。日本樱花 [*Cerasus*×*yedoensis*（Matsum.）Yu et Li]，著名观赏花卉，原产于日本。我国广泛栽培。

重要特征：叶互生，常有托叶。花两性，辐射对称，花托凸出至杯状凹陷，花 5 基数，轮状排列；花萼合生，花被与雄蕊常结合成托杯。子房上位，少下位。种子无胚乳。

（2）蝶形花科（Papilionaceae）↑$K_{(5)}C_5A_{(9)+1}\underline{G}_{(1:1:\infty)}$　习性多样。羽状复叶或三出复叶，稀单叶，有托叶和小托叶，叶枕发达。花两侧对称；花萼5裂；蝶形花冠，花瓣下降覆瓦状排列，即最上方1枚为旗瓣，位于最外方，侧面两枚为翼瓣，最内两枚常联合为龙骨瓣；雄蕊10枚，常9枚合生，1枚分离，称二体雄蕊，也有全部联成单体雄蕊或全部分离；心皮1枚，子房上位，1室，边缘胎座。荚果。染色体$X=5\sim13$。

本科约480属12 000种，分布于全世界，为被子植物第三大科。我国产103属共1000余种，全国各地均产。

代表植物：大豆[*Glycine max*（L.）Merr.]（图10.24），一年生草本。三出复叶。总状花序。荚果具黄色柔毛。为重要的油料作物，种子含蛋白质38%，脂肪17.8%。我国各地均栽培，东北为主要产区。白车轴草（三叶草）（*Trifolium repens* L.），多年生草本，具匍匐茎。叶为三出复叶，小叶倒心脏形。在园林中常作地被或点缀花坛，也可作牧草和绿肥。原产欧洲地中海沿岸。现我国广为栽培。甘草（*Glycyrrhiza uralensis* Fisch.），根入药，清热解毒，润肺止咳，调和诸药。黄芪（膜荚黄芪）[*Astragalus membranaceus*（Fisch.）Bunge]，多年生草本。荚果膜质，膨胀。根入药具补气、固表止汗、利水、排脓的功效。落花生（*Arachis hypogaea* L.），偶数羽状复叶，小叶两对。雌蕊受精后，子房柄延伸伸入地下结实。荚果不开裂。原产巴西。我国广为栽培，为主要的油料作物。

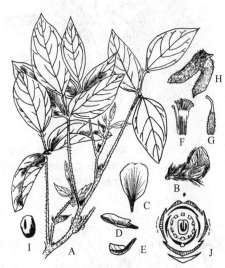

图 10.24　大豆

A. 花枝；B. 花；C. 旗瓣；D. 翼瓣；E. 龙骨瓣；F. 雄蕊；G. 雌蕊；H. 荚果；I. 种子；J. 蝶形花科花图式

重要特征：花两侧对称，花瓣下降覆瓦状排列，雄蕊10枚，常形成二体；荚果。

广义的豆科还包括：含羞草科（Mimosaceae）（图10.25）和苏木科（Caesalpiniaceae）（图10.26），它们都具有单心皮的雌蕊，荚果。区别在于：含羞草科花辐射对称，花冠镊合状排列，雄蕊多数，花萼、花瓣雄蕊均合生。苏木科花两侧对称，花冠上升覆瓦状排列，雄蕊10枚，分离。

（3）红树科（Rhizophoraceae）*$K_{4\sim16}C_{4\sim16}A_{4\sim\infty}\overline{G}_{(2\sim6)}$　常绿木本。具支柱根或板根、呼吸根、气生根等。单叶对生，托叶早落，革质。花两性，单生或丛生于叶腋，或为聚伞花序；萼片4~16枚，基部结合成筒状；花瓣与萼片同数；雄蕊与花瓣同数或2倍或无定数，常与花瓣对生；子房下位或半下位，2~6室（稀为1室），每室常有2胚珠。果革质或肉质，常不开裂，稀蒴果；生于海滩的红树类树种，果实成熟后，种子在母树上即发芽，至幼苗长大后始坠入海滩淤泥中，为"胎生植物"；生于山区的种类，种子有胚乳，不能在母树上发芽。染色体$X=8$，9。

本科约16属120种，分布于东南亚、非洲及美洲热带地区，是构成红树林的主要树种。我国有6属13种1变种，产于西南至东南部，以南部海滩为多。

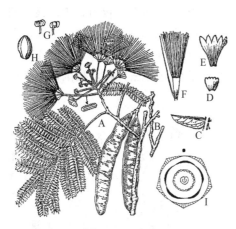

图 10.25　合欢
A. 花枝；B. 果枝；C. 小羽片；D. 花萼；
E. 花冠；F. 雄蕊和雌蕊；G. 花药；H. 种子；
I. 含羞草科花图式

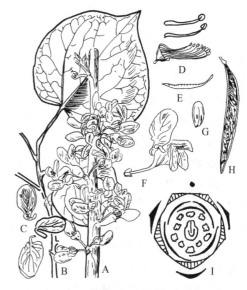

图 10.26　紫荆
A. 花枝；B. 叶枝；C. 花瓣；D. 雄蕊；E. 雌
蕊；F. 花；G. 种子；H. 荚果；I. 苏木科花图式

图 10.27　红树
A. 枝；B. 花序；C. 果和胚轴；
D. 幼苗；E. 花图式

代表植物： 红树属（*Rhizophora*），叶交互对生，革质；托叶披针形。萼片4裂；花瓣4枚，全缘；雄蕊8~12枚；子房半下位，2室。果下垂，围有宿存、外翻的萼片。种子于果离母树前发芽，胚轴突出果外成长棒状。红树（*Rh. apiculata* Bl.）（图10.27），产于海南。生于海岸的泥滩上，当潮涨时，根与茎没入水中，有海中森林之观。为海岸防浪护堤树种。

重要特征： 叶革质。胚有绿色子叶，胎生植物。

（4）桑寄生科（Loranthaceae）$*P_{4~6}A_{4~6}\overline{G}_{(3:1:1~4)}$

寄生或半寄生灌木，由变态的吸根侵入寄主的枝桠中。单叶对生或轮生，常厚而革质，全缘，有时退化为鳞片状，无托叶。花两性或单性，整齐或稍不整齐，具苞片或小苞片；副萼环状，单被，花被常肉质杯状或管状，花被裂片4~6枚（偶3或9枚），镊合状排列；雄蕊与花被裂片同数而对生，花丝通常贴生花被裂片的基部，花药2室；花盘通常围绕或位于子房之上，有时位于花被筒内；子房半下位或下位，心皮3枚（稀为2或5枚），合成1室，胚珠1~4枚。果实成浆果状或核果状的假果；种子常1粒，无种皮，具胚乳；种子表面常有一层很黏稠的雀胶液（$C_{10}H_{24}O_4$）物质，便于鸟类传播种子。染色体 $X=8~12$。

本科60~70属700种，主要分布于南半球的热带和亚热带。我国有7属40余种，广布于南北各地，但以南部为最盛。

代表植物： 桑寄生［*Taxillus sutchuenensis*（Lecomte）Danser］（图10.28），常绿寄生

小灌木。叶厚纸质，除嫩叶外，均无毛。花序常具 2 朵花，花 4 基数，花冠长约 2.5cm，裂片匙形，花冠两侧对称。果卵圆形或椭圆形，基部钝圆。常寄生于山茶科、壳斗科、榆科等树上。分布于福建、广东和广西。

重要特征： 常为寄生或半寄生。花两性（稀单性），具副萼，花被花瓣状，杯状花托，下位子房。

（5）大戟科（Euphorbiaceae） $\male *K_{0\sim5} C_{0\sim5} A_{5\sim\infty}$，$\female *K_{0\sim5} C_{0\sim5} \underline{G}_{(3:3:1\sim2)}$ 习性多样，常含乳汁。单叶，稀为复叶，互生，有时对生，具托叶。花序为聚伞花序、杯状花序或穗状花序；花单性，双被、单被或无花被，有花盘或腺体；雄蕊 5 至多数，有时较少或仅 1 枚；雌花常 3 心皮合生，子房上位，3 室，中轴胎座，每室有 1～2 个悬挂胚珠。蒴果，少数为浆果或核果。种子的种皮黏液化，有胚乳。染色体 $X=7\sim12$。

本科约 300 属 8000 种，广布全世界，主产热带。

图 10.28　桑寄生

我国约有 65 属 360 余种，主产长江流域以南各省。本科是一个热带性大科，多为橡胶、油料、药材、鞣料、淀粉、观赏及用材等重要经济植物，有些种类有毒，可制土农药。

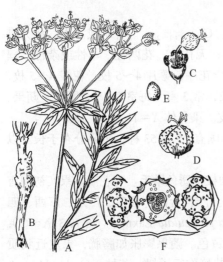

图 10.29　大戟

A. 花枝；B. 根；C. 杯状聚伞花序；D. 果实；
E. 种子；F. 花序花图式

代表植物： 大戟属（*Euphorbia*），草本、木本或肉质植物。单叶互生。杯状聚伞花序，外面包以绿色杯状总苞，上端有 4～5 个萼状裂片，裂片之间生有肥厚的腺体，总苞内中央有一朵雌花，周围具 4 或 5 组聚伞排列的雄花；雄花仅具 1 枚雄蕊，花丝和花柄间有关节；雌花具 1 个 3 心皮合生雌蕊，子房 3 室，每室 1 胚珠，花柱 3 枚，上部常分为 2 叉。大戟（*Euphorbia pekinensis* Rupr.）（图 10.29），蒴果表面具疣，根入药能消肿散结，峻泻逐水。蓖麻（*Ricinus communis* L.），一年生草本。单叶互生，叶掌状深裂。花单性同株，无花瓣，雌花子房 3 室。蒴果通常具软刺。是重要的油料作物。原产非洲。我国各地广泛栽培。橡胶树（*Hevea brasiliensis* Muell-Arg.），三出复叶，为最优良的橡胶植物。原产巴西，现全球热带广为栽培，马来西亚和印度尼西亚为产胶中心。1949 年后，我国大力发展橡胶产业，将橡胶栽培推进到北回归线，获得重大成就。巴豆（*Croton tiglium* L.），种子含油 53%～57%，为泻药，但有剧毒。

重要特征： 植物体常含乳汁。花单性，子房上位，常 3 室，中轴胎座。蒴果。

（6）葡萄科（Vitaceae, Ampelidaceae） $*K_{5\sim4} C_{5\sim4} A_{5\sim4} \underline{G}_{(2:2:1\sim2)}$ 藤本，常具茎卷须。单叶或复叶，互生。花两性或单性异株，或为杂性，整齐，排列成聚伞花序或圆锥

花序，常与叶对生；花萼 4～5 齿裂，细小；花瓣 4～5 枚，镊合状排列，分离或顶部黏合成帽状；雄蕊 4～5 枚，着生在下位花盘基部，与花瓣对生；花盘环形；子房上位，通常 2 心皮组成，中轴胎座，每室有 1～2 个胚珠。浆果，种子有胚乳。染色体 $X=11～14$，16，19，20。

本科约 12 属 700 余种，多分布于热带及温带地区。我国有 7 属约 110 种，南北均有分布。

代表植物：葡萄（*Vitis vinifera* L.）（图 10.30），木质藤本。茎髓褐色，树皮呈条状剥落，无皮孔。单叶。圆锥花序，花瓣顶端呈帽状黏合，花后整个脱落。葡萄为著名水果，品种繁多。原产西亚。现我国各地普遍栽培。爬墙虎（爬山虎）[*Parthenocissus tricuspidata* (Sieb. et Zucc.) Planch.]，木质藤本。叶 3 裂或三出复叶，卷须顶端形成吸盘。浆果蓝色。常栽培绿化墙壁或作庇荫植物。

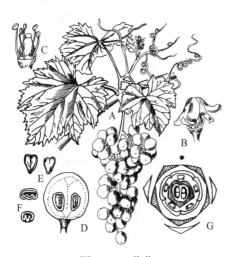

图 10.30　葡萄
A. 果枝；B. 花，示花冠呈帽状脱落；C. 去掉花冠的花；D. 果实纵切；E. 种子；F. 种子横切；G. 花图式

重要特征：藤本，茎常具卷须。花序常与叶对生。雄蕊与花瓣对生，子房常 2 室，中轴胎座。浆果。

（7）无患子科（Sapindaceae）$* \uparrow K_{4～5} C_{4～5} A_{8～10} \underline{G}_{(3:3:1～2)}$　乔木或灌木，稀为攀缘草本。叶互生，常羽状复叶，稀单叶或掌状复叶；无托叶。花两性，单性或杂性，辐射对称或两侧对称，常成总状花序、圆锥花序或聚伞花序；萼片 4～5 枚；花瓣 4～5 枚，有时缺；花盘发达；雄蕊 8～10 枚，2 列；子房上位，常 3 室，每室有 1～2 胚珠。蒴果、核果、浆果、坚果或翅果。种子无胚乳，偶有假种皮。染色体 $X=11$，15，16。

本科约 150 属 2000 种，广布热带和亚热带。我国有 25 属 53 种，主要分布于长江以南各地。

代表植物：龙眼（*Dimocarpus longan* Lour.），幼枝生锈色柔毛。有花瓣。果实初期有疣状突起，后变光滑。假种皮白色，多肉质，味甜。产自台湾、福建、广东、广西、四川等地。果可食用，为滋补品。栾树（*Koelreuteria paniculata* Laxm.）（图 10.31A～C），落叶灌木或乔木。奇数羽状复叶。圆锥花序，花淡黄色。蒴果膨胀如膀胱，果皮近膜质红色。种子球形，黑色。产自我国北部及中部，常栽培作行道树。荔枝（*Litchi chinensis* Sonn.）（图 10.31D～F），小枝有白色小斑点和微柔毛。无花瓣。果实有小瘤状突起。种子被白色、肉质、多汁而味甜的假种皮所包。产自福建、广东、广西及云南东南部，四川和台湾有栽培。假种皮可食用。

重要特征：常羽状复叶。花小，常杂性异株；花瓣内侧基脚常有毛或鳞片；花盘发达，位于雄蕊外方。具典型 3 心皮子房。种子常具假种皮，无胚乳。

（8）漆树科（Anacardiaceae）$*K_5 C_5 A_{5～10} \underline{G}_{(1～5:1:1)}$　乔木或灌木，树皮多含树脂。单叶互生，稀对生，掌状 3 小叶或奇数羽状复叶。花小，辐射对称，两性或多为单性或杂性，圆锥花序；双被花，稀单被或无被花；花萼多少合生，5 裂（稀 3 裂）；花瓣 5 枚

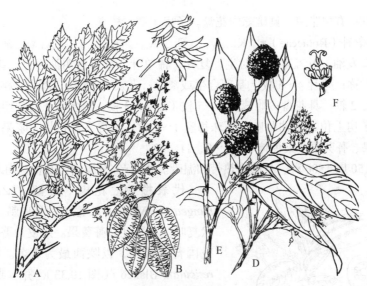

图 10.31　栾树和荔枝
A～C. 栾树：A. 花枝；B. 果；C. 花。D～F. 荔枝：D. 花枝；E. 果枝；F. 花

（偶 3 或 7 枚）；雄蕊 5～10 枚，着生于花盘外面基部或有时着生在花盘边缘；花盘环状或坛状；心皮 1～5 枚，子房上位，常 1 室，稀 2～5 室，每室具 1 个倒生胚珠。常为核果。种子无或有少量胚乳。染色体 $X=7\sim16$。

　　本科约 60 属 600 余种，分布于全球热带、亚热带，少数延伸到北温带地区。我国有 16 属 54 种，主要分布于长江以南各地。

　　代表植物：漆树 [*Toxicodendron vernicifluum* (Stokes) F. A. Barkl.]（图 10.32），落叶乔木。奇数羽状复叶，互生，小叶全缘。果序多少下垂；核果。漆树为我国特产，除黑龙江、吉林、内蒙古和新疆外，其余各地均产。栽培历史悠久，品种甚多。漆是一种优良的防腐、防锈涂料，有不易氧化、耐酸、耐醇和耐高温的性能。杧果（ *Mangifera indica* L.），常绿乔木。叶革质，单叶，互生，常集生枝顶。花小，杂性，异被，黄色或淡红色，圆锥花序，雄蕊 5 枚，仅 1 个发育。果实为热带著名水果。腰果（ *Anacardium occidentale* L.），常绿乔木。叶互生，倒卵形。花粉红色，香味很浓。核果肾形，果基部为肉质梨形或陀螺形的假果所托，假果成熟时紫红色。种仁可炒食，或榨油，为上等食用油或工业用油，

图 10.32　漆树
A. 花枝；B. 果枝；C. 雄花；D. 花萼；
E. 雌花；F. 雌蕊

假果可生食或制蜜饯。原产热带美洲。我国云南、广东、广西、福建、台湾均有引种。黄栌（ *Cotinus coggygria* Scop.），落叶灌木或小乔木。叶近圆形，有细长柄。秋天叶鲜红美丽，可供观赏。

重要特征： 有树脂道。具雄蕊内花盘。子房 1 室。核果。

（9）芸香科（Rutaceae）* ↑ $K_{5\sim4,\ (5\sim4)}$ $C_{5\sim4}$ $A_{10\sim8}$ $\underline{G}_{(5\sim4:5\sim4:1\sim2)}$　　　常木本，稀草本，全体含挥发油。叶互生，偶对生，复叶，稀单叶，常有透明油腺点。花两性，稀单性，常辐射对称；萼片 4～5 枚，基部合生或离生；花瓣 4～5 枚，离生；雄蕊 8～10 枚，稀更多，但常 2 轮；具花盘；雌蕊由 4～5 枚（或 1～3 枚，或多数）心皮组成，多合生，少数离生，子房上位，中轴胎座，胚珠每室 1～2 枚，稀更多。柑果（浆果）、蒴果、核果，稀为翅果、蓇葖果。染色体 $X=7\sim9,\ 11,\ 13$。

本科约 150 属 1500 种，分布于热带和温带。我国产 29 属约 150 种，南北均有分布。

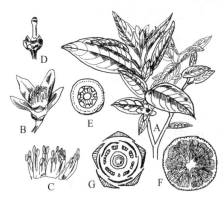

图 10.33　柑橘
A. 花枝；B. 花；C. 雄蕊；D. 花萼和雌蕊；
E. 子房横切；F. 果实横切；G. 花图式

代表植物： 花椒（秦椒）（*Zanthoxylum bungeanum* Maxim.），灌木，具皮刺。叶为奇数羽状复叶。花单性。蓇葖果。果皮为著名调味香料。我国普遍栽培，以陕西最为著名。柑橘（*Citrus reticulata* Blanco）（图 10.33），乔木或灌木。茎常具刺。单身复叶。柑果扁球形，由多心皮具中轴胎座的子房发育而来，外果皮革质，含大量油囊，中果皮髓质退化，仅余维管束，即橘络，内果皮膜质，分为数室，室内壁生有许多腺毛细胞，细胞内含大量汁液，为可食部分。柑橘为我国著名水果，品种甚多；果皮入药为陈皮，能理气化痰，和胃。分布于长江以南各地。

重要特征： 木本。植物体全体含挥发油，叶面上具透明的油腺小点。叶多为羽状复叶或单身复叶。外轮雄蕊与花瓣对生，子房上位，花盘发达。柑果或其他。

（10）伞形科（Apiaceae，Umbelliferae）* $K_{(5)}$ C_5 A_5 $\overline{G}_{(2:2:1)}$　　　草本，常含挥发油而有芳香味。茎常具棱，中空或有髓。叶互生，叶片高度分裂，一回至多回掌状、羽状分裂的复叶，叶柄基部膨大，或呈鞘状。花序常复伞形花序；花两性，整齐；花萼与子房结合，5 裂齿或不明显；花瓣 5 枚；雄蕊和花瓣同数，互生；子房下位，2 室，每室有 1 胚珠；花柱 2 枚，基部往往膨大成花柱基（stylopodium），或称上位花盘。果实由 2 枚有棱或有翅的心皮构成，成熟时沿 2 心皮合生面分离成 2 片果爿（mericarp），顶部悬挂于细长丝状的心皮柄（carpophore）上，称双悬果；每个分果有 5 条主棱（2 条侧棱，2 条中棱，1 条背棱），有些在主棱间还有 4 条次棱，棱与棱之间有沟槽，沟槽下面及合生面通常有纵走的油管（vitta）一至多条。种子胚乳丰富，胚小。染色体 $X=4\sim12$。

本科约 300 属 3000 种，分布于北温带、亚热带或热带的高山上。我国约有 90 属 500 多种，全国均有分布。本科植物以药用而著名。

代表植物： 胡萝卜（*Daucus carota* L. var. *sativa* DC.）（图 10.34A～F），草本。花白色。双悬果的棱上有刺毛。具肥大的储藏根，储藏根作蔬菜，富含胡萝卜素。原产欧亚大陆，现全球广泛栽培。茴香（*Foeniculum vulgare* Mill.）（图 10.34G～J），叶三或四回羽状细裂。花黄色。双悬果具明显的棱。原产地中海，现各地栽培。嫩茎叶作蔬菜，果作调味品或提取芳香油。芹菜（*Apium graveolens* L.），原产于西亚到欧洲、非洲北部，现广泛栽培作蔬菜。当归［*Angelica sinensis*（Oliv.）Diels］，多年生草本，芳香。叶二至三回羽状深裂至全裂。根粗短，入药为著名中药，具补血、活血、调经等功效。主产于陕西、甘肃及四川等地。北柴胡（*Bupleurum chinense* DC.），多年生草本。上部多分枝，呈"之"字形。主根粗大坚硬，入药，具发表和里，疏肝解郁等功效。防风［*Saposhnikovia divaricata*（Turcz.）Schischk.］，多年生草本。根粗壮，根头部具纤维状的叶柄残基。根入药，具发表祛汗、除湿止痛的功效。分布于东北、华北等地。

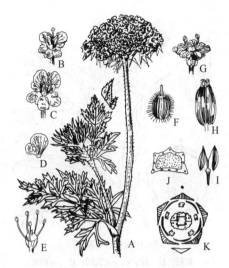

图 10.34　胡萝卜和茴香
A～F. 胡萝卜：A. 花枝；B. 花序中心的花；
C. 花序边缘的花，示花瓣不等大；D. 花瓣；
E. 雄蕊和雌蕊；F. 果实。G～J. 茴香：
G. 花；H. 果实；I. 分果片；J. 分果横切面。
K. 伞形科花图式

重要特征：草本，植株含挥发油，常具芳香。叶柄鞘状。具典型复伞形花序；花 5 基数；2 枚心皮，2 室，下位子房。双悬果。

10.5.1.6　菊亚纲（Asteridae）

木本或草本。单叶，稀为各种裂叶或复叶。花 4 轮，花冠结合，偶分离或单被；雄蕊和花冠裂片同数或更少，常着生在花冠筒上，绝不与花冠裂片对生；花粉粒 2～3 核，具 3 个萌发孔；常具花盘；心皮 2～5 枚，常 2 枚，结合，子房上位或下位，胚珠每室一至多数，单珠被及薄珠心，常具珠被绒毡层。种子具核型或细胞型胚乳或否。

植物体常含环烯醚萜化合物和 / 或多种多样生物碱及聚炔类、糖苷等物质，但不含苄基异喹啉生物碱，无甜菜拉因和芥子油。导管分子具单穿孔，极少梯状穿孔或网状穿孔；筛分子质体为 S 形质体。

本亚纲共有 11 目 49 科约 60 000 种。

（1）萝藦科（Asclepiadaceae）*$K_{(5),5}$ $C_{(5),5}$ $A_{(5),5}$ $\underline{G}_{(2:2:\infty)}$　草本、灌木，常蔓生，有乳汁。单叶，对生或轮生，全缘，叶柄顶端常具丛生腺体；无托叶。花两性，辐射对称，5 基数，伞形、聚伞或总状花序；萼深裂或完全分离，内面基部通常有腺体；花冠合瓣，辐状或坛状，裂片 5 枚；副花冠由 5 个分离或基部合生的裂片或鳞片组成，有时双轮，连生于花冠筒上、雄蕊背部或合蕊冠上；雄蕊 5 枚，花丝合生成管包围雌蕊，称合蕊冠；或花丝分离，花药与柱头黏合成合蕊柱；花粉为四合花粉或花粉块，前者花粉联结方式多样；后者花粉挤得很紧，常 2 相邻药室中的 2 个花粉块柄系结于着粉腺上，或承载在匙形花粉器上；无花盘；子房上位，心皮 2 枚，离生，花柱 2 枚，合生，柱头基部具 5 棱；胚珠多数。蓇葖果双生，或因 1 个不发育而成单生。种子顶端具丛生的种毛。染色体 $X=9～12$。

本科约 180 属 2000 种，主要分布于热带和亚热带地区。我国产 44 属 243 种，分布于西南及东南部，少数产自西北与东北各地。

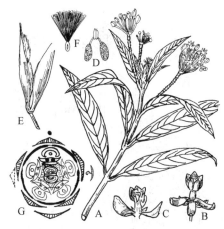

图 10.35　马利筋

A. 花枝；B. 花；C. 花纵切；D. 花粉器；
E. 蓇葖果；F. 种子；G. 花图式

代表植物：杠柳（*Periploca sepium* Bunge），落叶蔓生灌木，全株无毛。叶卵状长圆形，革质。花冠裂片中间加厚，反折；副花冠与花丝同时着生于花冠筒的基部，与花丝结合，副花冠裂片异形；四合花粉，承载在基部有黏盘的匙形载粉器上。全国大部分地区有分布。茎和根皮含 10 余种杠柳苷；根皮为中药"香加皮"，有祛风湿、强筋骨的功效，有毒。马利筋（*Asclepias curassavica* L.）（图 10.35），多年生直立草本，灌木状，全株有白色乳汁。花冠紫红色；副花冠生于合蕊冠上，5 裂，黄色。蓇葖果披针形。种子先端具白色绢质种毛。我国长江流域以南均有栽培，供观赏用。全株有毒。尤以乳汁毒性更强，含强心苷，药用。

重要特征：花 5 基数，常具副花冠；花粉联合成花粉块或四合花粉，具承粉器，雄蕊互相联合并与雌蕊紧贴成合蕊柱。花柱 2 枚联合。

（2）茄科（Solanaceae）* $K_{(5)}C_{(5)}A_5\underline{G}_{(2:2:\infty)}$　　直立或蔓生的草本或灌木，稀乔木；具双韧维管束。单叶，互生，或在开花枝上为大小不等的双生叶，全缘，分裂或羽状复叶，无托叶。花两性，辐射对称，稀两侧对称，单生或聚伞花序，花轴常与茎结合，致使花序生于叶腋之外；花萼 5 裂（稀 4 或 6 裂），宿存，常花后增大；花冠 5 裂（偶 4 或 6 裂），裂片镊合状或折叠式排列，辐射状，偶 2 唇形；雄蕊常与花冠裂片同数而互生，着生于花冠筒部；花药 2 室，有时黏合，纵裂或孔裂；具花盘，位于子房之下；子房 2 室，位置偏斜，稀为假隔膜隔成 3～5 室，中轴胎座，胚珠多数，极稀少数或 1 个。浆果或蒴果。种子具丰富的肉质胚乳。染色体 $X=7\sim12$，17，18，20～24。

本科约 80 属 3000 种，广布于温带及热带地区，美洲热带种类最多。我国有 24 属约 100 种。

代表植物：茄（*Solanum melongena* L.）（图 10.36），全株被星状毛。单叶互生。花紫色，花冠辐状，雄蕊 5 枚，花药靠合，顶孔开裂。浆果。原产亚洲热带，世界广泛栽培，果作蔬菜。洋芋（马铃薯）（*S. tuberosum* L.），草本。奇数羽状复叶。花白色或淡紫色。块茎富含淀粉，是主要的粮食作物。原产南美洲，现广为栽培。番茄（*Lycopersicon esculentum* Mill.），植株被黏质腺毛。浆果。为常见蔬菜和水果。原产南美，现世界各地广为栽培。烟草（*Nicotiana tabacum* L.），草本，全体被腺毛。叶大。

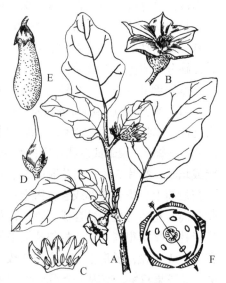

图 10.36　茄

A. 花枝；B. 花；C. 花冠及雄蕊；D. 花萼及雌蕊；E. 果实；F. 花图式

叶为卷烟和烟丝的原料。原产南美，我国南北广为栽培。宁夏枸杞（*Lycium barbarum* L.），具刺灌木。果实入药为"枸杞子"，具补肝肾、益精明目的功效。主产于宁夏、甘肃等地。

重要特征：常草本。单叶互生。花两性，辐射对称，5基数；花药常孔裂。心皮2枚，2室，位置偏斜，多数胚珠。浆果或蒴果。

（3）唇形科（Lemiaceae，Labiatae）↑ $K_{(5)} C_{(4\sim5)} A_4 \underline{G}_{(2:4:1)}$ 草本，稀木本，含挥发性芳香油。茎常四棱形。单叶，偶复叶，对生或轮生，无托叶。花两侧对称，腋生聚伞花序构成轮伞花序，常再组成穗状或总状花序；花萼5裂，或二唇形，常上唇3，下唇2，宿存；花冠合生，二唇形，上唇2枚（稀3～4枚），下唇3枚（稀1～2枚），稀单唇形或花冠裂片近相等，花冠筒内常有毛环；雄蕊4枚（稀2枚），2强，分离或药室贴近两两成对，着生于花冠筒部；花药2室，平行、叉开至平展，或为延长的药隔所分开，纵裂；花盘下位，肉质、全缘或2～4裂；子房上位，2枚心皮，浅裂或深裂成4室，每室有1个直立的倒生胚珠；花柱常生于子房裂隙的基部，柱头多为2尖裂。果为4枚小坚果。种子有少量胚乳或无。染色体 $X=5\sim11$，13，17～30。

本科约220属3500种，是世界性的大科，分布中心为地中海和小亚细亚的干旱地区。我国约98属800余种，全国分布。唇形科植物多集中分布于比较干旱的地区。植物体内富含有芳香性的挥发油，一向被认为与干旱气候有密切关系，这在资源利用或驯化工作上是一个很值得研究的问题。本科植物几乎均含芳香油，可提取香精，有些植物可药用，有些可供观赏。

代表植物：一串红（*Salvia splendens* Ker-Gawl.）（图10.37A～D），半灌木状草本。花冠红色、紫色或白色；花冠3/2式二唇；雄蕊2枚，花药条形，药隔线形，与花丝有关节相连，常呈"丁"字形。原产巴西。我国引种供观赏。丹参（*S. miltiorrhiza* Bunge），多年生草本。根肥大，肉质，外面红色，内面白色。花冠蓝色。根入药，具活血调经、祛瘀生新等功效。全国大部分地区栽培。夏枯草（*Prunella vulgaris* L.）（图10.37E～L），轮伞花序集成假穗状花序。夏末全株枯萎。全草或果穗入药，具清肝火、散郁结功效。我国广为分布。黄芩（*Scutellaria baicalensis* Georgi），多年生草本。根肥厚肉质。叶披针形，背面具黑色蜜腺点。花紫色。根入药，具清热燥湿、泻火解毒等功效。分布于东北、华北及四川等地。薄荷（*Mentha haplocalyx* Briq.），草本，具

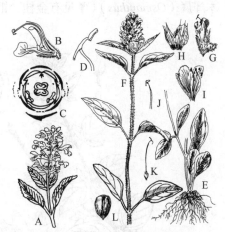

图10.37 一串红和夏枯草

A～D. 一串红：A. 花枝；B. 花纵切；
C. 花图式；D. 雄蕊。E～L. 夏枯草：
E. 根及部分茎；F. 花枝；G. 花；H. 花萼；
I. 花冠展开；J. 雄蕊；K. 雌蕊；L. 小坚果。

清凉浓香气味。为著名香料植物和药用植物。我国为世界薄荷的主产区，各地广为栽培。

重要特征：草本，含挥发性芳香油。茎四棱。单叶对生或轮生。唇形花冠，二强雄蕊，或由于2枚退化余2枚；子房上位，子房深裂，花柱着生于花托上。4枚小坚果。

（4）木犀科（Oleaceae）*K$_{(4)}$C$_{(4\sim9)}$A$_2$G$_{(2:2:2)}$　　木本，直立或藤状。叶对生，稀互生，单叶或复叶；无托叶。花两性或单性，辐射对称，常为圆锥、聚伞或丛生花序，稀单生；花萼常4裂，有时3～10裂或平截；花冠合生，稀离生，筒长或短，裂片4～9枚，有时缺；雄蕊2枚，稀3～5枚；子房上位，2室，每室2枚胚珠（1～3个）。花柱单一。柱头2尖裂。浆果、核果、蒴果或翅果。种子具胚乳或无胚乳。染色体 $X=10$，11，13，14，23，24。

本科约30属600种，广布温带和亚热带地区。我国12属200种，南北各地均有分布。

代表植物：女贞（*Ligustrum lucidum* Ait.），小枝无毛。单叶对生，全缘，革质，无毛。花萼、花冠均4裂；雄蕊2枚，子房2室，各具胚珠2个。核果。作为绿化观赏植物各地均有栽培。小蜡（*L. sinense* Lour.），小枝密被短柔毛。叶薄革质，背面特别沿中脉有短柔毛。分布于长江以南各地，现广泛栽培。连翘［*Forsythia suspensa*（Thunb.）Vahl］（图10.38A～D），落叶灌木，枝中空。单叶或三出复叶。花黄色，先叶开放。蒴果。种子有翅。原产我国北部和中部，现各地均有栽培。果含连翘酚、甾醇化合物等，可入药。茉莉花［*Jasminum sambac*（L.）Ait.］，常绿灌木。单叶，背面脉腋有黄色簇毛。花白色，芳香。花可提取香精和熏茶。原产阿拉伯和印度之间。我国各地栽培。迎春花（*J. nudiflorum* Lindl.），落叶灌木。三出复叶。花先叶开放，淡黄色。主产我国北部和中部，常栽培。

本科植物多数栽培，供观赏。除上述植物外，尚有丁香属（*Syringa*）（图10.38E～I）、木犀属（*Osmanthus*）（常见有金桂、银桂和丹桂等品种）等多种植物。

图10.38　连翘和丁香

A～D. 连翘：A. 叶枝；B. 花枝；C. 花冠和雄蕊；D. 蒴果。E～I. 丁香：E. 花枝；F. 花；G. 花瓣和雄蕊；H. 蒴果；I. 种子。J. 木犀科花图式

重要特征：木本。叶常对生。花整齐，花被常4裂；雄蕊2枚；子房上位，2室，每室常2个胚珠。

（5）玄参科（Scrophulariaceae）$\uparrow K_{4\sim5,(4\sim5)} C_{(4\sim5)} A_4 \underline{G}_{(2:2:\infty)}$　　草本，稀木本。叶对生，稀互生和轮生；无托叶。花两性，常两侧对称，稀辐射对称，排成各种花序；花萼4或5枚，分离或结合，宿存；花冠合生，常2唇形，裂片4~5枚（偶3枚），芽中覆瓦状排列，有些属花冠筒极短，裂片呈辐状；雄蕊4枚（稀2或5枚），2强，着生于花冠筒上；花盘环状或1侧退化；子房上位，2枚心皮，2室，中轴胎座，胚珠多数（偶少数）。蒴果，2或4瓣裂（偶顶端孔裂），稀为不开裂的浆果，常具宿存花柱。种子多数，稀少数，有胚乳，胚直或稍弯曲。染色体 $X=6\sim16$，18，$20\sim26$，30。

本科200余属约3000种，广布世界各地。我国有54属约600种，分布南北各地，主产西南。

代表植物：毛泡桐 [*Paulownia tomentosa* (Thunb.) Steud.]（图10.39），落叶乔木，具有星状毛。叶对生。花冠裂片近似唇形，裂片近相等。蒴果木质或革质，室背开裂。泡桐属植物均为阳性速生树种，木材轻，易加工，耐酸耐腐，防湿隔热，为家具、航空模型、乐器及胶合板等的良材。因花大而美丽，可供庭院观赏等。地黄（*Rehmannia glutinosa* Libosch.），草本，被黏毛。叶互生，叶缘具粗齿。花冠唇形，芽中下唇包裹上唇。蒴果，藏于宿萼内。根入药，根干后称生地，滋阴养血，加酒蒸煮后称熟地，滋肾补血。

重要特征：常草本。单叶，常对生。花两性，两侧对称；花被4~5裂；雄蕊常4枚，2强；心皮2枚，2室，中轴胎座，胚珠多数。蒴果。

图10.39　毛泡桐
A. 花序；B. 叶；C. 果实；D. 种子；E. 花图式

（6）忍冬科（Caprifoliaceae）$* \uparrow K_{(4\sim5)} C_{(4\sim5)} A_{4\sim5} \overline{G}_{(2\sim5:2\sim5:1\sim\infty)}$　　木本，稀草本。叶对生，单叶，稀为奇数羽状复叶；常无托叶。花两性，辐射对称至两侧对称，4~5基数；聚伞花序，或由聚伞花序构成各种花序或数朵簇生，稀单生；花萼筒与子房贴生，裂片4~5枚；花冠合生，花冠筒长或短，裂片4~5枚，有时2唇形，覆瓦状排列，稀镊合状排列；雄蕊与花冠裂片同数而互生，着生于花冠筒上；无花盘；子房下位，2~5室，每室具一至多数胚珠。浆果、蒴果或核果；种子有胚乳。染色体 $X=8\sim12$。

本科约14属400余种，主产北半球。我国有12属200余种，分布于南北各地。

代表植物：忍冬（*Lonicera japonica* Thunb.）（图10.40），常绿藤本，茎向右缠绕。单叶全缘。花双生于叶腋；花冠白色或淡红色，凋落前变为黄色，故又称为"金银花"。我国南北均产，花蕾入药，含木犀草素、忍冬苷等，清热解毒。

重要特征：常木本。叶对生；常无托叶。花5基数，辐射对称或两侧对称；花冠常覆瓦状排列；子房下位，常3室。

（7）菊科（Asteraceae，Compositae）$K_{0\sim\infty} C_{(5)} A_{(5)} \overline{G}_{(2:1:1)}$　　多为草本，有些具乳汁管。

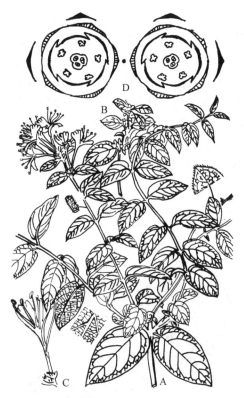

图 10.40 忍冬

A. 花枝；B. 果枝；C. 剖开的花，示雄蕊和部分雌蕊；D. 忍冬属花图式

叶常互生；无托叶。头状花序单生或再排列成各式花序，头状花序外面托以一至多层苞片组成的总苞。花两性，稀单性或中性，极少雌雄异株，常 5 基数；萼片不发育，常变态为冠毛状、刺毛状或鳞片状。花冠合生，形态多样，常分为 5 种类型（图 10.41）：①管状花，辐射对称，两性；②二唇形花，两侧对称，两性；③舌状花，两侧对称，两性；④假舌状花，两侧对称，雌性；⑤漏斗状花，无性。雄蕊 5（偶 4）枚，着生于花冠筒上；花药合生成筒状，花丝分离，为聚药雄蕊；子房下位，1 室，具 1 个胚珠；花柱顶端 2 裂。果常具糙毛、鳞片、刺芒状冠毛，为连萼瘦果。种子无胚乳。染色体 $X=2\sim29$。

本科约 1100 属 20 000 种，广布全世界，热带较少。我国 200 余属 2000 多种，全国都有分布。

根据头状花序类型的不同，植物体是否含有乳汁，通常分为两个亚科。

1）管状花亚科（Carduoideae）：植物体不含乳汁；头状花序全由管状花组成，或边缘花为舌状花。本亚科包括菊科的绝大部分种类。

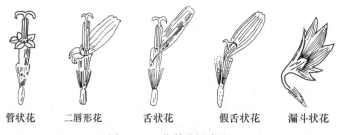

管状花　二唇形花　舌状花　假舌状花　漏斗状花

图 10.41 菊科花冠类型

代表植物：向日葵（*Helianthus annuus* L.）（图 10.42），大型草本。下部叶常对生。花序托盘状，总苞片数轮，外轮叶状。边缘花假舌状，盘花筒状。瘦果顶端具两个鳞片状、脱落的芒。为重要的油料作物。艾蒿（*Artemisia argyi* Lévl. et Vant.），草本。中下部的叶卵状椭圆形，一回羽状深裂，叶上面疏生白色腺点，下面密生灰白色绒毛。叶入药为艾叶，能散寒止痛、温经止血。广布于全国。红花（*Carthamus tinctorius* L.），一年生草本。叶互生，近无柄。花初开时黄色，后变为红色。瘦果无冠毛。花入药，具活血祛瘀、通经的功效。菊花 [*Chrysanthemum×morifolium*（Ramat.）Tzvel.]，多年生草本，基部木质化，全体具白色绒毛。瘦果无冠毛。常培育成各种园林花卉和药用植物，品种近万种。花序入药，能散风清热，解毒，明目。

2）舌状花亚科（Cichorioideae）：植物体含乳汁。头状花序全由舌状花组成。

代表植物：蒲公英（*Taraxacum mongolicum* Hand.-Mazz.）（图 10.43），多年生草本。叶基生。头状花序单生花葶上，花黄色。瘦果具长喙，冠毛白色。全国各地野生。全草药用，具清热解毒的功效。莴苣（*Lactuca sativa* L.），茎肉质。头状花序顶生；花黄色。原产欧洲、亚洲。现世界广泛栽培，品种很多，如莴笋（*L. sativa* var. *angustata* Irish.）和生菜（*L. sativa* var. *ramona* Hort.）均是莴苣的变种。

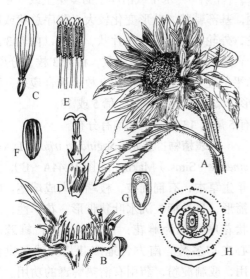
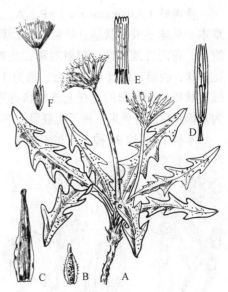

图 10.42　向日葵
A. 植株上部；B. 头状花序纵切；C. 假舌状花；D. 管状花；
E. 聚药雄蕊展开；F. 瘦果；G. 瘦果剖面；H. 菊科花图式

图 10.43　蒲公英
A. 植株；B. 外层总苞片；C. 内层总苞片；
D. 舌状花；E. 雄蕊；F. 果实与冠毛

菊科在演化上是一个年轻的大科，并在地球上广为分布，属种数为被子植物之首，这与它们在结构上、繁殖上的多样性和高度适应性相关联，如萼片变成冠毛、刺毛，有利于果实的远距离传播；部分植物具块茎、块根、匍匐茎或根状茎，有利于营养繁殖的进行；花序的结构在功能上如同一朵花，而中间盘花数量的增加，更有利于后代的繁衍；本科植物绝大部分为虫媒传粉，雄蕊先于雌蕊成熟，常有精致的传粉结构，保证了异花传粉。此外，菊科植物多为草本，生活周期短，更新迅速。

重要特征：常为草本。头状花序，有总苞；花冠合生，聚药雄蕊；子房下位，1 室 1 胚珠。瘦果具各种冠毛。

10.5.2　单子叶植物纲（Monocotyledoneae）

单子叶植物纲又称百合纲（Liliopsida）。根据克朗奎斯特系统共有 5 亚纲 19 目 65 科 50 000 余种。

10.5.2.1　泽泻亚纲（Alismatidae）

水生或湿生草本，或菌根营养而无叶绿素。单叶，常互生，平行脉，通常基部具鞘。

花整齐或不整齐，两性或单性，各种花序；花被 3 基数，2 轮，异被，或退化或无；雄蕊一至多数，花粉粒全具 3 核，单沟或无萌发孔；雌蕊具一至多个分离或近分离的心皮，偶结合，每个心皮或每室具一至多个胚珠，通常具双珠被及厚珠心。胚乳无，或不为淀粉状。

植物体维管束极度退化，导管仅存于根中，或无导管；筛分子质体为 PⅡ型；气孔副卫细胞 2 个。

本亚纲共有 4 目 16 科约 500 种。

泽泻科（Alismataceae）*$P_{3+3}A_{6\sim\infty}\underline{G}_{(\infty\sim6:1:1\sim2)}$　　水生或沼泽生的多年生或一年生草本。具球茎或根状茎。叶常基生，具长柄，基部鞘状，叶形变化较大。花序总状或圆锥状；花两性或单性，辐射对称；花被 2 轮，外轮 3 片绿色，萼片状，宿存，内轮 3 片花瓣状，脱落；雄蕊 6 至多数，稀为 3 枚；子房上位，心皮 6 至多数，稀为 3 枚，分离，螺旋状排列于凸起的花托上或轮状排列于扁平的花托上；胚珠 1 或 2 枚；聚合瘦果，稀为基部开裂的蓇葖果。种子无胚乳，胚马蹄形。染色体 $X=7\sim11$，稀 5 或 13。

本科 13 属约 90 种，广布于全球。我国有 5 属约 13 种，南北均有分布。

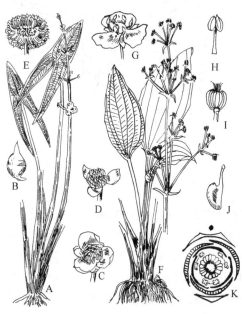

图 10.44　慈姑和泽泻

A～E. 慈姑：A. 植株；B. 球茎；C. 雄花；D. 雌花；E. 聚合瘦果。F～K. 泽泻：F. 植株；G. 花；H. 雄蕊；I. 雌蕊；J. 心皮；K. 花图式

代表植物：慈姑 [*Sagittaria trifolia* L. var. *sinensis*（Sims.）Makino]（图 10.44A～E），多年生草本，有匍匐枝，枝端膨大成球茎。叶箭形，具长柄，沉水叶狭带形。花单性，总状花序下部为雌花，上部为雄花；雄蕊和心皮均多数。南方各地多栽培。球茎供食用，或制淀粉，药用有清热解毒的功用。东方泽泻 [*Alisma orientale*（Sam.）Juzepcz.]（图 10.44F～K），叶卵形或椭圆形，顶端尖，基部楔形或心形。花两性，白色；雄蕊常 6 枚。我国各地都有分布。球茎供药用，有清热、利尿、渗湿的功效。

重要特征：水生或沼泽生草本。花在花葶上轮状排列，外轮花被显然呈萼状；心皮离生。聚合瘦果。

泽泻目的花与毛茛目的花很相似，但各部分的组成不同，胚具单子叶。泽泻科由于花各部 3 基数，雌、雄蕊多数，螺旋状排列于突出的花托上等特征，被认为是单子叶植物的一个古老的类群。可是，从演化树的位置来说，它们绝不会在单子叶植物进化的主干上，因为原始的单子叶植物应该具有双核花粉和具胚乳的种子。因此，泽泻目被看作靠近基部的一个旁支。

10.5.2.2　槟榔亚纲（Arecidae）（棕榈亚纲）

多数为高大棕榈型乔木。叶宽大，互生，基生或着生茎端，幼叶常折扇状，基部扩大成叶鞘。花多数，小型，常集成具佛焰苞包裹的肉穗花序，两性或单性；花被常发育，或退化或无；雄蕊一至多数，花粉常2核；雌蕊由3枚（稀1或多枚）心皮组成，常结合，子房上位；胚珠具双珠被及厚珠心。胚乳发育为沼生目型、核型和细胞型，常非淀粉状。

植物体具有限的次生生长，常产生针晶体；导管存在于所有的营养器官中，或局限于茎和根内，或根中无导管；筛分子质体为PⅡ型；气孔副卫细胞2个、4个或4个以上。

本亚纲共有4目5科约5600种。多热带分布。

（1）棕榈科（Arecaceae, Palmae）♂*$P_{3+3}A_{3+3}$，♀*$P_{3+3}\underline{G}_{3:1\sim3:1,(3:1\sim3:1)}$，*$P_{3+3}A_{3+3}$ $\underline{G}_{3:1\sim3:1,(3:1\sim3:1)}$　乔木或灌木，多不分枝，单生直立。叶常绿，大型，互生，掌状分裂或为羽状复叶，芽时内向或外向折叠，多集生于树干顶部，形成"棕榈型"树冠，或在攀缘的种类中散生；叶柄基部常扩大成纤维状的鞘。花小，通常淡黄绿色，两性或单性，同株或异株，常为3基数，整齐或有时稍不整齐，组成分枝或不分枝的肉穗花序，外为一至数枚大型的佛焰状总苞，生于叶丛中或叶鞘束下；花被片6枚，2轮，分离或合生；雄蕊6枚，2轮，稀3枚或较多，花丝分离或基部联合成环，花药2室；子房上位，心皮3枚，分离或不同程度联合，1~3室，稀4~7室，每室有1个胚珠；花柱短，柱头3枚。核果或浆果，外果皮肉质或纤维质，基部常覆以覆瓦状排列的鳞片。种子与内果皮分离或黏合，胚乳丰富，均匀或嚼烂状。染色体 $X=13\sim18$。

本科约217属2500余种，分布于热带和亚热带，以热带美洲和热带亚洲为分布中心。我国有22属（包括栽培）约72种，主要分布于南部至东南部，多为重要纤维、油料、淀粉及观赏植物。

代表植物： 棕榈［*Trachycarpus fortunei* (Hook.) H. Wendl.］（图10.45），常绿乔木。叶掌状分裂，裂片多数，顶端浅2裂。花常单性，异株，多分枝的肉穗状或圆锥状花序，佛焰苞显著。果实肾形或球形。分布于长江流域以南各地。广泛栽培。供观赏，叶鞘纤维可制绳索、床垫、刷子等，果实（名棕榈子）及老枯的叶鞘纤维（名陈棕）供药用。椰子（*Cocos nucifera* L.），常绿乔木。叶羽状全裂或为羽状复叶。花雌雄同株，为分枝肉穗花序。核果大型，外果皮革质，中果皮纤维质，内果皮（椰壳）骨质坚硬。种子1颗，种皮薄，内贴着一层白色的胚乳（椰肉），胚乳内有一大空腔，贮藏乳状汁液。广布于热带海岸。椰子用途很多，为热带著名水果。椰子果皮纤维层很厚，在海上轻而易浮，能远播于热带海岸。油棕（*Elaeis guineensis* Jacq.），乔木。叶羽状全裂。为重要的油料植物。槟榔（*Areca*

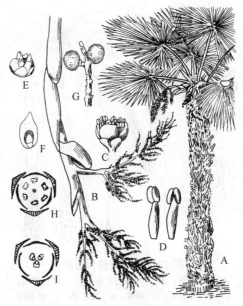

图10.45　棕榈

A. 植株；B. 雄花序；C. 雄花；D. 雄蕊；
E. 雌花；F. 子房纵切；G. 果实；H. 雄花花图式；
I. 雌花花图式

catechu L.），叶羽状全裂。原产马来西亚。我国广东和云南南部、台湾有栽培。种子含单宁和多种生物碱，供药用，能助消化和驱肠道寄生虫。蒲葵 [*Livistona chinensis*（Jacq.）R. Br.]，常绿乔木。叶大，宽肾状扇形，直径达 1m，深裂至中部。产于我国南部。嫩叶制蒲扇；叶裂片的中脉可制牙签；种子入药。

重要特征：木本，树干不分枝。大型叶丛生于树干顶部。肉穗花序，花 3 基数。

棕榈科是具有单子叶植物少有乔木状的习性，宽阔的叶片和很发达的维管束系统（整个营养器官都具导管）的一个类群。这些独特的综合特征，与木本双子叶植物近似。但槟榔缺少充分的次生生长。另外，本科从来没有发展成落叶的习性，除少数种类外，它们不能适应温、寒带的气候。因此与木本双子叶植物相比，其生态幅是有限的。它们在热带地区生长良好，而且是热带雨林中下层林木的普通成分。

（2）天南星科（Araceae）$*P_{0, 4\sim6} A_{4, 6} \underline{G}_{(3:1\sim\infty:1\sim\infty)}$　　草本，稀为木质藤本，常具根状茎或块茎。植物体含水状或乳状汁液，有辛辣味，常具草酸钙针状结晶体。叶基出或茎生，单叶或复叶；基部常具膜质鞘。花小，两性或单性；排列成肉穗花序，为一枚佛焰苞片所包，佛焰苞常具彩色，顶端常延伸特化为附属体；单性同株时，雄花通常生于肉穗花序上部，雌花生于下部，中部为不育部分或为中性花；花被缺，或为 4～6 枚鳞片状小体；雄蕊 4 或 6 枚，分离或合生；子房上位，雌蕊由 3 枚（稀 2～15 枚）心皮组成，一至多室。浆果。染色体 $X=7\sim17$。

本科约 115 属 2000 多种，主要分布于热带和亚热带。我国有 23 属（包括栽培植物）100 多种，主要分布于南方。本科植物常具有毒液体，对人体黏膜有刺痒或灼热感；许多种类为药用植物；某些种类的块茎富含淀粉，可供食用；不少种类常栽培供观赏。

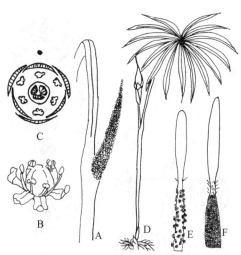

图 10.46　菖蒲和天南星
A～C. 菖蒲：A. 肉穗花序；B. 花；C. 花图式。
D～F. 天南星：D. 植株；E. 雄花序；F. 雌花序

代表植物：菖蒲（*Acorus calamus* L.）（图 10.46A～C），多年生沼泽草本，根状茎粗大，有香气。叶狭长剑形，2 列，平行脉，有明显中肋，基部互抱。肉穗花序圆柱形，佛焰苞叶状不包着花序；花两性，花被片 6 枚，线形。全草芳香，可作香料、驱蚊；根状茎入药，能开窍化痰，辟秽杀虫。天南星（*Arisaema heterophyllum* Wardii Marq.）（图 10.46D～F），叶片鸟足状分裂。佛焰苞附属体向上渐细呈尾状；雌雄异株。半夏 [*Pinellia ternata*（Thunb.）Breit.]，肉穗花序具细长柱状附属体，佛焰苞顶端合拢；花雌雄同株，无花被；雌花部分与佛焰苞贴生。块茎有毒，炮制后入药，能燥湿化痰，降逆止呕。因仲夏时节植株枯萎，可采其块茎入药，故名"半夏"。

分布于我国南北各地。魔芋（*Amorphophallus rivieri* Durieu），肉穗花序附属体无毛；花柱明显；柱头浅裂。块茎入药，淀粉可食用。马蹄莲 [*Zantedeschia aethiopica*（L.）Spr.]、龟背竹（麒麟叶、麒麟尾）[*Epipremnum pinnatum*（L.）Schott] 均为常栽培的观赏植物。

重要特征： 草本，肉穗花序，花序外或花序下具有一片佛焰苞。

（3）浮萍科（Lemnaceae）♂ * $P_0 A_{1\sim2}$，♀ * $P_0 \underline{G}_{(1:1:1\sim\infty)}$ 极小型草本，植物体退化为鳞片状叶状体，浮水，具细根或无。花单性，同株，辐射对称，裸露或初时包藏于膜质佛焰苞内；无花被，雄花有雄蕊 1～2 枚，花丝纤细或于中部变厚或无，花药 1～2 室；雌花有 1 心皮 1 室，子房上位。胞果瓶状。种子一或数枚，外种皮厚或肉质。染色体 $X=10$，11。

本科约 6 属 30 种，广布。我国约 3 属 7 种，南北均有分布。

代表植物： 浮萍属（*Lemna*），植物体具 1 条根，叶状体下面绿色或具褐色条纹。雄花常 2 朵生于 1 苞内；雌花单生苞内。浮萍（*L. minor* L.）（图 10.47），广布，生于池沼、湖泊或静水中。无根萍 [*Wolffia arrhiza* (L.) Wimm.]，植物体细小如沙，长 1.2～1.5mm，宽不及 1mm，为被子植物中最小的植物，漂浮水面，无根。花雌雄同株。通常分裂繁殖。生长最盛时每平方米的面积有植物 100 万个。广布全世界热带和亚热带地区。分布于我国南方各省。生静水池塘中，为饲养鱼苗的好饲料。

重要特征： 极小型浮水草本，植物体为鳞片状叶状体。花单性，同株，无花被。胞果瓶状。

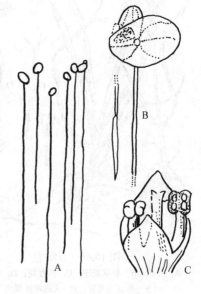

图 10.47 浮萍
A. 植株；B. 植株放大；C. 雄花序

10.5.2.3 鸭跖草亚纲（Commelinidae）

草本，偶木本，无次生生长和菌根营养。叶互生或基生，单叶，全缘，基部具开放或闭合的叶鞘或无。花两性或单性，常无蜜腺；花被常显著，异被，分离，或退化成膜状、鳞片状或无；雄蕊常 3 或 6 枚，花粉粒 2～3 核，单萌发孔，偶无萌发孔；雌蕊 2～3 枚（稀 4 枚）心皮结合，子房上位；胚珠一至多数，常具双珠被，厚或薄珠心。果实为干果，开裂或不开裂。胚乳发育为核型，有时为沼生目型，全部或大多数为淀粉。

植物体维管束星散或轮状排列；导管存在于所有的营养器官中；筛分子质体为 PⅡ 型；气孔副卫细胞 2 个或 2 个以上，稀无。

本亚纲共有 7 目 16 科约 15 000 种。广布温带。

（1）莎草科（Cyperaceae）* $P_0 A_3 \underline{G}_{(3\sim2:1:1)}$ 草本，根状茎丛生或匍匐状；茎特称为秆，常三棱柱形，实心，少数中空。叶基生或秆生，通常 3 列，叶片条形，基部常有闭合的叶鞘，或叶片退化而仅具叶鞘。花甚小，单生于鳞片（颖片）的腋内，两性或单性，由 2 至多数带鳞片的小花组成小穗；小穗单一或若干小穗再排成各式花序；花序通常有一至多枚叶状、刚毛状或鳞片状苞片，苞片基部具鞘或无；小穗单性或两性，具颖片多枚，颖片 2 列或螺旋状排列于小穗轴上；花被缺或退化为下位刚毛或下位鳞片；雄蕊 3 枚，少为 2 或 1 枚；子房 1 室，1 个胚珠，花柱 1 枚，柱头 2～3 枚。坚果，或有时为苞片所形成的囊包所包裹，三棱形、双凸状、平凸状或球形。染色体 $X=5\sim60$。

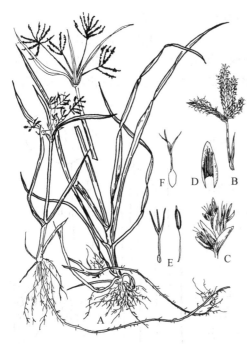

图 10.48　香附子
A. 植株；B. 穗状花序；C. 两性花；D. 鳞片；
E. 雄蕊及雌蕊；F. 未成熟的果实

本科约 96 属 9300 种，广布于全世界，以寒带、温带地区为最多。我国有 31 属 670 余种，分布全国各地。莎草科是单子叶植物中具有一定经济意义的大科，可提供饲料、纤维等。

代表植物：香附子（*Cyperus rotundus* L.）（图 10.48），根状茎匍匐，细长，生有多数长圆形、黑褐色块茎。秆散生或丛生，三棱形。叶片狭条形，常裂成纤维状。秆顶有 2 或 3 枚叶状苞片和长短不等的数个伞梗，伞梗末梢各生 5~9 枚线形小穗；花两性；雄蕊 3 枚；柱头 3 枚。坚果三棱形。干燥的块茎，名香附子，可提取香附油，可作香料，或入药，有理气解郁、调经止痛等作用。分布广。荸荠［*Eleocharis dulcis*（Burm. f.）Trin. ex Henschel］，根状茎匍匐细长，顶端膨大成球茎。可食用，也可药用。各地栽培。乌拉草（*Carex meyeriana* Kunth），秆丛生，粗糙。分布于东北，号称"东北三宝"之一，主要用于冬季作保暖填充物；全草还供编织和造纸用。

重要特征：秆三棱形，实心，无节。叶 3 列，叶鞘封闭。坚果。

（2）禾本科（Gramineae，Poaceae）$*P_{2\sim3} A_3 \underline{G}_{(2\sim3:1:1)}$　草本或木本，须根，常具根状茎，地上茎特称为秆，具显著的节和节间，节间多中空，少实心（玉米、高粱、甘蔗等）。单叶互生，2 列，分叶鞘、叶片和叶舌 3 部分；叶鞘包着秆（包着竹笋的称箨鞘），叶鞘常在一边开裂；叶片（箨鞘顶端的叶片称箨叶）带形或线形至披针形，具平行脉；叶舌生于叶片与叶鞘交接处的内方，膜质、一圈毛、撕裂或完全退化（箨鞘和箨叶连接处的内侧舌状物称箨舌）；叶鞘顶端的两侧常各具 1 耳状突起，称叶耳（箨鞘顶端两侧的耳状物称箨耳）。花序以小穗为基本单位，在穗轴上再排成各式花序；小穗有 1 个小穗轴，基部常有 1 对颖片，生在下面或外面的 1 片称外颖，生在上方或里面的 1 片称内颖；小穗轴上生有一至多数小花，每朵小花外有 2 枚苞片，称外稃和内稃；外稃顶端或背部具芒或无，基部有时加厚变硬称基盘；内稃常具 2 条隆起如脊的脉，并常为外稃所包裹；由外稃及内稃包裹浆片、雄蕊和雌蕊组成小花；小花两性，或稀单性；在内外稃间有 2 或 3 枚特化为透明而肉质的小鳞片（相当花被片），称为浆片（鳞被），浆片的作用在于将外稃和内稃撑开，使柱头和雄蕊容易伸出花外，进行传粉；雄蕊通常 3 枚，花丝细长，花药"丁"字形着生，有利于风力传粉；雌蕊 1 枚，由 2 或 3 枚心皮构成，子房上位，1 室，1 个胚珠；花柱 2 枚，很少 1 或 3 枚；柱头常为羽毛状或刷帚状。果皮常与种皮密接，称颖果，或稀为胞果、浆果等。种子含丰富的淀粉质胚乳，基部有 1 个细小的胚。染色体 $X=2\sim23$。

本科约660属10 000余种。遍布于全世界，我国有225属1200多种。通常分为2亚科，即竹亚科（Bambusoideae）和禾亚科（Agrostidoideae）；也可分为3亚科、5亚科或7亚科。

本科植物与人类的关系密切，具有重要的经济价值。它是人类粮食的主要来源，很多禾本科植物是建筑、造纸、纺织、制药、酿造、制糖、家具及编织的主要原料。在畜牧业方面，它又是动物饲料的主要来源。

1）竹亚科（Bambusoideae）：秆木质化，多为灌木或乔木状，秆的节间常中空。主秆叶（秆箨即笋壳）与小枝叶明显不同；秆箨的叶片（箨片）常缩小而无明显的中脉；小枝叶片具短柄，且与叶鞘相连处成一关节，叶易自叶鞘脱落。染色体 $X=12$（稀7，6，5）。

本亚科约66属1000余种，主要分布在东南亚热带地区，少数属、种延伸至亚热带和温带各地。我国约30属400多种，多分布于长江流域以南各地。

代表植物：毛竹（*Phyllostachys pubescens* Mazel ex H. de Lehaie）（图10.49），秆圆筒形；新秆有毛茸与白粉，老时无毛；小枝具叶2～8片。分布于长江流域及以南各地，以及陕西和河南；是我国最重要的经济竹类，笋供食用，箨供造纸，秆供建筑，以及编制各种器具。阔叶箬竹〔*Indocalamus latifolius*（keng）Mc Clure〕，灌木状或小灌木状竹类；秆散生或丛生，直立，节不甚隆起，具一分枝，分枝通常与主秆同粗。叶片大型；秆箨宿存。叶用作包裹米粽。分布于华东、陕南汉江流域等地。

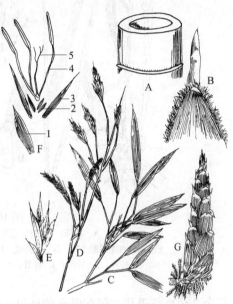

图 10.49 毛竹
A. 秆的一段，示秆环不显著；B. 秆箨顶端的腹面观；C. 叶枝；D. 花枝；E. 小穗的一部分；F. 小花展开；G. 竹笋
1. 颖片；2. 浆片；3. 稃片；4. 雄蕊；5. 雌蕊

2）禾亚科（Agrostidoideae）：秆常草质，秆生叶的叶片大多为狭长披针形或线形，具中脉，叶片与叶鞘之间无明显的关节，不易从叶鞘脱落。

本亚科约575属9500多种，遍布于世界各地。我国170多属700余种。

代表植物：普通小麦（*Triticum aestivum* L.）（图10.50A～G），一年生或二年生草本。叶片条状披针形；叶耳、叶舌较小。穗状花序直立，顶生，穗状花序由10～20枚小穗组成，排列在穗轴的两侧；小穗有小花3～6朵，两侧压扁，无柄，单独互生于穗轴的各节；颖片近草质，卵形，有5～9条脉，顶端有短尖头，主脉隆起成脊；外稃厚纸质，5～9条脉，先端通常具芒；内稃与外稃等长；花两性，浆片2枚，雄蕊3枚。颖果椭圆形，腹面有深纵沟，不和稃片黏合，易于脱离。本种是我国北方重要的粮食作物。麦粒磨粉，为主要粮食，入药，有养心安神作用；麦麸是家畜的好饲料；麦芽助消化；麦秆可编织草帽、刷子、玩具及造纸。栽培的品种和类型很多。稻（*Oryza sativa* L.）（图10.50H～K），一年生草本。圆锥花序顶生，两侧压扁，含3朵小花，仅1朵花结实，

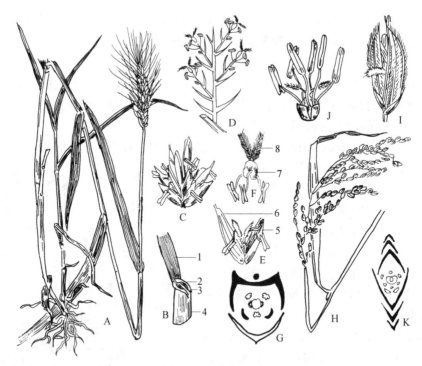

图 10.50　小麦和稻

A～G. 小麦：A. 植株；B. 叶，示叶舌和叶耳；C. 小穗；D. 小穗模式图；E. 小花；
F. 除去内外稃的小花；G. 花图式。H～K. 稻：H. 植株；I. 小穗；J. 花；K. 花图式
1. 叶片；2. 叶舌；3. 叶耳；4. 叶鞘；5. 内稃；6. 外稃；7. 浆片；8. 花柱

其余 2 朵小花退化，仅存极小的外稃，位于顶生两性小花之下；颖退化成两半月形；孕性花外稃与内稃遍被细毛，外稃具芒或无；浆片卵圆形；雄蕊 6 枚。水稻是我国栽培历史最悠久，栽培面积最广的作物之一。现全世界广为栽培，东南亚各国出产尤多。

重要特征：秆圆柱形，常中空，有节。叶 2 列，叶鞘开裂，常有叶舌、叶耳。颖果。

10.5.2.4　姜亚纲（Zingiberidae）

陆生或附生草本，无次生生长，具菌根营养。叶互生，具鞘，有时重叠成"茎"，平行脉或羽状平行脉。花序常具大型有色的苞片；花两性或单性，整齐或否，异被；雄蕊 3 或 6 枚，常特化为花瓣状的假雄蕊，花粉粒 2～3 核，单沟到多孔或无萌发孔；雌蕊常 3 枚心皮结合，子房下位或上位；常具分隔蜜腺；胚珠倒生或弯生，双珠被及厚珠心。胚乳发育为沼生目型或核型，常具复粒淀粉。

植物体常具硅质细胞和针晶体；导管局限于根内，或存在于所有的营养器官中；筛分子质体为 P Ⅱ 型和 S 形；气孔副卫细胞 4 至多数，稀 2 个。

本亚纲共有 2 目 9 科约 3800 种。多热带分布。

姜科（Zingiberaceae） $\uparrow K_3 C_3 A_1 \overline{G}_{(3:3, 1:\infty)}$, $\uparrow P_{3+3} A_1 \overline{G}_{(3:3, 1:\infty)}$　　多年生草本，常具有芳香味，匍匐或块状根茎；地上茎常很短，有时为多数叶鞘包叠而成为似芭蕉状茎。叶基生或茎生，2 列或螺旋状排列，基部具张开或闭合的叶鞘，鞘顶端常有叶舌；叶

片有多数羽状平行脉从主脉斜向上伸。花两性，两侧对称，单生或组成穗状、头状、总状或圆锥花序；萼片3枚，绿色或淡绿色，常下部合生成管，具短裂片；花瓣3枚，下部合生成管，具短裂片，常位于后方的1枚裂片较大；雄蕊在发育上为6枚，排成2轮，内轮后面1枚成为着生于花冠上的能育雄蕊，花丝具槽，花药2室，内轮另2枚联合成为花瓣状的唇瓣；外轮前面1枚雄蕊常缺，另2枚为侧生退化雄蕊，呈花瓣状或齿状或不存在；雌蕊由3心皮组成，子房下位，3或1室；胚珠多数；花柱1枚，丝状，常经发育雄蕊花丝槽中由花药室之间穿出，柱头头状。蒴果室背开裂成3瓣，或肉质不开裂呈浆果状。种子有丰富坚硬或粉质的胚乳，常具假种皮。染色体$X=9\sim26$，多数属$X=12$。

　　本科约50属1000种以上，广布于热带及亚热带地区。我国有19属约149种，分布于长江以南地区。

　　代表植物：姜（*Zingiber officinale* Rosc.）（图10.51），根状茎肉质，具扁平的短指状分枝。茎高0.4～1.0m。叶片披针形，基部狭窄；无叶柄。穗状花序由根茎抽出；苞片淡绿色；花冠黄绿色，唇瓣倒卵状圆形，下部两侧各有小裂片，有紫色、黄白色斑点。原产太平洋群岛。我国中部、东南部至西南部广为栽培。根状茎含辛辣成分和芳香成分，可入药，作蔬菜及调味品。

　　重要特征：多年生草本，常有香气。叶鞘顶端有明显的叶舌。两被花，具发育雄蕊1枚和呈花瓣状的退化雄蕊。

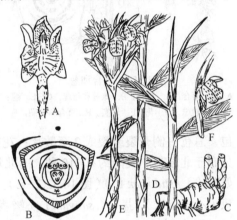

图10.51　姜科代表植物
A. 姜黄属的花。B. 山柰属花图式。C～F. 姜：
C. 根状茎；D. 茎叶；E. 花序；F. 花

10.5.2.5　百合亚纲（Liliidae）

　　陆生、附生草本，稀木本，常具菌根营养。单叶，互生，常全缘，线性或宽大，平行脉或网状脉。花常两性，整齐或极不整齐，各种花序，但非肉穗状；花被常3基数2轮，全为花冠状，同被或异被；雄蕊常1枚、3枚或6枚，花粉粒2核，单沟或无萌发孔；雌蕊常3枚心皮结合，上位或下位，中轴胎座或侧膜胎座；具蜜腺；胚珠一至多数，常双珠被，厚或薄珠心。胚乳肉质，发育为沼生目型、核型或细胞型，或无胚乳。

　　植物体常含生物碱或甾体皂苷。木本或少数草本类型常具次生生长，导管存在于根中；筛分子质体为PⅡ型；气孔副卫细胞常无或2个，稀4个。

　　本亚纲共有2目19科约25 000种。多温带分布。

　　（1）百合科（Liliaceae）$*P_{3+3} A_{3+3} \underline{G}_{(3:3:\infty)}$　草本，稀木本，具根茎、鳞茎或块茎。单叶互生，少数对生或轮生，或退化为鳞片状。花序常为总状；花大而显著，两性，辐射对称；花被6枚，少数为4枚，2轮，分离或合生；雄蕊6枚，花药2室，基生或"丁"字着生，直裂或孔裂；子房上位，稀半下位，心皮3枚，常3室，中轴胎座，稀1室而为侧膜胎座。蒴果或浆果。胚乳肉质。染色体$X=3\sim27$。

　　百合科是单子叶植物的一个大科，原包括有240多属4000多种，现代分类虽已分出

7 小科或 8 小科，但仍含有约 175 属 2000 多种。广布于世界各地。我国有 50 多属 400 多种，以西南部最盛。

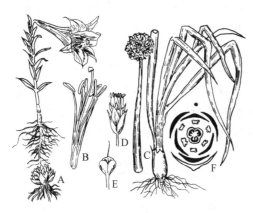

图 10.52 百合和葱

A，B. 百合：A. 植株；B. 雄蕊和雌蕊。C～E. 葱：
C. 植株；D. 花；E. 果实。F. 百合科花图式

代表植物：百合（*Lilium brownii* var. *viridulum* Baker）（图 10.52 A 和 B），多年生草本，鳞茎瓣肥厚，无鳞被。叶椭圆形至条形，具平行脉。花大而美丽，单生或总状花序；花被合生成漏斗状，白色，背面淡紫色。花药丁字着生。产于华东、华南、西南及河北、陕西和甘肃。常栽培，供观赏或食用和药用。卷丹（*L. lancifolium* Thunb.），花被有紫黑色斑点，向后反卷。几乎广布全国。鳞茎含淀粉，可供食用、酿酒和药用，又常栽培供观赏。葱属（*Allium*），多年生草本，具辛辣气味，鳞茎有鳞被。叶鞘封闭。花葶空心，具典型的伞形花序，未开放前为总苞所包，总苞一侧开裂或裂成 2 至数片；花被分离或仅基部合生；子房上位。约 500 多种，分布于北温带。我国约有 110 种，南北均有分布。其中的数种广泛栽培为著名的蔬菜，如葱（*A. fistulosum* L.）（图 10.52C～E）、韭（*A. tuberosum* Rottl. ex Spr.）的叶作蔬菜；洋葱（*A. cepa* L.）、蒜（*A. sativum* L.）鳞茎及叶供作蔬菜；葱白、韭菜籽和蒜头又常药用。

百合科在我国常见的栽培观赏种类很多，如萱草属（*Hemerocallis*）、吊兰 [*Chlorophytum comosum*（Thunb.）Baker]、郁金香（*Tulipa gesneriana* L.）等。此外，还有许多药用资源。

重要特征：花 3 基数，花被花瓣状。子房上位，中轴胎座。

（2）兰科（Orchidaceae）$\uparrow P_{3+3} A_{2,1} \overline{G}_{(3:1:\infty)}$　　陆生、附生或腐生草本，亚灌木或稀攀缘藤本；陆生及腐生的具须根、根茎或块茎，附生的具肥厚根被的气生根。茎直立，悬垂或攀缘，常在基部或全部膨大为 1 节或多节的假鳞茎；叶常互生，常 2 列，稀对生或轮生，基部有时具关节，通常具有抱茎的叶鞘。花葶顶生或腋生，单花或各式花序；花常两性，稀单性，两侧对称，子房呈 180° 角扭转、弯曲使唇瓣位于下方；花被片 6 枚，2 轮，外轮 3 枚为萼片，花瓣状，离生或部分合生；中央 1 片中萼片有时凹陷而与花瓣靠合成盔，两枚侧萼片略歪斜，而有时合为 1 枚合生萼片，或贴生于蕊柱脚上形成萼囊；内轮 3 枚花被片，两侧的两枚为花瓣，中央 1 片特化为唇瓣；唇瓣具有复杂的结构，常 3 裂，或有时中部缢缩而分为上唇（部）与下唇（部）两部分，并常有脊、褶片、胼胝体或其他附属物，基部有时还具有蜜腺的囊或距；雄蕊与雌蕊合生成合蕊柱（蕊柱），半圆形，面向唇瓣，顶端有药床，基部有时延伸为蕊柱脚；雄蕊常仅外轮中央 1 枚能育，生于蕊柱顶端背面；或内轮 2 枚侧生的能育，生于蕊柱的两侧；退化雄蕊有时存在，为很小的突起，稀较大而具艳色；花药常 2 室，内向，直立或前倾，由四合花粉或单粒花粉黏合而成的花粉块；花粉块 2～8 个，粉质或蜡质，具花粉块柄、蕊喙柄和黏盘或缺。柱头分两种：在单雄蕊的植物中，2 枚柱头发育，上方常具有由退化柱头形成的喙状小突起

称蕊喙，位于花药的基部，介于两个药室之间；在双雄蕊的植物中，3 枚柱头均能愈合成
单柱头，无蕊喙。子房下位，1 室，侧膜胎座，倒生胚珠。蒴果，三棱状圆柱形或纺锤形，
成熟时开裂为顶部仍相连的 3～6 果片。种子极多，微小，常具膜质或翅状扩张的种皮，
无胚乳，胚小而未分化。染色体 $X=6$～29。

兰科约有 753 属 20 000 种，是单子叶植物最大的科，在有花植物中仅次于菊科而居
于第二位。广布于全球，但主要产于热带地区。我国约 166 属 1069 种，南北均产之，而
以云南、台湾、广西、海南为最盛。科下分为双雄蕊亚科（Diandroideae）和单雄蕊亚科
（Monandroideae）两个类群，大部分种类属于单雄蕊亚科。兰科植物有很多是著名的观赏
植物，各地多栽培，有些为药用植物。

代表植物：扇脉杓兰（*Cypripedium japonicum* Thunb.）（图 10.53），属于双雄蕊亚科。
陆生草本。叶茎生，幼时席卷。花被在果时不脱落，内轮 2 个侧生雄蕊发育，外轮 1 个
退化雄蕊叶状，位于 2 个发育雄蕊之上，并多少覆盖着合蕊柱，花粉粒不形成花粉块；
柱头 3 裂，相似，均能育。分布于浙江、安徽、江西、湖南、湖北、陕西、四川、贵州，
生于灌丛或竹林下。杓兰属是兰科最原始的属，具 1 轮（内轮）2 个发育雄蕊，属于具 2
轮 3 个发育雄蕊的拟兰科向具 1 轮（外轮中央）1 个发育雄蕊的其他兰科植物演化的过
渡类型。兰属（*Cymbidium*）（图 10.54），属于单雄蕊亚科。根簇生、纤细，茎极短，或
变态为假鳞茎，叶带状；花葶直立或下垂，总状花序，花大而美丽，有香味，花被开张，
蕊柱长，花粉块 2 个，具柄和黏盘。约 40 种，分布于热带亚洲和澳大利亚；我国 25 种，
广布于长江以南。其中国内外广为栽培观赏的有墨兰 [*C. sinense*（Andr.）Willd.]，以花
和叶的色泽的多变而著称，培育出许多叶艺、花艺品种。春兰 [*C. goeringii*（Rchb. f.）
Rchb. f.] 和建兰 [*C. ensifolium*（L.）Sw.] 栽培的品种和类型也很多。

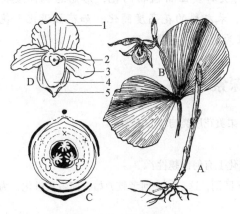

图 10.53　扇脉杓兰
A. 根及部分茎；B. 花枝；C. 花图式；D. 花模式图
1. 中萼片；2. 合蕊柱；3. 侧瓣；4. 唇瓣；5. 侧萼片

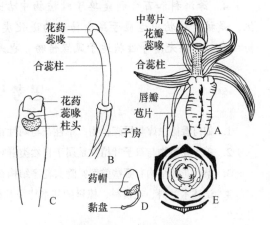

图 10.54　兰属花的结构
A. 花；B. 合蕊柱及子房；C. 合蕊柱；D. 花药
E. 花图式

兰科植物是被子植物中较为进化的类群，表现在花的结构与虫媒传粉之间高度的适
应性。首先，花的色彩和香气很容易引起昆虫的注意，在花的基部或距内，或在唇瓣的
褶皱中产生花蜜。其次，由于子房 180° 扭转，原来在上面的唇瓣转向下面，成为昆虫的

落脚点，昆虫落在唇瓣上，头部恰好触到花粉块基部的黏盘上，离开时将花粉块黏着在昆虫的头部。当昆虫向另一花采蜜时，黏盘恰好触到有黏液的柱头上，把花粉块卸在花的柱头上，完成异花授粉。但是，兰科植物产生大量种子是一个原始的特征，并且兰科的种子在果实开裂时，并未完全发育，需待种子落在基质上，与真菌共生，分解脂肪后才能继续发育，因此大量产生出来的种子并不能使兰科植物无限量地繁殖下去。

重要特征：草本。花两侧对称，具特化的唇瓣，能育雄蕊 1 或 2 枚（稀 3 枚），具花粉块，具合蕊柱，子房下位，侧膜胎座。种子微小。

本 章 总 结

1. 被子植物门是植物界中最高级、最繁茂和分布最广的类群，其显著特征为：具有真正的花；具雌蕊，胚珠包被在子房内，形成果实；具双受精现象。

2. 关于被子植物的系统演化可归纳为两大学派，一派是恩格勒学派，他们认为，具有单性的柔荑花序植物是现代植物的原始类群，理论依据为假花学说；另一派称毛茛学派，认为具有两性花的多心皮植物是现代被子植物的原始类群，理论依据为真花学说。

目前较为流行的被子植物分类系统或分类方法有以下 5 个：恩格勒分类系统、哈钦森分类系统、塔赫他间分类系统、克朗奎斯特分类系统和 APG 分类法。

3. 被子植物系统演化过程中，木兰科与毛茛科是双子叶植物中的原始类群。其原始性状为雄、雌蕊均为多数，离生，并做螺旋状排列。菊科是双子叶植物中最进化的一科，位于系统进化干的顶端，具有多样的适应能力及较为进化的性状，如头状花序是花序中进化的性状；花瓣合生、聚药雄蕊、子房下位和胚珠少数等，都为进化的性状。

4. 泽泻科和百合科是单子叶植物中古老的类群。兰科植物的花，形态结构高度特化，是被子植物中适应于昆虫传粉的进化类群。禾本科的花高度简化，如花被退化、花粉松散、干燥光滑等性状适于风媒传粉，也是较为进化的类群。

思考与探索

1. 如何看待虫媒与风媒植物，单性花与两性花，柔荑花序类与多心皮类？

2. 单子叶植物与双子叶植物是属于自然类群吗？

3. 桑科花的结构有哪些类型？隐头花序结构在进化上有何优越性？

4. 试述木兰科、毛茛科、樟科的基本特征及相互区别，这三科中何者较原始，何者较进化，为什么？

5. 在木兰目里，雄蕊和雌蕊在形态上是如何演化的？

6. 将芍药属从毛茛科中分出另立芍药科的理由是什么？

7. 如何解释十字花科花瓣与雄蕊数目？何谓"子叶缘倚""子叶背倚""子叶对折"？

8. 葫芦科花冠合生，雄蕊生于花冠管上，子房下位，为什么不把它归于合瓣花亚纲？其中有哪些经济植物？

9. 红树科有陆生和海岸带生长的两类植物，为什么？红树林植物起源上是从陆地走向海洋还是海洋走向陆地？何谓胎生植物？

10. 合蕊冠与合蕊柱是相同的概念吗？萝藦科的花粉块与载粉器的构造如何？

11. 唇形科的二唇形花冠有哪些形式？如何适应虫媒传粉？

12. 为什么说菊科是双子叶植物、兰科是单子叶植物各自最进化的类群？

13. 菊科有哪些主要特征？在虫媒传粉方面有哪些特殊的适应构造？为什么说菊科是被子植物中适应性最大的科？

14. 概述禾本科的特征，禾亚科地下茎形态有哪两种基本类型？禾本科植物有哪些经济用途？为什么说禾本科植物是风媒传粉的高级类型？

15. 根据花的哪些特征将兰科划分为哪两个亚科？为什么说兰科植物是虫媒传粉的高级类型？

16. 关于被子植物花的起源有哪些假说？何谓"真花学说"和"假花学说"？

17. 试比较柔荑花序（恩格勒）学派与多心皮学派（哈钦森、塔赫他间和克朗奎斯特）的观点和他们对有花植物起源和各类群的排列，你对这些学派有何评价？

18. 采集校园内主要被子植物20～30种，通过对花和果的解剖观察，编写一个定距式分种检索表。

11 植物的演化和系统发育

11.1 植物演化的趋势和演化方式

植物界经历了 30 亿年的发生、发展和演化过程，从植物界的演化历程和各大类群的特征，可以看出植物界演化趋势和演化方式。

11.1.1 植物演化的趋势

纵观植物发展演化的历史，不难看出在长期演化过程中，植物体结构的复杂性和多样性表现出逐渐增长的趋势，植物体结构愈显复杂的类群，演化出现的时间也愈晚。

从太古宙和元古宙早期的原核生物到元古宙中期出现的单细胞真核生物，从元古宙晚期的多细胞藻类到后来出现的有明显组织和器官分化的苔藓、蕨类、裸子植物和被子植物，结构层次逐步增多，分化程度也不断加大。

从植物界发展演化的历史中也可以看出生命结构的演化主要表现在细胞内部结构的分化和复杂化上（细胞演化）。但自真核细胞出现以后，生物个体结构的演化主要表现在细胞组织的形成、分化和新器官的形成和完善上，这时构成生物个体的生物大分子和细胞的基本结构并没发生大的改变，换句话说，高等生物组织和器官的演化改变，是在保持生物大分子和细胞基本结构相对稳定的基础上发生的。

从生物演化的历程看，高层次上结构的变化要大于和快于低层次上结构的变化。当生物结构在低层次上的演化达到一定程度时，就趋于保守，演化改变的重心移到较高的结构层次上。从今天的生物界来看，生物的多样性主要表现在生物体高层次结构及其功能的变化上，而生物界的统一性则主要体现在生物体的低层次结构上。

11.1.2 植物的演化方式

在植物种系发生和演化过程中，不同植物类群或不同发展时期的植物常常表现不同的演化式样（pattern of evolution）。

11.1.2.1 上升式演化与下降式演化

上升式演化（ascending evolution）又称复化式演化或全面演化，即植物由低等到高等，由简单到复杂的演化方式。是植物体从细胞结构、形态结构、生理、生殖等方面综合的全面的演化过程。演化的结果是植物组织结构逐渐变得复杂与完善，而且不断地从低等的植物演化出新的高级类群。

在植物演化过程中，有些情况和上升式演化的情况相反，如有些被子植物由陆生回到水生环境中，其输导组织发生了退化；还有些风媒传粉的植物，其花被消失等。这些现象并不是表明这类植物原始，而是在具体的环境条件下经过自然选择所形成的适应特征，相对简化了一些器官或组织，以减少一些能量和物质的消耗。这种退化现象表明植物的另一种演化趋势，称为下降式演化（descending evolution）。

11.1.2.2 辐射演化（趋异演化）、趋同演化和平行演化

在元古宙末期，当植物完成了从单细胞到多细胞体的过渡以后，多细胞藻类发生了一次大规模的辐射演化（adaptive evolution），又称适应辐射，即同一单源群的许多成员向着不同的方向发生迅速的适应性改变，在某些表型性状上产生显著差异，并占据不同的生态位，这种演化式样也可称为趋异演化（divergent evolution）。适应辐射是生物演化过程中一种常见的式样，第三纪被子植物的迅速发展和多样化，也是辐射演化的结果。

许多分类学上关系较远的植物，为适应干旱的环境条件，常常都表现出肉质化的特点，这就是趋同演化（convergent evolution）的结果。在植物系统发育过程中，导管分子在许多不同的植物类群（包括被子植物、裸子植物和少数蕨类植物）中由管胞独立地发生，也是趋同演化的典型例证。一般来说，适应辐射演化往往导致相关物种具有来自共同祖先的同源器官（homologous organs）；趋同演化则导致不同分类群的物种具有功能相似的同功器官（analogous organs）。发生适应辐射的类群，其成员保留着较多的同源特征，证明它们有较近的共同祖先；趋同演化的各物种具有明显的同功特征，较少的同源特征，证明它们的共同祖先相近程度（recency of common ancestry）小。

平行演化（parallel evolution）主要指两个或多个具有共同祖先的类群具有相同的演化方向和演化速率，并分别产生相似性状。平行演化与趋同演化有时不易区分，一般来说，两条演化线系比较，若后裔之间的相似程度大于祖先之间的相似程度则属于趋同演化；若后裔之间的相似程度与祖先之间的相似程度大体一致，则属平行演化。平行演化所导致的相似性既是同源的，又是同功的，有人认为，裸子植物中买麻藤植物所表现出的木质部具导管、没有颈卵器等性状就是与被子植物平行演化的结果，苔藓植物与维管植物中胚的产生等特征也是平行演化的结果。图 11.1 是三种不同演化式样的示意图。

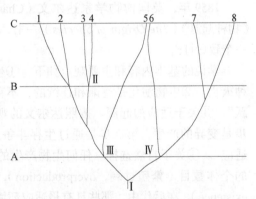

图 11.1　趋异演化、趋同演化和平行演化

在 C 水平，由 I 类群经趋异演化产生 1~8 类群；在 A 水平，由 III 和 IV 类群经趋同演化产生 5、6 新类群，它们来源于不同的祖先，具有相似性；在 B 水平，由类群 II 经平行演化产生 3、4 新类群，二者形态特征类似

11.1.2.3 渐变式演化与跳跃式演化

达尔文学说和综合演化论均主张演化是微小的突变的积累，自然选择导致的演化是缓慢的、渐变的过程，即渐变式演化。而跳跃式演化（saltation evolution）是指生物生长发育的调节基因发生突变而引起的生物形态结构大突变。这两种演化式样在生物的演化中都是存在的。

11.1.2.4　特化或专化

有些植物在适应特殊环境条件时，发展了一些特殊的构造，如有些虫媒传粉的植物，其花被或雄蕊极度特化，只能适应某一类的昆虫进行传粉，这种现象称为特化或专化（specialization）。像这种特化现象，一旦这种昆虫不存在，这种特化的植物将无法进行传粉继而不能繁育后代，面临灭绝的风险。因此，特化或专化的演化趋势在某种意义上说是一条具有风险的道路。

11.2　生物演化的基本理论

19世纪达尔文提出的以自然选择学说为基础的演化论是生物科学的核心理论，也是生物科学中最大的统一理论。伴随着科学的发展和人类认识水平的提高，演化论经历了一个由推论到验证、由定性到定量、由零散到系统的发展过程。同时，针对由于相关科学进步所带来的新的疑问，演化论学者提出了一系列的学说加以解释，最具代表的有综合演化论（the evolutionary synthesis）和分子演化的中性学说（neutral theory of molecular evolution）。这些学说对达尔文的演化论都进行了修改、补充、丰富和发展。

11.2.1　达尔文的自然选择学说

1859年，英国博物学家达尔文（Charles Robert Darwin，1809～1882）正式出版了《物种起源》（*The Origin of Species*）一书，系统阐述了他的演化学说。该学说对神创说是一个致命打击。

学说的基本内容和主要观点如下：①生物是演化的，物种不断变异，新种产生，旧种灭亡。②生物演化是逐渐和连续的，不存在不连续的变异和突变，即"自然界没有飞跃"。③关于适应的起源。按照达尔文的观点，适应是两步适应，也称间接适应，第一步是变异的产生，第二步是通过生存斗争的选择，即变异是不定向的，"变异＋选择＝适应"。④关于自然选择。任何生物产生的生殖细胞或后代的数目要远远多于可能存活的个体数目（繁殖过剩，overproduction），因而生物必然要为生存而斗争（struggle for existence）。在后代中，那些具有最适应环境条件的有利变异的个体将有较大的生存机会，并繁殖后代，从而使有利变异可以世代积累，不利变异被淘汰。⑤生物间存在着一定的亲缘关系，起源于共同的祖先。

总之，自然选择学说是达尔文学说的核心理论，这一理论经受了时间的检验，而生存斗争和适者生存是选择学说的核心理论，自然选择决定物种的适应方向和空间地位，是生物演化的动力。达尔文学说是对演化论研究成果全面、系统的科学总结，是演化论发展史上的里程碑，也是现代演化论的主要理论源泉。

但达尔文学说也有一些不足之处，如在自然选择对象问题上，较多地强调个体，实际上演化是群体在长期内遗传上的变化，只有在群体范围内遗传变异才有演化意义；再如，达尔文强调了物种形成的渐变方式，多次引用"自然界没有飞跃"的观点，这是不全面的。现在公认，骤变也是物种形成的重要方式之一。

11.2.2 综合演化论

达尔文学说经过第二次大修改形成了现代达尔文主义（modern Darwinism）。现代达尔文主义也称综合演化论，是达尔文主义选择论和新达尔文主义基因论综合的产物。该学派是现代演化论中最有影响力的一个学派。

综合演化论主要包括以下几个方面的内容：①自然选择决定演化的方向，遗传和变异这一对矛盾是推动生物演化的动力。②种群是生物演化的基本单位，演化机制的研究属于群体遗传学范畴，演化的实质在于种群内基因频率（gene frequency）和基因型频率（genotypic frequency）的改变及由此引起的生物类型的逐渐演变。所谓基因频率是指一种等位基因占该位点上全部等位基因的比例；而基因型频率则是指居群中某一个体的任何一种基因型所占的百分比。③基因突变、自然选择、隔离是物种形成和生物演化的机制。突变是生物界普遍存在的现象，是生物遗传变异的主要来源。在生物演化过程中，随机的基因突变一旦发生，就受到自然选择的作用，自然选择的实质是"一个群体中的不同基因型携带者对后代的基因库做出不同的贡献"。但是，自然选择下群体基因库中基因频率的改变，并不意味着新种的形成。还必须通过隔离，首先是空间隔离（地理隔离或生态隔离），使已出现的差异逐渐扩大，达到阻断基因交流的程度，即生殖隔离的程度，最终导致新种的形成。

综合演化论重申了达尔文自然选择学说在生物演化中的主导地位，并用选择的新概念（"选择模式"）解释达尔文演化论中的许多难点，否定了获得性状遗传是演化普遍法则等流行很久的假说，使生物演化论进入现代科学行列。但是，这一学说的实验性工作基本上限于小演化（种内演化）领域，对于大演化（种间演化）基本上未超出类推的范围。同时对一些比较复杂的演化问题，如新结构、新器官的形成，生物适应性的起源，变异产生的原因问题，分子水平上的恒速演化现象，生物演化中出现的大爆炸、大绝灭等，还不能做出有说服力的解释。

11.2.3 分子演化的中性学说

1968 年，日本学者木村资生（Motoo Kimura，1924～1994）根据分子生物学的研究，主要是根据核酸、蛋白质中的核苷酸及氨基酸的置换速率，以及这些置换所造成的核酸及蛋白质分子的改变并不影响生物大分子的功能等事实，提出了分子演化的中性学说，简称中性学说。

分子演化的中性学说的主要内容：①分子演化速率的恒定性。无论表型演化快的物种还是演化慢的物种（活化石），就特定蛋白质而言，只要结构与功能本质上不变，以其氨基酸置换速率所表示的分子演化速率就是一定的。②功能上对生命生存制约性低的分子或一个分子中不那么重要的部分，较之对生命生存制约性高的分子或分子中重要的部分，其突变置换率高。③演化过程中，对分子功能不损害或损害轻的突变（置换）较损害严重的突变容易发生。同义置换（不改变所编码的氨基酸）的发生频率高于非同义置换的发生频率，其道理就在这里。④具有新功能的基因一般起源于基因重复。认为基因先进行重复，是生物演化的前提。重复后，一个基因维持原来的生命功能，另外一个基因有可能因其有害性而被淘汰，也有可能因环境改变而成为适应类型并促成演化。⑤中性突变包括有害程度轻微的突变；分子演化中遗传漂变对中性突变在群体中的固定发挥着重要作用。

中性学说揭示了分子演化规律，这是它的重要贡献；另外，中性论强调随机因素和突变压在演化中的作用，是对综合演化理论的纠正和补充。今天，中性论者一方面承认自然选择在表型演化中的作用，另一方面又强调在分子层次上的演化现象的特殊性。

中性学说局限于对中、短期演化研究，其边界一端是长期演化。宏观演化的灾变学说和间断平衡论指出，长期演化中灾变是突然发生的，中性学说难以在微观水平上予以说明，究其原因就在于中性学说属于线性范畴。

11.2.4　分子钟

"分子钟"的概念是由 Zuck-erkandl 和 Pauling 于 1962 年首次提出，他们注意到不同家系之间血红蛋白的氨基酸差异数量随时间大致呈线性变化，根据化石点数据估计证据，推断任何特定蛋白质的进化速率的变化随时间推移并且不同谱系的变化大致恒定。后来，在 1968 年，Kimura 提出了分子进化中性理论，预测了分子钟。他设置了 N 个个体，为简单起见，使个体成为单倍体。用 μ 来表示新个体中的中性突变（即不影响适应性的突变）的发生率。从对称性角度考虑，此新突变将在总体中固定的概率为 $1/N$。且每个世代和每个个体都可以有新的突变，因此每个世代的种群中总共有 $N\mu$ 个新的中性突变，这意味着在每一代中，新中性突变 μ 将固定。如果分子进化过程中大多数变异是中性的，那么种群中的固定将以等于个体中性突变率的时钟频率积累。尽管分子钟的恒定性似乎在许多例子中都可以保持不变，但突变率 μ 随物种的不同及基因的不同而存在差异。例如，已经提出的哺乳动物中线粒体基因的突变率显著高于核基因中的突变率。此外，同义位点（中性突变）的进化速率会随染色体变化。当测量非中性（有利）突变的速率时，情况会更加复杂。分子速率取决于种群大小、表达模式、选择压力等。

在进化变化的研究中，一个重要的问题是进化速率的恒定性（无论在整个物种内还是在整个时间尺度上）或者变化。1992 年，Saitou 等根据分子钟假设提出了新的估计进化速率的计算模型，他指出：对进化速率的估计可以等同于插入和缺失的自发突变率，并通过一系列的研究最终表明，因为 DNA 非编码区的大多数变化被认为是中性的，所以对进化速率的估计可以等同于插入和缺失的自发突变率。可见，分子钟假设对于研究物种进化时间及进化速率提供了一个新的途径，尤其是通过分子钟人们可以根据现代基因库的材料以及古 DNA 的证据，在分子水平上探讨不同生物类群的起源和进化历史。

11.3　植物界的起源与演化

11.3.1　地质年代与植物演化简史

地质学家根据化石的类别和沉积岩的程度来确定地球的年龄和地质史。现代又根据放射性核素的蜕变规律来测定地球的年龄和划分地质年代。经测定，地球的年龄约为 46 亿年。地质史通常分为 5 个代：太古代、元古代、古生代、中生代和新生代。每个代又分为若干纪（表 11.1）。其中太古代和元古代的时期最长，达 40 亿年以上，而古生代、中生代和新生代总计仅为 6 亿年。在太古代和元古代期间发现的化石很少，自古生代以后动植物化石发现得较多，因此古生代和各纪的划分也较明确，看法比较统一。而对太古代和元古代总称为前寒武纪（precambrian）。也有人提出，太古代和元古代界限可能是距今 25 亿年前。原核生物在距今 35 亿～32 亿年前出现。生命起源的年代约在 35 亿年前，并推测生命的化学演化在距今 38 亿～35 亿年前。人们常根据各大植物类群在不同地质时期的繁盛期，把植物演化发展的历史划分为藻菌时代、裸蕨植物时代、蕨类植物时代、裸子植物时代和被子植物时代共 5 个时代。

表 11.1 地质年代与植物演化发展史

相对地质年代			同位素年龄	演化情况
新生代	第四纪	全新世		被子植物占绝对优势，草本植物进一步发展
		更新世	0.02 亿年	
	第三纪	晚	0.25 亿年	经过几次冰期之后，森林衰落，草本植物发生
		早	0.65 亿年	被子植物进一步发展，世界各地出现了大范围的森林
中生代	白垩纪	晚	1 亿年	被子植物得到发展
		早	1.41 亿年	裸子植物衰退，被子植物逐渐代替裸子植物
	侏罗纪		1.95 亿年	裸子植物中的松柏类占优势，原始的裸子植物逐渐消逝，被子植物出现
	三叠纪		2.30 亿年	乔木状蕨类继续衰退，真蕨类茂盛；裸子植物继续发展
古生代	二叠纪	晚	2.60 亿年	裸子植物中的苏铁类、银杏类、针叶类生长繁茂
		早	2.80 亿年	乔木状蕨类植物开始衰退，裸子植物出现
	石炭纪		3.45 亿年	气候温暖湿润，巨大的乔木状蕨类，如鳞木类、芦木类、木贼类、石松类等，遍布各地，形成森林，并形成日后的大煤田；同时出现了许多矮小的真蕨类植物，种子蕨类植物进一步发展
	泥盆纪	晚	3.60 亿年	裸蕨类逐渐消逝
		中	3.70 亿年	裸蕨类繁茂，种子蕨出现，但为数较少；苔藓植物出现
		早	3.95 亿年	植物由水生向陆生演化，在陆地上出现裸蕨类植物；藻类植物仍占优势
	志留纪		4.35 亿年	海产藻类占优势
	奥陶纪		5 亿年	
古生代	寒武纪		5.70 亿年	多细胞叶状体植物发生适应辐射
元古宙	前寒武纪		18 亿年	真核细胞起源
太古宙			25 亿年	水生蓝藻繁茂，细菌、蓝藻出现
			38 亿年	化学演化，生命起源
冥古宙			40 亿年 / 46.5 亿年	地球形成，地核与地幔分异

11.3.2　植物界的起源与演化简史

地球形成初期并无生命，经过近 10 亿年的漫长化学演化阶段，由无机分子生成小分子有机物（氨基酸、核苷酸等），再由小分子有机物生产原始的蛋白质和核酸等生物大分子，再进一步形成多分子体系。当多分子体系出现生物膜和建立转录翻译体系实现遗传功能能时，即表明原始生命的出现。据推测，原始生命大约是在 35 亿年前诞生的。

11.3.2.1　藻菌植物的发生、发展和演化

藻菌类是地球上最早出现的植物，从太古宙晚期，经历整个元古宙一直到早古生代志留纪都为菌藻植物发展和繁盛时期。这一时期长达 32 亿年左右，几乎占了地球上生物界全部历史的 4/5，说明植物界从低等发展到高等、从水生演化到陆生经历了何等漫长的岁月。

（1）细菌和蓝藻的发生和演化　　在藻菌植物中，细菌和蓝藻无疑是最原始的类群，它们都属于原核生物，但它们是不是地球上最原始的生命？如果不是，最原始的生命又是什么样子？目前没有任何直接的证据，只能根据原始地球自然环境的特点和现代的生物学知识进行推断。

根据目前发现的化石资料可以认定，在距今 38 亿～35 亿年以前，地球表面已有细菌和蓝藻的分布，并一直延续至今，其间经历了极为漫长的发展过程。有人曾把细菌的发展过程分成几个阶段，早期阶段主要是异养和厌养细菌的发展，后逐步发展到化能自养和光能自养的细菌，并逐步适应和生活在氧化环境中。但目前有化石证据表明，光合自养生物的地质记录可以追溯到距今 35 亿年以前；间接的证据（岩石碳同位素年龄和沉积纹理）则表明在距今 38 亿年前，地球表面已开始生物的有机合成（初级生产）。因此，光合生物在地球表面出现的时间可能还要被提前。此外，根据现代的研究成果，细菌被分成古细菌和真细菌两类，其中古细菌主要是一些生活在地球上特殊环境（或极端环境）中的细菌，包括甲烷细菌、嗜热细菌、硫氧化菌和盐细菌等，最近还有报道说从距地表 2800m 深的陆地钻孔的岩芯中分离出多种微生物，证明在岩石圈深处的严酷环境条件下仍生存有多种多样的原始生命，它们多是化能自养的古细菌。

蓝藻在距今 35 亿年前就已在地球上出现，并在前寒武纪的时候就已得到迅速发展，在距今约 19 亿年前，地球表面主要是"蓝藻"的世界；到距今 15 亿年前后，尽管其他藻类已经出现，但蓝藻的种类和个体数量仍然很多；一直到大约 7 亿年前，蓝藻才出现了明显的衰落。在漫长的蓝藻时代，蓝藻通过直接或间接的作用，将大气圈中的 CO_2 大量地转移到岩石圈中，大规模地建造碳酸岩叠层石，同时释放 O_2，这样，蓝藻不仅改造了大气圈，也改造了岩石圈，从而为真核生物的起源和高等生物的演化发展创造了条件。

（2）真核藻类的发生和演化　　真核生物的起源目前仍是一个悬而未决的问题，因此最早的真核藻类植物从何而来目前也无定论。曾有人提出从原核藻类到真核藻类是通过不同的演化途径并在不同的时间发生的，并认为最早出现的真核藻类是红藻，在距今 15 亿～14 亿年前，其次是含叶绿素 a 和叶绿素 c 的种类，最后出现的是含叶绿素 a 和叶

绿素 b 的真核藻类，但目前无很多直接的证据支持这一看法。

1）营养体的演化。从现有资料看，真核藻类植物也是从单细胞个体发展到单细胞群体，再向多细胞方向发展的。原始的真核藻类都是单细胞的，到了单细胞群体阶段，各个细胞在形态、结构和功能上仍基本保持原状。在进一步发展过程中，才逐渐表现出细胞间形态、结构和机能的分化，并逐渐发展为多细胞体植物。在多细胞体的真核藻类中，早期主要为丝状体，基部细胞分叉，形如吸器；再进一步发展便出现组织结构的分化。例如，海带的植物体已分化成"柄"和"带片"，柄下面还有固着器，分枝如根，其功能是吸附在岩石上，柄和带片内部也分化为表皮、皮层和髓三部分。从植物发展史看，单细胞的真核藻类出现于 15 亿～14 亿年前，在距今 9 亿～7 亿年前出现了性的分化，多细胞体的真核藻类大约出现于距今 7 亿年前，到寒武纪开始时（约 5.7 亿年前），各大类群藻类的演化趋势已基本形成。

2）繁殖方式的演化。在真核藻类的发展史中，繁殖方式的演化是真核藻类发展演化的一个很重要的方面。藻类延续后代是沿着营养繁殖、无性生殖到有性生殖的路线演化的。在藻类生活史中，有些类群仅有营养繁殖，没有无性生殖和有性生殖；另一些类群，兼有营养繁殖和无性生殖，但没有有性生殖。由于这两种生活史中没有有性生殖，因此也就无减数分裂的发生和核相的变化，植物体也没有单倍体（n）和双倍体（$2n$）之分。但大多数真核藻类都具有有性生殖，且有性生殖是沿着同配生殖、异配生殖和卵式生殖的方向演化的。同配生殖是比较原始的，卵式生殖是较进化的类型。有性生殖的出现，导致在生活史中必然发生减数分裂，形成单倍体核相和二倍体核相交替的现象。对不同类群而言，减数分裂发生的时间不同，生活史基本上可分为三种类型。

第一种是减数分裂在合子萌发时发生，在这种藻类的生活史中，只有一种植物体——单倍体，合子是生活史中唯一的二倍体阶段，如衣藻和水绵（图 11.2A）。

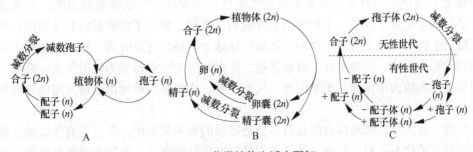

图 11.2　藻类植物生活史图解

第二种是减数分裂在配子囊形成配子时发生，这种生活史中也只有一种植物体，但不是单倍体植物，而是二倍体植物，配子是生活史中唯一的单倍体阶段，如松藻（图 11.2B）。

第三种是由于生活史的进一步演化，出现了世代交替的现象，即单倍植物体和二倍植物体相互交替的现象。在这种类型的生活史中，形成配子时不进行减数分裂，合子萌发时也不发生减数分裂，而是在孢子囊内形成孢子时进行减数分裂。从合子开始到减数分裂发生，这段时期为无性世代。由孢子开始一直到配子形成，这一时期为有性世代。有性世代和无性世代的交替，即世代交替（图 11.2C）。在藻类生活史中，如果孢子体和配子体植物在形态结构上相同或相似，称为同形世代交替（如石莼）。同形世代交替在演化史上是较低级的，由它向异形世代交替演化。异形世代交替是由两种在外部形态和内部构造上不同的植物体进行交替。在异形世代交替的生活史中，有一类是孢子体占优势，如海带；另一类是配子体占优势，如礁膜；一般认为，孢子体占优势的种类是较高级的，是演化发展中的主要方向。

　　（3）黏菌和真菌的发展和演化　　菌类植物是一类特殊的异养植物，对其起源问题至今亦无定论。有些学者认为，它们是由藻类植物通过多元演化而来，认为这一类植物实际包括了一群来源不同、但同样都失去了色素体的异养生物。但也有学者认为，它们是从原始真核生物直接演化而来，是介于动、植物之间的一个特殊的类群。其中，黏菌所含种类不多，是现代植物界中一个不引人注意的类群，对其发生和演化关系也研究不多；真菌则多认为也是由水生向陆生的方向发展的，原始的类型具水生游动孢子，带1或2根鞭毛；在陆生类群中，有些种无性生殖时仍产生游动孢子，但多数种类是通过一些特殊的静孢子进行传播和繁殖；在高级的真菌类植物中，有性生殖过程向着不同的方向特化，形成特殊的子囊果、担子果等。

　　包括许多食用菌在内的真菌类是相当古老的，它们可能出现在寒武纪以前。真菌的化石通常是在寄生状态下保存的，在硅化的木材或皮层中，往往可以发现完好的菌丝体或生殖器官，具有厚壁的菌孢子是常见的化石。由于真菌寄生异养的习性，它的发展和其他动、植物有相当密切的联系，它在白垩纪以后大量出现，可能与被子植物的兴起有关。

11.3.2.2　最原始的陆生植物——裸蕨和苔藓植物

　　距今约4亿年的志留纪末期，植物界的多样化程度已大为提高，地球表面环境也发生了很大的变化。当时大气中游离氧的浓度已达到现代大气氧含量的10%，并在地面上空20～40km处形成了一个能吸收紫外线的臭氧层，减少了紫外射线对生物组织的伤害，致使生物可以安全地离开水域，生活到陆地上。加之这段时间，地球上出现了一系列剧烈的地壳运动，陆地上升，海水撤退，许多地区的浅海转变为低湿平原，海滨、丘陵地带出现无数大小洼地，土壤肥沃，气候湿热，这些都为植物由水域向陆地发展创造了条件。

　　目前，有关早期陆地植物的化石多数是零星的和不完整的，并且是有争议的。根据现有的可靠的化石资料，地球上最早出现的陆地维管植物是一类称为裸蕨的植物。这类植物的形态结构简单，还没有像高等植物那样有真正的根、茎、叶的分化；其孢子体是由地上二歧分叉的主轴和地下毛发状的假根组成；轴的中央有极细弱的维管组织，轴的表层有角质层和气孔，并有表皮细胞突出轴面；在主轴和侧枝的顶端生有孢子囊，囊壁由多层细胞组成，以孢子进行繁殖。裸蕨植物最早出现于志留纪，在早、中泥盆纪盛极一时，是当时地面最占优势的陆生植物。已知的裸蕨植物大致分为三种类型：莱尼蕨型、工蕨型和裸蕨型（图11.3），它们出现的时间不完全相同，其中莱尼蕨型被认为是最早出现的原始代表类型，工蕨型只生存于早泥盆纪，而裸蕨型植物则被认为是由最早的莱尼蕨型植物经过千百万年的演化才形成的，其植物体比莱尼蕨更加粗壮，结构也更复杂。

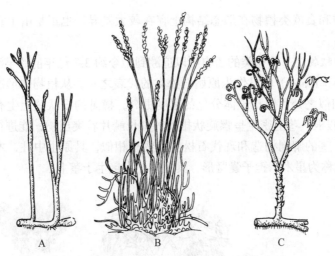

图 11.3 莱尼蕨（A）、工蕨（B）和裸蕨（C）

到泥盆纪末期，地壳发生大的变动，陆地进一步上升，气候变得更加干旱，裸蕨植物不能适应改变了的新环境，而趋于绝灭。盛极一时的裸蕨植物让位于分化更完善、更能适应陆地生长的其他维管植物。

值得一提的是，与裸蕨植物同时登陆的还有另一类植物——苔藓植物。苔藓植物由于缺乏像其他高等植物那样坚实的维管组织，不易形成化石。因此，它们最早出现的时间目前尚不清楚，目前发现的最早的苔藓植物配子体化石出现于泥盆纪。

从植物体结构上看，苔藓植物虽已有类似茎、叶的分化，但没有维管组织，没有真正的根的分化，植物体主要靠假根固着于地面并行使有限的吸收功能。此外，苔藓植物以配子体占优势，孢子体不能独立生活，再加上有性生殖过程离不开水，这就大大限制了苔藓植物的发展，限制了苔藓植物对陆地环境的广泛适应。因而，至今苔藓植物仍保持了很矮小的体态，并只能生活在陆地阴湿环境中，成为陆生植物发展中的一个旁支。

对于裸蕨和苔藓植物的起源，过去人们一直认为苔藓植物是由绿藻演化而来，再由苔藓进一步演化成为裸蕨植物。但后来，又有人认为裸蕨是直接起源于绿藻，苔藓植物是从裸蕨类演变而来。前一种观点的历史久远，影响也较大，但不能解释怎样由苔藓植物半寄生的、趋向简化的孢子体转变为裸蕨独立自养的、趋向复杂的孢子体；后一种观点的历史较短，立论新奇，但也不能解释怎样从裸蕨的孢子体占优势转变为苔藓的配子体占优势。目前看来，苔藓和裸蕨植物之间并没有直接的演化关系，它们很可能起源于同一个同型世代交替的祖先植物，然后向着两个方向演化，一是朝着生活史中配子体占优势的方向发展，最后形成苔藓植物；另一方向是朝着孢子体占优势的方向发展，最终形成裸蕨植物。但这一观点还有待进一步研究的证实。

11.3.2.3 蕨类植物的大发展

蕨类植物起源于早、中泥盆纪的裸蕨植物，在随后的石炭纪和早二叠纪，蕨类植物得到极大的发展，并基本是朝着石松类、木贼类和真蕨类三个方向演化。所以，石松、木贼和真蕨这三大类植物虽然都起源于裸蕨植物，但它们之间的亲缘关系是比较疏远的。

现代石松、木贼和真蕨类植物在形态结构上存在较大差异，也正是由于它们向不同方向适应发展的结果。

（1）石松类植物　　石松类的历史可以追溯到距今约 3.7 亿年前的早泥盆纪，星木属（*Asteroxylon*）（图 11.4A）可以作为原始石松类的代表之一。从植物体形态结构上看，它与裸蕨有一些相似之处，但孢子体分化的程度更高，横卧的根状茎上生有分枝的根（称根座），以代替假根；茎上密生呈螺旋状排列的细长鳞片状突出物，能进行光合作用，与叶的机能相同；茎的解剖构造和现代石松类植物很相似，具原生中柱，木质部在横切面上呈星芒状，故称为星木；孢子囊肾形，具短柄，直接生于茎上。

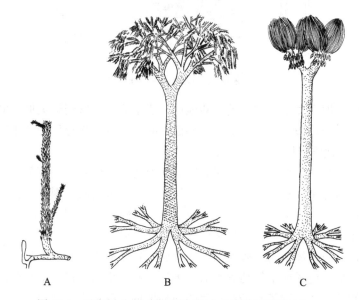

图 11.4　星木属（A）、鳞木属（B）和封印木属（C）

石松类植物在演化过程中，向两个不同的方向发展，一是向草本方向发展，经过漫长的演化，发展成现存的石松属（*Lycopodium*）和卷柏属（*Selaginella*）两大类；另一个方向是向木本方向发展，特别是在晚泥盆纪，乔木型的石松在沼泽和潮湿地区大量繁殖，到中石炭纪发展到鼎盛时期，是当时沼泽森林最重要的代表植物和主要的造煤植物，鳞木属（*Lepidodendron*）（图 11.4B）和封印木属（*Sigillaria*）（图 11.4C）是其代表种类。

根据地质资料，在二叠纪初期由于发生一些大的地质变动，地球表面的气候日趋干旱，这使得木本石松类植物因不能适应环境的变化而趋于绝灭。到中生代三叠纪，古生代的木本石松类几乎全部绝灭。中生代的石松类主要是草本植物，只有个别类型还显示出与古生代的鳞木类存在某些亲缘关系。

（2）木贼类植物（楔叶植物）　　木贼类植物代表高等植物中一个独立的演化路线，差不多是与石松类植物平行发展的。木贼类也发源于早泥盆纪，在石炭纪、二叠纪达到鼎盛阶段，属种很多，而且包括不少高大的乔木，如芦木属（*Calamites*）（图 11.5A），在当时陆地生物群落和造煤过程中都充当过重要的角色。木贼类最古老的代表为始于早泥盆纪末期，兴盛于中泥盆纪的海尼蕨属（*Hyenia*）和古芦木属（*Calamophyton*）

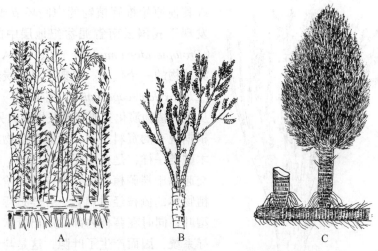

图 11.5 芦木属（A）、海尼蕨属（B）和古芦木属（C）

（图 11.5B、C）。它们被看成位于裸蕨植物和典型木贼类之间的过渡类型，这表现在它们的茎干为二歧式分枝，不像现存的木贼类，而更接近于裸蕨植物；但茎枝上节的分化，叶在茎枝上近似轮状排列，尤其是具孢子囊的生殖小枝组成疏松的穗状，孢子囊倒生并悬垂于反卷的小枝顶端，这和现代木贼的孢子囊倒生于孢囊柄上的情况非常相似。

自中生代起，木贼类迅速衰退，到新生代处于更加微弱的地位。现存的木贼类植物只有 1 属（木贼属）30 余种，全为草本，它们是经过长期自然选择而生存下来的"幸存者"。

（3）真蕨类植物　　真蕨是蕨类植物中最大的一个类群，现存约 300 属 10 000 多种。真蕨最早出现于中泥盆纪，中石炭纪开始繁盛，但远不如石松类和木贼类那样居于显著地位。由于真蕨的古代属种对潮湿环境的依赖性很强，所以当二叠纪、三叠纪之交的干旱气候来临时，绝大多数真蕨类植物因不能适应新的环境而从地球上消失了。但当三叠纪末至早侏罗纪期间地面气候再度变得温暖湿润时，许多新的真蕨植物从一些古代真蕨的残遗类群中辐射分化出来，并且很快获得了前所未有的大发展，其中的不少科、属一直繁衍到现代。

真蕨植物常可分为三大类型或亚纲：①初生蕨亚纲（Coenopterideae），是最原始的类型，大多数种类在形态结构上处于裸蕨植物和典型真蕨植物之间，只生存于中泥盆纪到晚二叠纪；②厚囊蕨亚纲（Eusporangiate），是典型真蕨中比较原始的类型，生存于中石炭纪到现代；③薄囊蕨亚纲（Leptosporangiate），是最进步的类型，也是真蕨类植物中最占优势的类型，始见于石炭纪，主要存在于晚三叠纪到现代。

目前，大多数学者认为，初生蕨亚纲是真蕨类植物中最原始的类型，其茎、枝比较发育，并有真根的出现，侧枝或末级枝开始扁化趋于发育为羽状大型叶。这些特点表明，它们已接近典型的，特别是厚囊蕨亚纲的真蕨植物；但它们的茎、叶分化不明显，分枝方式常为二歧式，孢子囊内有自孢子囊柄延伸而来的维管组织，这些又是裸蕨植物具有的原始的性状。因此，初生蕨类植物常被看作从裸蕨植物发展到更演化的典型真蕨植物

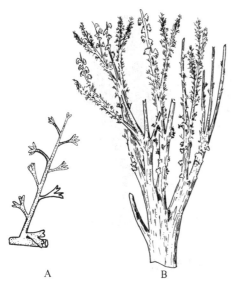

图 11.6　小原始蕨（A）和尋枝木（B）

或其他原始维管植物的中间环节或过渡类型。发现于我国云南省泥盆纪地层中的小原始蕨（*Protopteridium minutum*）（图 11.6A）是初生蕨类植物的一个代表。出现于早石炭纪的尋枝木（*Cladoxylon scoparium*）（图 11.6B）则代表了从裸蕨植物演化到典型真蕨植物的另一个阶段。根据现有的资料推测，真蕨类植物与石松类及木贼类一样，是在中泥盆纪或早、中泥盆纪之交起源于裸蕨植物的。但在较后阶段，真蕨类植物体的侧枝经过扁化、并连过程，演化为大型叶；同时在茎枝内部发展出管状中柱型的输导系统，因而产生了叶隙，这是与其他蕨类植物的不同之处。

在蕨类植物中，真蕨植物较石松和木贼类植物更能适应陆生环境，体现在真蕨植物体的分化程度更高，类型也更加复杂多样。真蕨植物体的外部产生出毛和鳞片，起保护作用；茎出直立的辐射对称的类型向横走而具背腹性的类型发展；枝条和叶由等二歧式分枝向着单轴式分枝的方向演化；叶片由扁化到"蹼"化，最终发展成宽阔的羽状复叶，更有利于光合作用；原始真蕨类的叶没有营养叶和生殖叶之分，以后出现了专门行生殖功能的孢子叶，其上产生的孢子囊也由着生于叶裂片的末端或叶的边缘逐渐转移到叶的背面；孢子囊由单独生长，演进到聚集成堆着生于叶背的囊托之上，并产生出具保护功能的囊群盖；孢子囊的壁由多层细胞演化成仅具单层细胞，并产生环带，以有利于孢子的萌发。与此同时，配子体也由辐射对称的块状或圆柱状演化为具背腹之分的心形叶状体。

11.3.2.4　高等植物营养体的发展与分化

高等植物的根、茎、叶等器官如何发生和起源的问题，很早就有了争论，但大都建立在缺乏充足科学论据的基础上，因此仍是模糊不清。例如，有人认为，最早出现的是叶，茎和根是后来在演化过程中产生的；也有人认为，被子植物的根、茎、叶、花、果实和种子等器官是同时产生的。

自从发现了裸蕨植物，人们对这方面知识的了解大大提高，认识到最早的原始维管植物，大都无根，无叶，只有一个具二叉分枝的且能独立生活的体轴。这表明茎轴是原始植物最早出现的器官，并且能代行光合作用。其后，茎轴上发生了叶，才有茎、叶的分化，最后出现的是根。

20 世纪初，裸蕨植物的化石陆续被发现，顶枝学说（telome theory）逐步得到充实，并且得到较为普遍的承认。顶枝学说认为，原始维管植物中，无叶的植物体（茎轴）是由顶枝构成的，顶枝是二叉分枝的轴的顶端部分，具有孢子囊或不具孢子囊，它的形体与莱尼蕨属相似。若干顶枝共同联合组成顶枝束，顶枝束的基部也有二叉分枝的部分，其表面有假根。

关于叶的起源问题，顶枝学说认为，无论大型叶或是小型叶，都是由顶枝演变而来的。大型叶是由多数顶枝联合并且变扁而形成（图 11.7A～D）；小型叶则是由单个顶枝扁化而成（图 11.7E～I）。

另外，关于小型叶的来源，突出学说（enation theory）有完全不同的解释。突出学说认为，石松类的小型叶起源于茎轴表面的突出体，叶脉是后来发生的（图 11.7J～N）。裸蕨属的刺状突起物和星木属叶的结构，与这种学说的观点基本相符。

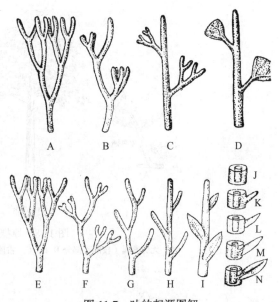

图 11.7 叶的起源图解

A～D. 大型叶的起源图解（根据顶枝学说）；E～N. 小型叶的起源图解（E～I 根据顶枝学说；J～N 根据突出学说）

11.3.2.5 裸子植物的兴起

在距今约 2.8 亿年前的二叠纪早期，地球表面大部分地区出现酷热、干旱的气候环境，许多在石炭纪盛极一时的造煤植物，如高大的石松、木贼和一些树蕨因不能适应环境的变化而趋于衰落和绝灭。而另一类以种子繁殖的高等植物——裸子植物因能够适应自然环境的变化而得到发展，成为当时地球表面植被的主角。裸子植物之所以能够取代蕨类植物在地球表面植被中占优势地位，原因在于裸子植物具有比蕨类植物更适应旱生环境的形态和结构的特点。

（1）前裸子植物的出现   裸子植物虽然到古生代末期之后，才成为陆地植物中的主要代表，但它的历史可远溯到 3.5 亿年之前，也就是地质史上称为中、晚泥盆纪的时候。化石资料表明，那时裸子植物正处于形成和开始发展的阶段，原始的裸子植物尽管在某些方面比蕨类植物进步，但尚未具备裸子植物全部的基本特征。泥盆纪的无脉蕨属（*Aneurophyton*）和古蕨属（*Archaeopteris*）（图 11.8）是原始裸子植物的代表，它们均是高大的乔木，茎顶端有由许多分枝组成的树冠，茎干内部具次生木质组织，这种组织由具有具缘纹孔的管胞组成。Beck（1971）对古羊齿外部形态和维管系统解剖的研究证明了这种原始裸子植物的叶是一种复杂的"枝系统"，这说明古羊齿与真蕨类植物的叶具有相同的起源。尽管古羊齿仍是以孢子进行繁殖的，但它的外部形态、内部结构和生殖器官的特征更接近于裸子植物。因而，推测它可能是由原始蕨类向裸子植物演化的一个早期阶段或过渡类型，即前裸子植物（progymnospermae）。到了石炭纪、二叠纪时，由前裸子植物演化出更高级的类型——种子蕨（pteridospermae）和科达树（cordaitinae）等。

（2）裸子植物的形成   裸子植物的进一步繁衍就是种子蕨类的出现。种子蕨最早出现于早石炭纪的地层中，在晚石炭纪和二叠纪得到了极大发展，是当时陆生植被中的优势类群。凤尾松蕨（*Lyginopteris oldhamii*）（图 11.9）是种子蕨的典型代表，植物体不高，主茎很少分枝。叶为多回羽状复叶。胚珠珠心的顶端有一突出的喙，喙外又有一壁围之，两者之间为花粉室，其中有时可看见花粉粒；珠心之外有一厚的珠被，珠被是由

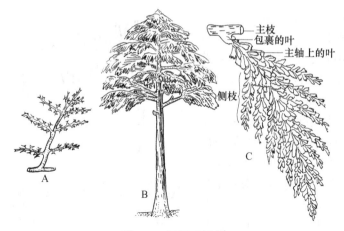

图 11.8　原裸子植物

A. 无脉蕨属（枝的一部分）。B，C. 古蕨属：B. 植物体；C. 枝的一部分

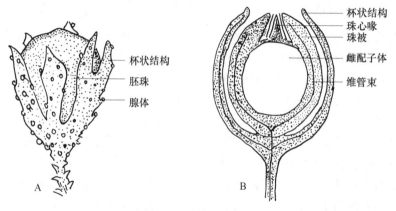

图 11.9　凤尾松蕨

A. 胚珠外形；B. 胚珠纵切面

若干个单位连合而成的，每一个单位代表着一个不育的大孢子囊；所以整个胚珠不是单个的孢子囊，而是聚合囊（synangium），珠心才是有效的大孢子囊。种子小型，并有一杯状包被，其上生有腺体，种子中央为一颗大的雌配子体组织和颈卵器。

　　在石炭纪、二叠纪的地球植被中，除了外貌像蕨的种子蕨之外，还有一类高大乔木状的种子植物——科达树（图 11.10A）。其植物体为高大乔木，茎粗一般不超过 1m，茎干的内部构造和种子蕨颇相似；但木材较发达而致密，木质部或薄或厚，通常无年轮；髓由许多薄壁细胞横裂成片组成，似被子植物胡桃属（*Juglans*）的髓。具较发达的根系和高大的树冠。叶皆是全缘的单叶，形态大小颇不一致，其上有许多粗细相等、分叉的、几乎是平行的叶脉。大、小孢子叶球分别组成松散的孢子叶球序，并在大、小孢子叶球的基部有多数不育的苞片；胚珠顶生，珠心和珠被完全分离。从上述特征可以看出，科达树植物在胚珠结构、叶的形态与结构等方面与种子蕨相似，而茎的构造和孢子叶的形态等又类似现有的裸子植物。

　　种子蕨和科达树之间并不存在系统发育上的祖裔关系，它们都是前裸子植物的后裔。

根据现有的裸子植物化石资料，现存的裸子植物都是由前裸子植物沿两个方向演化而来，一是由古羊齿经过复杂的分枝和次生组织的发育，在石炭纪形成科达树类，再进一步发展成为银杏类和松柏类，现存的裸子植物大多属于此类；另一支则由无脉蕨经过侧枝的简化，形成种子蕨，再进一步发展成为具有两性孢子叶球的本内苏铁类（Bennettitinae）（图 11.10 B 和 C）和苏铁类（Cycads），其中本内苏铁类在白垩纪后期绝灭。本内苏铁植物极似苏铁植物，但孢子叶球两性，成熟种子无胚乳，这在裸子植物中颇为特殊。因此，被认为是和某种具有两性结构的被子植物的起源有关。

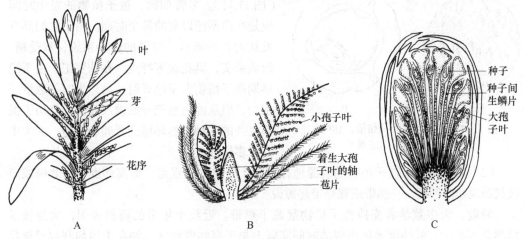

图 11.10　科达树和本内苏铁
A. 科达树；B. 本内苏铁孢子叶球纵切面；C. 本内苏铁大孢子叶球纵切面

至于买麻藤纲植物的起源和系统地位，至今尚存有争议。根据它们形态结构和茎枝明显的分节，认为其与木贼类植物有一定的亲缘关系。但从它们孢子叶球的结构来看，其祖先曾具有两性的孢子叶球。而具有两性孢子叶球的植物，只有起源于种子蕨的本内苏铁类。它们的孢子叶球二叉分枝和具有珠孔管等特点，说明买麻藤纲植物很可能是强烈退化和特化了的本内苏铁植物的后裔。但买麻藤植物茎内维管组织具导管、精子无鞭毛、颈卵器趋于消失，以及类似花被的形成和虫媒的传粉方式等，又是堪与被子植物相比拟的高级性状。

11.3.2.6　被子植物的起源与发展

被子植物是植物发展史中最晚出现的一类高等植物，至今只有 1 亿多年的历史，但已发展成为目前植物界最繁盛和最庞大的类群。被子植物从何而来？它们的祖先是什么？它们是在何时、何地开始出现的？它们为什么能在相对较短的时间分化出如此众多的类群，并以惊人的速度"迅速"取代曾一度占优势的蕨类和裸子植物，而成为植物界的主角？这些问题一直是植物系统学研究中充满争议的话题。

（1）起源的时间　　早在 100 余年前，达尔文在《物种起源》一书中对被子植物在白垩纪时突然出现，认为是一个可疑的秘密，当时他归结为"地质纪录不完全"的结果。100 余年后的今天，有关被子植物起源的时间问题，虽有了一定的进展，但由于可靠的化石证据不多，大多数的结论仍然是推论性的。

中国学者陶群容于 1990 年报道了吉林延吉早白垩纪地层中的 10 种被子植物的叶痕化石。同时，在美国也发现了近 20 种被子植物的叶痕化石。1992 年陶群容又发现了早白垩纪的喙柱始木兰（*Archimagnolia rostrato-stylosa*）的花化石，它既具有现代木兰科几属的特征，但又与它们有区别，被认为是一种尚未分化的原始木兰科植物。被子植物果实的最早化石是在美国加利福尼亚州距今约 1.2 亿年的早白垩纪欧特里夫期的地层中发现的，称为"加州洞核"（*Onoana california*）（图 11.11）。尽管如此，被子植物的发生时间应是在白垩纪以前的某个时期。由于它们具有发达的营养器官，完善的输导系统，双受精，形成果实，具花被等特点，在侏罗纪、白垩纪早期裸子植物大量绝灭时，虽然当时的数量还很少，但从晚白垩纪开始发展起来，经历了极其复杂的各种自然环境的考验和改造，大大丰富了多样性。

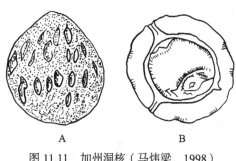

图 11.11　加州洞核（马炜梁，1998）
A. 表面观；B. 切面观

（2）发源地　被子植物的发源地存在着十分对立的观点，即高纬度——北极或南极起源说和低纬度——热带或亚热带起源说。

目前，大多数学者支持被子植物起源于热带。近数十年来的资料表明，大量被子植物化石在中、低纬度地区出现的时间实际上早于高纬度地区，如在美国加利福尼亚早白垩纪发现了被子植物的果实化石——加州洞核。而同一时期，在加拿大的地层中却还没有被子植物的出现，加拿大直到早白垩纪晚期，才有极少数被子植物出现，其数量仅占植物总数的 2%～3%；而在美国早白垩纪晚期发现的被子植物，已占植物化石总数的 20% 左右。

现代被子植物的地理分布情况，同样说明植物可能起源于中、低纬度地区。在现存的 400 余科被子植物中，有半数以上的科依然集中分布于中、低纬度地区，特别是被子植物中的那些较原始的木兰科、八角科、连香树科、昆栏树科、水青树科等更是如此。我国植物分类学家吴征镒教授，从中国植物区系研究的角度出发，提出"整个被子植物区系早在第三纪以前，即在古代'统一的'泛大陆上的热带地区发生"，并认为"我国南部和西北部以及中南半岛，在北纬 20°～40° 的广大地区，最富于特有的古老科属。这些第三纪的平原地区热带雨林中植物十分丰富，并有许多接近于原始类型的被子植物，而且被子植物可能起源于这一区域热带平原四周的山区。由此可见，中、低纬度的热带和亚热带地区，确实像是被子植物的起源中心，并从这里，它们迅速地分化和辐射，向中、高纬度发展而遍及各大陆"。大陆漂移说和板块学说都支持低纬度起源学说。

总之，被子植物起源的地点依然是处于推测的阶段，由于化石植物缺乏和对过去发生的地质、气候变化还不十分清楚，虽多数学者赞同低纬度起源，但确切回答被子植物的起源地点是有困难的，有待今后更深入的研究。

（3）可能的祖先　现代多数植物学家主张被子植物单元起源，主要依据是被子植物具有许多独特和高度特化的特征。例如，雄蕊都有 4 个孢子囊和特有的药室内层，孢子叶（心皮）和柱头的存在，雌雄蕊在花轴上排列的位置固定不变；双受精现象和三倍体的胚乳；花粉萌发，花粉管通过助细胞进入胚囊的微妙的超微过程及筛管和伴胞的存在。为此，被子植物只能来源于一个共同的祖先。另外，从统计学上也证实，所有这些特征共同发生的概率不可能多于一次。

哈钦森（J. Hutchinson）、塔赫他间（A. Takhtajan）和克朗奎斯特（A. Cronquist）等是单元论的主要代表，他们认为现代被子植物来自一个前被子植物（Proangiospermue），而多心皮类（Polycarpicae），特别是其中木兰目比较接近前被子植物，有可能就是它们的直接后裔。被子植物如确系单元起源，那么，它究竟发生于哪一类植物呢？推测很多，至今并无定论。目前比较流行的是本内苏铁和种子蕨这两种假说。

塔赫他间和克朗奎斯特从研究现代被子植物的原始类型或活化石中，提出被子植物的祖先类群可能是一群古老的裸子植物。在这个祖先类群的早材中，必须具有梯状纹孔的管胞；具两性、螺旋状排列的孢子叶球，大孢子叶（心皮）和小孢子叶为叶状；胚珠多数，具分离的小孢子囊的特征。并主张木兰目为现代被子植物的原始类型。这一观点得到了多数学者的支持。

那么，木兰目又是从哪一群原始的被子植物起源的呢？莱米斯尔（Lemesle）主张起源于本内苏铁。认为本内苏铁的孢子叶球常两性，稀单性，和木兰、鹅掌楸的花相似，种子无胚乳，仅具两个肉质的子叶，次生木质部的构造等也相似。所以，有人甚至把本内苏铁称为前被子植物。但近年来，主张本内苏铁为被子植物直接祖先的却渐趋减少。塔赫他间认为，本内苏铁的孢子叶球和木兰花的相似是表面的，因为木兰属的小孢子叶像其他原始被子植物的小孢子叶一样，分离、螺旋状排列，而本内苏铁的小孢子叶为轮状排列，且在近基部合生，小孢子囊合生成聚合囊；本内苏铁目的大孢子叶退化为一个小轴，顶生一个直生胚珠，并且在这种轴状大孢子叶之间还存在有种子间鳞。因此，要想像这种简化的大孢子叶转化为被子植物的心皮是很困难的。另外，本内苏铁类以珠孔管来接受小孢子，而被子植物通过柱头进行授粉，所有这些都表明被子植物起源于本内苏铁的可能性较小。塔赫他间认为，被子植物同本内苏铁目有一个共同的祖先，有可能从一群最原始的种子蕨起源。

那么，究竟哪一类种子蕨是被子植物的祖先呢？有些学者曾把中生代种子蕨的高等代表开通尼亚目（Caytoniales）植物作为原始被子植物看待。这类植物具有类似被子植物的"果实"，但从开通尼亚目为单性花、花粉囊联合等形态特征来看，它和被子植物还有相当大的差别。为此，它也不可能是被子植物的祖先，而是被子植物远的一个亲族而已。

至于被子植物怎样从种子蕨演化来的呢？阿尔伯（Arber）、塔赫他间、Asama等，把动物界系统发生的幼态成熟说，应用于解释植物界的系统发生。例如，种子蕨的具孢子叶的幼年短枝，在生长受到强烈抑制和极度缩短变成孢子叶球之后，再进而突变成原始被子植物的花。

目前的研究结果显示已灭绝的本内苏铁和现存的买麻藤类植物是被子植物最近缘的类群，Doyle等称本内苏铁、买麻藤和被子植物为生花植物（anthophyte），其生殖器官称为"类花器官"（flower-like reproductive structure）。在现存的种子植物中，被子植物和买麻藤有较近的亲缘关系得到了分子系统学研究的支持。值得指出的是，尽管生花植物都有类花器官，但围绕这些植物类花器官的结构特性及其发育上的同源性一直存在争论。

（4）单子叶植物与双子叶植物　　目前多数学者认为，双子叶植物比单子叶植物更原始、更古老，单子叶植物是从已绝灭的最原始的草本双子叶植物演变而来的，是单元起源的一个自然分枝（哈钦森、塔赫他间、克朗奎斯特、田村道夫）。然而单子叶植物的祖先是哪一群植物？主要有两种起源说：一种学说认为单子叶植物起源于一个水生、无导管的睡莲目，即通过莼菜科（Cabombaceae）中可能已经绝灭的原始类群演化到泽泻目，再衍生出各类单子叶植物。另一种观点认为单子叶植物起源于毛茛目。这些观点均缺乏可靠的化石证据，仍需要多学科的进一步研究和探索。

本 章 总 结

1. 植物演化的趋势为：植物体的结构愈来愈复杂化和多样化；组织和器官的演化改变是在保持生物大分子和细胞的基本结构相对稳定的基础上发生的；高层次上结构的变化要大于和快于低层次上结构的变化。

2. 植物的演化式样主要有：上升式演化、下降式演化、辐射演化（趋异演化）、趋同演化、平行演化、渐变式演化、跳跃式演化、特化和专化等。

3. 生物演化的主要学说有：达尔文的自然选择学说，其核心理论是"生存斗争和适者生存"；综合演化论强调遗传和变异是推动生物演化的动力，种群是生物演化的基本单位，基因突变、自然选择和隔离是物种形成和生物演化的机制；分子演化的中性学说揭示了分子演化规律，强调随机因素和突变压在演化中的作用，中性学说一方面承认自然选择在表型演化中的作用，另一方面又强调在分子层次上演化现象的特殊性。

4. 根据各大类植物在不同地质时期的繁盛期，人们把植物演化发展的历史划分为5个时代：藻菌植物时代、裸蕨植物时代、蕨类植物时代、裸子植物时代和被子植物时代。

5. 蓝藻和细菌是地球上最早出现的植物，蓝藻不仅改造了大气圈，也改造了岩石圈，从而为真核生物的起源和高等生物的演化发展创造了条件。

6. 真核藻类植物是从单细胞个体发展到单细胞群体，再向多细胞方向发展的。繁殖方式的演化是沿着营养繁殖、无性生殖到有性生殖的路线演化的；有性生殖是沿着同配生殖、异配生殖和卵式生殖的方向演化的。真核藻类生活史类型丰富，根据减数分裂发生的时期不同可分为合子减数分裂、配子减数分裂和孢子减数分裂三种类型。

7. 地球上最早出现的陆地维管植物是裸蕨植物，苔藓植物是陆生植物发展中的一个旁支。

8. 蕨类植物起源于早、中泥盆纪的裸蕨植物，在随后的石炭纪和早二叠纪，蕨类植物得到极大的发展，并朝着石松类、木贼类和真蕨类三个方向演化。

9. 高等植物营养器官的发生和起源：原始植物最早出现的器官是茎轴，并且能代行光合作用；其后，茎轴上发生了叶，才有茎与叶的分化，最后出现的是根。

10. 现存的裸子植物都是由前裸子植物沿两个方向演化而来，一支是由古羊齿经过复杂的分枝和次生组织的发育，在石炭纪形成科达树类，再进一步发展成为银杏类和松柏类，现存的裸子植物大多属于此类；另一支则由无脉蕨经过侧枝的简化，形成种子蕨，再进一步发展成为本内苏铁和苏铁类，买麻藤纲植物很可能是强烈退化和特化了的本内苏铁植物的后裔。

11. 被子植物的发生时间多数学者认为应是在白垩纪以前的某个时期，大多数学者支持被子植物起源于低纬度——热带或亚热带起源说，同时主张被子植物单元起源，目前比较流行的是本内苏铁和种子蕨这两种假说。

思考与探索

1. 藻类植物的生活史有哪些基本类型？

2. 什么叫核相交替？核相交替与世代交替有何区别？出现世代交替生活史的先决条件是什么？

3. 植物界从其出现到如今经过了哪几个主要发展阶段？这与地球环境的变迁有何关系？

4. 古代蕨类与现在生存的蕨类有何关系？

5. 试述蕨类植物的起源演化中的主要问题。

6. 试述植物界由单细胞到群体、多细胞体的发展过程。

7. 植物有性生殖经历了怎样的发展过程？

8. 试从生态适应方面论述植物界的发展过程。

9. 植物的生活史是怎样演化的？

10. 何谓顶枝学说？它是怎样解释植物营养体和孢子叶演化的？何谓个体发育？何谓系统发育？两者之间存在什么关系？

主要参考文献

艾铁明. 2004. 药用植物学. 北京：北京大学出版社.

北京大学. 1980. 植物地理学. 北京：人民教育出版社.

陈之端. 冯旻. 1998. 植物系统学进展. 北京：科学出版社.

崔克明. 2007. 植物发育生物学. 北京：北京大学出版社.

高信曾. 1987. 植物学（形态、解剖部分）. 北京：高等教育出版社.

洪德元. 1990. 植物细胞分类学. 北京：科学出版社.

胡人亮. 1986. 苔藓植物学. 北京：科学出版社.

胡适宜. 2005. 被子植物生殖生物学. 北京：高等教育出版社.

李树美，沈显生. 2004. 布氏轮藻生殖器官环境扫描电镜观察. 微体古生物学报，21（3）：342-345.

李星学. 1981. 植物界的发展和演化. 北京：科学出版社.

李扬汉. 1982. 植物学：上册. 2版. 北京：高等教育出版社.

李扬汉. 1982. 植物学：中册. 2版. 北京：高等教育出版社.

李正理. 1983. 植物解剖学. 北京：高等教育出版社.

刘良式. 1997. 植物分子遗传学. 北京：科学出版社.

刘穆. 2004. 种子植物形态解剖学. 2版. 北京：科学出版社.

陆时万. 1991. 植物学：上册. 2版. 北京：高等教育出版社.

潘瑞炽. 1995. 植物生理学. 3版. 北京：高等教育出版社.

唐先华. 2002. 分子钟假说与化石记录. 地学前缘，9（2）：465-474.

汪劲武. 1985. 种子植物分类学. 北京：高等教育出版社.

王宗训. 1996. 新编拉英汉植物名称. 北京：北京航空工业出版社.

吴国芳. 1992. 植物学：下册. 2版. 北京：高等教育出版社.

吴鹏程. 1998. 苔藓植物生物学. 北京：科学出版社.

吴兆洪，秦仁昌. 1991. 中国蕨类植物志. 北京：科学出版社.

许智宏. 1998. 植物发育的分子机理. 北京：科学出版社.

杨春澍. 1997. 药用植物学. 上海：上海科学技术出版社.

杨继. 1999. 植物生物学. 北京：高等教育出版社.

杨世杰. 2000. 植物生物学. 北京：科学出版社.

姚敦义. 1994. 植物形态发生学. 北京：高等教育出版社.

张宏达. 2004. 种子植物系统学. 北京：科学出版社.

张景钺. 1978. 植物系统学. 北京：人民教育出版社.

张景钺，梁家骥. 1965. 植物系统学. 北京：人民出版社.

张耀甲. 1994. 颈卵器植物学. 兰州：兰州大学出版社.

中国科学院西北植物研究所. 1976. 秦岭植物志，第一卷，1—5册. 北京：科学出版社.

周云龙. 1999. 植物生物学. 北京：高等教育出版社.

Bell P R, Hemaley A R. 2000. Green Plant: Their Origin and Diversity. 2nd ed. Cambridge: Cambridge University Press.

Bold H C. 1987. Morphology of Plants and Fungi. 5th ed. New York: Harper and Row Publishers.

Brigqs D, Walters S M. 1997. Plant Variation and Evolution. 3rd ed. Cambridge: Cambridge University Press.

Campbell N A. 1996. Biology. 4th ed. Redwood City: The Benjamin/ Cummings Publishing Company.

Cronquist A. 1981. An Integrated System of Classification of Flowering Plants. New York: Columbia University Press.

Cutler E G. 1978. Plant Anatomy: Experiment and Interpretation. Part Ⅰ: Cells and Tissues. 2nd ed. Upper Saddle River: Addison-Wesley Publishing Co.

Cutler E G. 1971. Plant Anatomy: Experiment and Interpretation. Part Ⅱ: Organs. Upper Saddle River: Addison-Wesley Publishing Co.

Dickison W C. 2000. Integrative Plant Anatomy. San Diego: Academic Press.

Evert R F. 2006. Esau's Plant Anatomy: Meristems, Cells and Tissue of the Plant Body: Their Structure, Function, and Development. 3rd ed. New York: John Wiley and Sons Inc.

Holm E. 1979. The Biololgy of Flowers. New York: Penguin Books.

Kimura M. 1968. Evolutionary rate at the molecular level. Nature, 217: 624-626.

Kimura M. 1983. The neutral theory of molecular evolution. American Journal of Human Genetics, 37(1): 224.

Komarova N L. 2001. Evolutionary rate. RE Lenski, 2: 671-672.

Lack A J, Evans D E. 2001. Instant Notes in Plant Biology. Oxford: BIOS Scientific Publishers Limited.

Li L Z, Wang S. 2020. The genome of prasinoderma coloniale unweils the existence of a third phylum within green plants. Nature Ecology & Evolution, 4: 1220-1231.

Mauseth J D. 1995. Botany. Philadelphia: Saunder College Publishing.

Metcalfe C R, Chalk L. 1983. Anatomy of the Dicotyledons. 2nd ed. Oxford: Clarendon Press.

Raghavan V. 2000. Developmental Biology of Flowering Plants. New York: Speringer-Verlag.

Raven P H. 1992. Biolog of Plants. New York: Worth Publishers.

Ridge L. 2002. Plants. Oxford: Oxford University Press.

Rost T M. 1998. Plant Botany. Cambridge: Wadsworth Publishing Company.

Saitou N, Ueda S. 1994. Evolutionary rates of insertion and deletion in noncoding nucleotide sequences of primates. Molecular Biology and Evolution, 11: 504-512.

Stern K R. 2003. Introductory Plant Biolog. 9th ed. New York: MeGraw-Hill.

Takhtajan A. 1997. Diversity and Classification of Flowering Plants. New York: Columbia University Press.

Weier T E. 1982. Botany: An Introduction to Plant Biology. 6th ed. New York: John Wiley and Sons Inc.